우리는 다시 달에 간다

저자 최기혁·김대영·김범엽·김안규·신재철·이종원·이주희·정서영

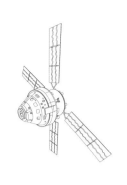

우리는 다시
달에 간다

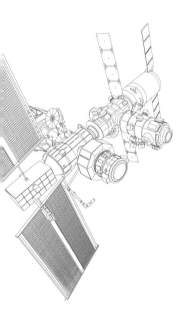

추천사

『우리는 다시 달에 간다』는 인류 우주개발의 역사와 함께 '아르테미스 계획'으로 대표되는 유인 달탐사 계획을 소개하고 있다. 1970년대 아폴로 계획의 종료 후 약 50여 년만에 재개하는 유인 달탐사는 전 인류에게 우주탐사에 대한 새로운 비전을 제시하고 있으며, 대한민국도 참여할 예정인 대표적인 국제협력 프로그램이다. 달을 거쳐 화성으로 진출하는 "Moon-to-Mars"의 일환으로 진행되는 아르테미스 계획은 기존의 아폴로 프로그램과 추진 형식에 많은 차이가 있다. 특히 아폴로 계획이 냉전 시대 미국과 소련의 경쟁체계에서 정부 주도로 진행되었다면 아르테미스는 민간회사가 대거 참여함으로써 새로운 달 경제Lunar Economy 시대의 개막을 예고하고 있다.

본 도서는 우주탐사의 역사와 함께 아폴로 계획이 중단되었던 이유, 우주탐사에서 중국의 급부상과 미중 우주경쟁 및 아르테미스 계획과 달정거장 및 달 궤도 소행성 포획등에 대한 흥미로운 주제를 대중적인 눈높이로 소개하고 있다. 또한 아르테미스 협정에 서명한(2021년) 대한민국이 참여 가능한 세부 기술 분야를 다루고 있다. 무엇보다 대한민국의 아르테미스 유인우주인(30년대 초 탑승목표)등의 참여 시기를 예상하고 있다. 이외에 달의 특성과 기원을 이해하고 달의 진화과정을 탐구하는 달과학 전반에 대한 내용을 매우 흥미롭게 기술하고 있다. 아르테미스 유인 우주인의 소개는 우주인으로 선정되기 위한 자질과 역량의 수준을 파악함으로써 유인 우주프로그램을 심층적으로 이해하는 데 유용한 참고 자료가 될 것으로 기대된다.

현재 약 30여개국 이상이 서명한 아르테미스 계획은 향후 10여 년간 인류의 우주탐사의 핵심 프로그램으로 인류 역사의 기념비적 성과로 이어질 것으로 예상되며 우리 나라의 우주개발에도 지대한 영향을 끼칠 것으로 볼 수 있다. 한국항공우주연구원에서 오랜 실무 경험을 축적한 연구진들이 현장 감각을 살려 저술한 본 도서는 객관적으로 명료하게 서술되었다. 아르테미스 계획과 민간의 참여 등 우주개발의 새로운 패러다임이 빠르게 전개되는 과정에서 매우 시기적절하며 일반은 물론 관련 분야의 전문가들에게 유용한 자료로서 확신을 갖고 추천한다.

　　- 방효충, 카이스트 항공우주공학과 교수, 전 한국항공우주학회 회장

　지구 생명체로는 처음으로 우주로 나아가 달에 첫 발자국을 남겼던 우리 인류는 아르테미스 계획에 따라 2025년 다시 달에 간다. 그리고 이 계획에는 다누리호를 달에 보낸 대한민국도 참여하고 있다. 이 책은 우리 인류가 어떻게 우주로 날아가서 달에 갈 수 있었는지, 또 아르테미스 계획은 무엇이고 왜 다시 달에 가려 하는지를 그 뒷이야기와 함께 재미있게 설명하고 있다. 앞으로 우리나라를 포함 전 세계의 우주개발은 달탐사를 중심으로 진행될 것이며, 현재 우주 분야에서 일하는 산학연관의 전문가들은 한번쯤 반드시 이 책을 읽어 볼 것을 권한다. 또 우주에 관심있는 일반인들에게도 우주개발을 쉽게 이해할 수 있는 좋은 길라잡이가 될 것이다.

　　- 백홍열, 전 한국항공우주연구원 원장, 전 국방과학연구소 소장

미국은 1969년 인류 최초로 달에 사람을 보낸 아폴로 계획의 후속으로 다시금 달에 유인 탐사와 우주정거장 건설 등을 목표로 하는 아르테미스 계획을 추진 중이며, 나중에는 화성이나 심우주탐사를 위한 전초기지로 활용될 것이 예상된다. 한국형 발사체 누리호의 성공으로 우리나라도 세계 7번째로 1톤급 이상의 실용급 위성을 자력으로 발사할 수 있는 국가가 되었다. 또한, 국내 최초 달궤도선 다누리호의 성공으로 세계 7번째 달탐사 국가로 도약하였다. 정부도 이러한 흐름에 힘입어 우주 경제 시대를 언급하며 우주항공청 설립을 추진하고 있다. 전 세계적으로도 우주개발은 그 어느 때보다 더 많은 주목을 받고 있다. 이러한 시기에 한국항공우주연구원의 연구진들이 자발적으로 달탐사와 우주개발에 대한 내용을 일반 국민들에게 좀 더 알리고자 하는 시도는 매우 고무적이다. 아무쪼록, 우리나라에도 우주개발에 대한 큰 꿈을 꾸고 이를 성취하는 사람들이 많아지기를 바란다.

- 이상률, 한국항공우주연구원 원장

이 책은 항공우주연연구원의 연구팀이 차세대 유인 우주탐사 기획연구 추진과정에서 모은 대중에게 잘 안 알려진 자료를 활용하여 저술되었으며, 인류의 달 탐사 역사를 흥분되게 소개하고 있습니다. 달 탐사 초창기 아폴로 프로젝트 이전부터 현재 진행되고 있는 아르테미스 프로젝트를 거쳐 다음 단계의 화성탐사 준비과정까지를 소개하는 중에 우주개척 시대의 선구자들에 대한 흥미진진한 서사가 한번 잡은 책을 손에서 놓지 못하게 합니다. 21세기 우주시대를 살아갈 초중고학생들과 대학생들에겐 꿈을 심어주고, 우주를 연구하는 과학자, 공학자, 정책입안자들에겐 우주시대의 연구비전을 알려주기에 각계

각층의 독자들에게 적극 권하고 싶습니다. 또한 인류의 우주탐사에 관해 궁금했던 이야기들을 편하고 쉽게 전달하고 있기 때문에 일반 독자들도 유익하게 즐길 수 있을 것입니다.

- 이 유, 한국우주과학회 회장, 충남대학교 천문우주과학과 교수

아폴로 미션으로부터 50여 년이 지나, 인류는 또다시 달로의 귀환을 준비하고 있다. 이번에는 단순히 다녀오는 것을 넘어 '지속가능한 유인 거점'을 구축하는 것이 목표다. 이는 단순히 달에 다녀오는 것과는 차원이 다른 문제다. 우리가 지구에서 먹고 누리는 모든 것을 달로 옮겨야 한다. 천문학적인 경제적 산출 효과는 물론 글로벌 헤게모니가 뒤집힐 정도의 파급력이 예상된다.

극한의 환경에 도전하는 우주개발은 새로운 기술에 영감을 주는 혁신 인큐베이터 역할을 한다. 아폴로 탐사는 사진 몇 장만 남긴 것이 아니라 3천여 건의 특허와 오늘날 우리 일상을 지탱하는 다양한 신기술, 신사업의 탄생으로 이어졌다. 하지만 아직도 우리나라에선 '우주경제'란 표현이 익숙하지 않은 분들이 더 많다.

이 책은 아르테미스 계획을 간결한 구성으로 다루고 있다. 인류가 달로의 복귀를 준비하고 있는 이유를 쉬우면서도 깊이 있게 풀어낸 보기 드문 책이다. 이 책을 통해 더 많은 사람들이 우주의 중요성을 공감하게 되길 기대해 본다.

-이준원, 한화에어로스페이스 우주사업부장

책을 시작하며

이 책의 집필을 시작한 2022년은 우리나라 우주개발에 획기적인 한 해였다. 국민과 우주개발 참여자들의 간절한 소원인 한국형 발사체가 6월 발사에 성공했고, 달탐사선 다누리호가 8월에 발사되어 12월에 달궤도에 성공적으로 진입했다. 2023년 1월엔 감격적인 최초의 달 표면 영상을 보내왔다. 특히 필자는 2015~2016년 사이 초대 달탐사 사업단장으로 2천억 원에 달하는 예산확보와 NASA와의 협력 MOU 체결과 달탐사선 기본설계를 수행한 바 있어 그 기쁨은 더욱 컸었다. 대부분의 우주선진국들이 위성과 발사체 기술이 완성되면 우주탐사에 나서는 것이 수순으로 우리나라도 그 길을 따라간다고 볼 수 있다.

앞의 사진들 중 왼쪽은 다누리 달탐사선이 달로 향하던 중 지구와 달을 촬영한 가족사진이며, 오른쪽은 달 궤도에 들어간 다누리호가 달의 지평선, 즉 월평선에서 떠오르는 지구를 촬영한 역사적인 사진이다. 옛날 우리 선조들은 달을 보면서 술을 마시고 시조를 지으며 풍류를 즐겼을 것이다. 후손인 우리들은 달에 탐사선을 보내 이렇게나 아름답고 과학적인 달 사진을 보내왔다. 조상님들 보시기에 부끄럽지 않은 후손들이라고 할 수 있지 않을까?

달의 관문인 달 궤도에 처음 진입한 한국의 입장에서 달탐사의 의미는 무엇이며 어떠한 전략으로 도전해야 할 것인가? 우리의 젊은 학생들을 우수한 우주과학기술자로 육성하기 위한 방안은 무엇일까? 우리의 우주과학기술 경쟁력을 높이기 위한 방법은 무엇인가? 이러한 질문에 답을 찾기 위해 책을 쓰게 되었다. 지금까지 국내외에서 진행된 달탐사를 살펴보고, 최근 미국 NASA를 중심으로 글로벌하게 추진되는 아르테미스 유인 달탐사에서 우리의 참여 방안을 찾는 데 도움을 주고자 하였다. 지금까지 번역서 등에서 보여주는 해외 우주선진국의 관점이 아닌 우리나라의 관점에서 달탐사를 보도록 노력하였다.

필자는 우리의 과학기술 연구 전략도 우리의 장점을 십분 살려야 한다고 생각한다. 미국이나 유럽이 가진 냉철한 합리성과 분석정신, 일본이 가진 평생 한 우물을 파는 장인정신이 아직은 부족한 것이 사실일 것이다. 그러나 국내외 전문가를 모아 일사분란하게 중장기적(5~10년)으로 한 가지 목적을 달성하는 방식에는 우리가 가진 강점이 분명히 있을 것으로 본다. 최근에는 올림픽과 같은 운동경기를 넘어 과학과 문화 분야에서도 우리의 방식이 성공하고 있다. 우리의 과학기술 연구개발 방식도 이와 같이 해야 하지 않을까?

이러한 관점에서 우주개발은 대한민국의 과학기술 도전에 최적의 분야가 아닌가 싶다. 우주개발은 목표가 분명하다. 인공위성 개발, 로켓 개발, 달탐사와 같이 분명한 목표가 존재한다. 인공위성과 국산 로켓 개발에 성공한 지금, 다음 도전대상은 우주탐사와 우주과학과 우주산업화이다. 우주탐사, 특히 달탐사는 필연적으로 우리 우주기술이 한 단계 발전해야 이뤄질 수 있는 만큼 국내 우주산업체에 일감이 많아져 고용창출이 일어나고 국제적인 협력이 이루어질 것이다. 우주기술은 국방안보 기술과도 연계성이 커서 우리의 안보 강화에도 도움이 될 것이다.

항공우주연구원에서 2020년 아르테미스 유인 달탐사 계획에 대한 조사연구가 이루어졌고 이 결과를 엮어서 책을 내는 것을 생각하게 되었다. 필자를 비롯한 과제 참여 연구원들이 원고를 나누어 작성하였다. 한국형 발사체와 다누리 달탐사선의 성공으로 한국도 명실상부한 우주선진국이 되었고, 2021년 아르테미스 달탐사 약정에 서명함으로서 유인 달탐사 참여가 기정사실로 받아들여지는 분위기이지만, 일반 국민들이 그 내용을 알 수 있는 과학도서는 딱히 눈에 띄지 않았다. 이에 일반 국민과 특히 청소년들이 이 책을 읽고 달탐사에 흥미를 갖게 되고, 미래 우주과학자와 기술자가 되는 데 조금이라도 도움이 되기를 바라는 마음이다.

책은 5개의 장으로 구성되어 있다. 1장은 우주개발의 역사를 돌아보고 있다. 1950년대 스푸트니크 쇼크로부터 1960년대 미-소의 본격적인 우주경쟁과 아폴로 달 착륙 임무, 우주인들의 에피소드를 소개하였다. 2장

12
우리는 다시 달에 간다

은 1차 우주경쟁이 아폴로 계획을 위시한 미국의 승리로 마무리 된 이후 우주개발의 중점이 우주정거장과 우주왕복선 개발로 옮겨가는 과정을 살펴본다. 이때 조용히 중국이 우주경쟁에 등장하여 미국의 강력한 라이벌로 등장하게 된다. 3장은 강대국들이 다시 달로 돌아가는 과정을 추적해본다. 초기 국가 위상을 높이기 위한 우주개발에서 경제적 이익을 위한 우주개발로 옮겨가는 과정, 그리고 초대형 심우주탐사 발사체와 유인 달 착륙선을 비롯한 구성요소를 살펴본다. 4장에서는 본격적인 아르테미스 유인 달탐사 계획 진행과 대한민국의 참여방안을 알아보도록 한다. 특히 앞으로 우주과학과 천문학의 중심지가 될 달 표면에서의 다양한 우주관측 활동을 소개하고 있다. 마지막으로 5장에서는 아르테미스 계획에 참여하는 우주인들의 선발 과정과 이들의 면모, 그리고 이들이 달에서 수행하게 될 임무들에 대해 상세히 다루었다.

우리 선조들도 달을 보고 소원을 빌었지만 우리도 다누리 달탐사선이 바쁘게 돌고 있는 달을 보며 소원을 빌고 싶다. 우리나라가 유인 달탐사에 참여하여 당당하게 우주선진국 대우를 받기를, 많은 청소년들이 우주과학기술에 관심을 가져 훌륭한 우주과학기술자들이 많이 배출되기를, 국내 우주산업체가 커져 우주개발에 큰 몫을 담당하고 많은 고용이 창출되기를, 그리고 잡힐 듯 가까이 온 우주항공청의 설립이 가까운 시일 내에 반드시 이루어지기를 바란다.

2023년 12월

대표저자 최기혁

CHAPTER 01
드라마보다 재미있는 우주개발의 역사

미국을 강타한 스푸트니크 충격

　2차 세계대전이 막바지를 향해 치닫고 있던 1945년 5월 8일, 수 년 간
의 전쟁을 치르던 세계가 가장 염원하던 소식이 들려왔다. 바로 독일의
항복 소식이다. 진주만을 습격해 전 세계를 충격으로 몰아넣었던 일본 역
시 히로시마에 미국의 핵폭탄이 터진 후 더 이상 버티지 못하고 같은 해
8월 15일 항복을 하면서 미국을 비롯한 연합국은 승전국이 됐다. 겉으로
보기에는 연합국의 일원으로 공산주의와 자유민주주의를 대표하는 양국
인 소련과 미국이 함께 세계를 양분하는 강대국이 된 것처럼 보였다. 하
지만 그 내면을 들여다보면 미국이 세계 유일의 초강대국으로 자리매김
한 것이라고 할 수 있다. 2차 대전을 치르는 동안 미국은 엄청난 양의 전
쟁 물자를 생산하고 각국에 지원했는데, 소련 역시 미국의 전쟁 물자를
지원받아 겨우 승리한 것이기 때문이다.

　미국이 소련에 지원한 전쟁물자는 상상을 초월하는 양이었다. 자그마
치 탱크 7,171대, 항공기 13,942대, 트럭 40만 9,526대를 지원했다. 이외에
도 관련 부품은 물론 식량, 의약품, 군복, 생산 장비 등 그 양과 종류는 헤
아리기 어려울 정도였고, 품질 또한 소련 제품보다 월등하여 미국의 혹한

기 털장화는 소련군들의 꿈이라고 불릴 정도였다. 미국이 소련만 지원한 것도 아니다. 소련의 3배를 영국에 지원했으며, 소련 지원 물량의 1/10에 불과했지만 일본군과 싸우는 중국군에게도 상당한 양의 지원을 했다. 그 외에도 다수의 나라에 미국의 물자가 지원됐으니, 전쟁물자 차원에서 보면 2차 대전은 미국이 홀로 독일과 일본을 상대로 싸워 승리했다고 해도 과언이 아니다. 여기에 더해 전쟁 특수로 인한 경제 호황이 지속된 미국은 사실상 세계 유일의 초강대국이 되었으며, 이에 대한 자부심이 넘쳐났다.

그러나 그 자부심이 깨지는 데에는 그렇게 오랜 시간이 걸리지 않았다. 때는 바야흐로 1957년 10월 4일. 미국의 입장에서 보면 기가 막힌 소식이 소련에서부터 전해진다. 소련이 인류 최초로 대형로켓 R-7을 이용해 무게 83.6kg인 스푸트니크 인공위성을 지구궤도에 올리는 데 성공했다는 것이다. 세계의 초강대국 미국이 자존심을 구기게 된 이 역사적인 사건을 '스푸트니크 충격Sputnik crisis'이라고 부른다. 지구를 넘어 우주로 나선 소련과 이것을 먼저 해내지 못한 미국. 이 사건은 모든 과학기술의 측면에서 소련이 미국을 앞섰다는 것을 말해주는 것이나 마찬가지였다. 자유민주주의의 수호자를 자처했던 미국과 서방세계는 공산주의 세력에게 뒤처지고 말았다는 사실에 큰 충격을 받았고, 특히 미국은 국가 수립 이후 한 번도 본격적인 침략을 당해본 적 없는 본토가 위협받을 수 있다는 가능성에 공포감에 빠졌다.

게다가 충격은 한 번으로 끝나지 않았다. 미국이 채 벌어진 입을 다물기도 전인 11월 3일, 또 다른 소식이 다시 소련으로부터 날아온다. 이번에는 살아있는 개 라이카를 태운 무게 508kg의 스푸트니크 2호가 발사되었고, 우주에 성공적으로 도달했다는 소식이었다. 이로써 미국은 '인류 최초의 위성 발사 성공'은 물론 '인류 최초의 생명체를 탑승한 위성 발사 성공'이라는 타이틀까지 영원토록 소련에게 빼앗기며 자존심에 지울 수 없는 상처를 입고 말았다.

어떻게든 이를 만회하기 위해 미국은 위성 발사를 서두르게 된다. 그 결과로 1957년 12월 6일, 뱅가드Vanguard 발사체로 무게가 겨우 1.36kg 인 초소형위성 발사를 시도하였으나 실패하고 만다. 미국이 위성 발사에 성공한 것은 다음 해로, 1958년 1월 31일 주노Juno-1 로켓으로 무게 13.97kg의 익스플로러Explorer 1호 위성 발사에 겨우 성공, 조금이나마 체면을 차리게 된다. 이때 남아메리카 상공 2,000km에서 전혀 예상하지 못했던 강력한 방사선대를 우연하게 발견하여 과학탑재체 개발 책임자였던 과학자의 이름을 붙여 반 알렌 방사능 벨트Van Allen belt로 불리게 되었다는 에피소드도 있다.

미국이 절치부심 위성을 발사하는 동안 소련도 놀고 있었던 것은 아니다. 소련은 위성개발에 쉬지 않고 매진하여 다시 1958년 5월 15일에 무게가 무려 1,327kg나 나가는 스푸트니크 3호 발사에 성공한다. 이는 소련이 핵무기를 실어 미국을 직접 공격할 수 있다는 의미였는데, 당시의 미국은 가능성에 불과했던 소련의 대륙간탄도미사일ICBM에 의한 본토 공격이 실제로 일어날 경우 이에 대한 방어 수단이 없었기 때문에 국가안보 라인에 초비상이 걸리고 패닉상태에 빠지고 말았다.

설상가상 소련은 1961년 4월 12일, 또 다시 인류 역사의 한 페이지에 길이 남을 업적을 남긴다. 보스토크Vostok호에 탑승한 유리 가가린Yuri

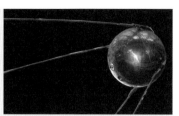

인류 최초의 인공위성 스푸트니크 1호

소련의 R-7 세묘르카 로켓   강아지 라이카가 탑승한 스푸트니크 2호 위성

✦ 그림 1_1. 아폴로 우주인의 달표면 임무수행

Gagarin이 인류 최초로 우주비행에 성공한 것이다. 이것으로 소련이 우주개발 전 분야에서 미국을 압도하였으며, 소련의 과학기술이 미국을 앞섰다는 사실을 누구도 부인할 수 없게 된다.

이 일련의 사건들로 알 수 있지만 우주개발 초창기의 승자는 누가 뭐래도 소련이다. 우주개발의 역사에서는 소련과 인류 최초의 우주비행사가 된 유리 가가린이 꼭 처음에 등장하며 이는 현재는 러시아가 된 소련의 자부심으로 지속적으로 이어오고 있다. 세계 유일의 초강대국 미국은 초창기 우주개발에서 졌다는 사실을 영원히 잊지 못한다. 자존심에 상처를 입은 것도 입은 것이지만, 그 무엇보다도 이때 소련의 대륙간탄도미사일에 무방비로 노출되었다는 것에 미국과 서방세계가 느꼈던 충격과 공포가 현재도 미국이 우주개발에 항상 촉각을 세우는 이유일 수도 있다.

인간보다 먼저 우주에 날아간 라이카 이야기

우리에게 잘 알려진 아폴로 11호와 닐 암스트롱의 달 착륙은 한 국가, 특정한 기관, 특별한 한 사람의 성공이 아니다. 차곡차곡 쌓인 다른 누군가의 희생이 있었으며, 보이지 않는 곳에서 노력한 다수의 사람들의 땀과 우주라는 미지의 공간을 향한 여러 나라의 도전이 있었기에 맺을 수 있었던 열매다. 그렇기에 닐 암스트롱의 달 착륙은 인류 전체에게 새로운 꿈과 희망을 가져다 줄 수 있었던 것이다.

하지만 우리는 대체로 커다란 성공만을 기억하는 습성을 가지고 있다. 그 성공을 위해 얼마나 많은 실험이 진행되었으며, 실패를 거듭했을지 가늠해 보면 성공보다 위대한 이야기들이 있고, 겸손해지지 않을 수 없는데도 말이다. 그리고 그 실험과 실패에는 비단 인간만이 존재하는 것은 아니며, 인간을 위해 희생된 다른 생명체가 존재한다는 것도 아주 쉽게 간과되기도 한다.

인간의 우주개발과 달 착륙이라는 어마어마한 업적에도 인간 이전에 동물 실험이 있었다. 어쩌면 당연한 일이다. 인간이 살아보기는커녕 닿아 본 적도 없는 미지의 세상, 살아서 갈 수 있을지도 모르고 살아서 간다 해도 여전히 살아서 돌아올 수 있다는 것을 보장할 수 없는 우주라는 공간에 인간은 무턱대고 인간을 보낼 수 없었고, 대신 동물을 보내 먼저 성공 가능성을 파악해야 했다. 그래서 미국이나 소련은 '우주에서 사람이 살 수 있는가?' 혹은 '어떻게 살아야 하는가?'에 대한 근본적인 의문을 가지고 수많은 동물 실험을 진행하게 된다.

그 중에서 우리에게 가장 잘 알려진 동물은 1957년 11월 3일 소련의 스푸트니크 2호에 탑승하여 소련에게 인류 최초의 생명체를 탑승한 위성 발사 성공이란 명성을 안겨 준 '라이카'라는 이름의 강아지다. 당시 소련의 길거리에는 많은 유기견이 있었는데 라이카 역시 유기견이었다. 라이카의 본명은 Kudryavka로 작은 곱슬머리라는 뜻을 가지고 있다. 미국에서는 Muttnik라고 불렸다. 성별은 암컷이었다.

그리고 유기견 라이카는 우주 궤도를 비행한 최초의 동물로 역사에 기록되었다. 2002년 러시아의 한 과학자가 사실 라이카는 발사 직후 죽었다고 폭로하기도 했지만 당연히 소련은 이를 부정했고, 그 진위여부와는 상관없이 어쨌든 라이카는 인간을 대신해 우주에서 희생된 첫 생명이자 첫 죽음이 되었다.

참고로 소련과 달리 미국은 강아지가 아닌 침팬지를 유인 우주 실험에 활용했다. 그 이유는 아마도 침팬지가 인간과 가장 유사한 동물이었기 때문일 것이다. 그리고 소련이 강아지를 인간 대신 우주에 내보낸 이유는 강아지가 침팬지보다 인간을 잘 따르는 순종적인 동물이기 때문에 실험에 활용하기에 장점이 많았을 것으로 추측된다.

존 F. 케네디의 선언 : 우리는 달에 갈 것이다!

우주개발에 있어 인류 최초라는 타이틀을 짧은 기간 안에 연속으로 세 개 — 최초의 인공위성 발사 성공, 최초의 생명체 탑승 위성 발사 성공, 최초의 인간 우주 비행 성공 — 나 소련에 빼앗긴 미국이 충격에 빠진 것은 당연하다. 심리적 충격도 컸지만 2차 세계대전으로 핵의 무서움을 알게 된 미국은 위성 발사 성공으로 소련의 핵이 미국에 바로 도달할 수 있음에 안보적 공포에 휩싸이고 우주개발이 곧 국가 안보라는 사실에 직면하게 된다. 이에 미국은 위성 개발 등에서 소련에 뒤처진 이유를 다각도에서 검토하고 분석하기 시작한다.

그 중에서도 특히 흥미로운 것 중 하나는 미국이 그 문제점을 교육에서 찾았다는 것이다. 그때까지 미국의 교육은 경쟁보다는 학생들의 창의성과 자발적인 교육 참여를 중요시했다. 그 결과로 학생들이 어려워하고 흥미를 갖지 않는 분야의 후퇴를 가져왔는데, 그중에서도 대표적인 분야가 수학이었다. 수학은 위성 발사 등의 우주개발에 꼭 필요한 학문이었기에 미국은 교육을 참패의 원인 중 하나로 내세운 듯하다. 이를 해결하기 위해 미국은 기초분야 교육에서만큼은 학생들의 흥미보다는 실질적인 실력 양성이 이루어지도록 학습을 진행하고 경쟁도 유도하는 방향으로 바꾸게 된다.

또 하나의 문제점으로 파악된 것은 군이 주도하면서도 육군, 해군, 공군의 각 군에 우주발사체와 위성의 개발을 분산해두었다는 점이다. 1950년대 말 미국의 해군은 뱅가드 로켓을, 육군은 독일의 천재 로켓 과학자 폰 브라운Wernher von Braun을 개발 책임자로 주노-1 로켓을 개발했으며, 공군은 아틀라스Atlas 로켓과 독자적인 위성을 개발하여 각각 발사 시도했다. 국가적인 역량이 전부 모여도 성공을 장담할 수 없는 우주개발에서 협력을 해도 모자랄 각 군이 과도한 경쟁을 하다 보니 소련에 뒤처질 수밖에 없었다. 실제로 당시 미국의 육해공군은 소련이 먼저 위성 발사에 성공하자 내부의 라이벌인 타군에서 발사 성공하지 못한 것에 안도하기도 했다고 전해진다.

여기에 더해 우주개발에서 미국이 고집했던 폐쇄성도 지적되었다. 소련은 2차 세계대전 말기에 포로로 데려간 독일 등의 다수의 중하위 현장 엔지니어들을 최대한 활용하여 로켓과 인공위성 발사에 성공한 반면, 미국은 순수성을 고집하며 오직 미국인들만으로 로켓과 인공위성을 발사하려 했던 것이다. 이는 뱅가드 로켓의 처참한 실패로 이어졌고, 미국 여론의 조롱을 받기까지 했다. 사실 미국 역시 2차 세계대전 말기 포로들을 데려왔다. 특히 이때 포섭한 포로의 대다수가 독일의 우수한 1급 과학자들이었기에 이를 활용하지 못한 폐쇄성은 비판 받기에 충분했다. 뱅가드 로켓의 실패 이후에야 결국 미국도 이 포로들을 로켓과 위성개발에 참여하도록 허락했고, 1958년 마침내 독일 포로였던 폰 브라운을 중심으로

미 육군 주노-1 로켓

미 공군 아틀라스 로켓

미 해군 뱅가드 로켓

미국 최초 인공위성 익스플로러-1(1958. 1. 31)

미국의 두 번째 위성 스코어(1958. 12. 18.)

실패한 뱅가드 위성(1957. 12. 6.)

✦ 그림 1_2. 1950년대 말 발사된 미국의 인공위성과 로켓

한 미 육군 개발팀에서 주노-1 로켓으로 익스플로러-1 인공위성 발사에 성공하게 된 것만 보아도 미국의 폐쇄성이 문제였음을 알 수 있다. 미국 역시 이후에는 국수주의적인 정책이 과학기술 발전에 도움이 되지 않는다는 것을 깨닫고 고급 인력에 대한 개방정책을 펴는 계기가 된다.

한편, 로켓 및 위성 발사 등 우주개발과 관련한 문제는 미국의 정치인들에게 중요한 이슈로 떠올랐다. 냉전시대 민주주의와 공산주의를 대표하는 양대 강국이었던 소련과 미국은 모든 방면에서 경쟁을 하고 있었는데, 미국이 초반 우주개발에서 소련에 뒤처졌다는 사실은 더욱 정치인들이 우주개발과 관련한 문제를 외면할 수 없도록 만들었다. 이에 종전 이후 대통령에 재임했던 아이젠하워는 비효율적이었던 군 주도의 우주개발을 민간주도로 전환하고, 미국의 육해공 각 군에 분산되어있던 우주개발 역량을 통합하기 위하여 1958년 미항공우주청NASA을 설립한다.

그러나 사실 초기 우주개발 경쟁에서 미국이 뒤처지게 된 데에는 아이젠하워 대통령의 소극적인 태도도 한몫하였다. 실질적으로는 미국이 소련보다 먼저 인공위성을 발사할 능력과 기회가 있었음에도 아이젠하워 정부는 적국의 상공을 인공위성이 통과하는 것이 혹시 국제법 위반이 아닐까 걱정하였고, 소련을 자극하지 않으면서 조심스럽게 우주개발을 추진하려고 한 측면이 있다. 소련의 반발을 걱정하다 인류 최초의 인공위성 발사 기회를 스스로 놓쳐버린 것이다.

이런 아이젠하워 정부의 경험이 있었기 때문일까. 1960년 11월 새롭게 대통령에 당선된 존 F. 케네디는 달랐다. 지금까지의 소극적인 자세에서 적극적이고 공세적인 우주개발을 추진하게 된다. 소련에 뒤진 과학기술과 우주탐사 능력은 물론 뒤처진 대륙간탄도미사일 능력을 일거에 역전시키기 위하여 1960년대에는 미국 우주인을 달에 착륙시키겠다는 계획을 선포한 것이 대표적이다.

시기적으로 보자면 1961년 4월 12일, 소련의 유린 가가린이 인류 최초로 우주 비행에 성공한 직후다. 가가린의 우주 비행 며칠 뒤 일어난 쿠바 피그만 침공 사태로 케네디가 정치적 수세에 몰리고 있던 때이기도 하다. 정치적 이유가 다분하긴 했지만 여하튼 소련의 우주 비행 성공 소식을 접한 케네디 대통령은 소련과의 우주 경쟁을 국정의 주요 과제로 삼게 되었는데, 가가린의 비행이 있은지 약 1주일 뒤 케네디 대통령은 린든 B. 존슨 부통령에게 서한을 보내 미국이 극적인 승리를 보장할 수 있는 우주 프로그램이 있는지 물었다고 한다. 얼마 후 존슨 부통령이 내놓은 답이 바로 '유인 달 착륙'이었다.

존슨 부통령은 유인 달 착륙을 답안으로 제출한 기술적인 이유와 정치적인 근거를 함께 제시했다. 먼저 기술적인 측면을 살펴보면, 유인 달 착륙을 위해서는 미소 양측 모두 초대형의 우주발사체(로켓)를 새롭게 개발할 필요가 있었는데, 2차 대전의 전쟁 포로였다가 개발에 참여하게 된 폰 브라운 박사는 미국이 소련보다 이를 더 빨리해낼 수 있다고 확언했다. 한편 NASA의 2대 국장을 맡은 제임스 웹James Webb과 맥나마라Robert Mcnamara 국방부 장관은 정치적인 측면에서 이를 바라보았는데, 대형 우주 산업이 냉전의 일부임을 부인할 수 없는 상황에서, 기계보다는 사람이 전 세계인의 상상력을 더 자극할 수 있기 때문에 국가 위상 제고를 위해서는 유인 달탐사가 답이라는 것이 그들의 논리였다. 인류사의 위대한 업적은 미국의 이러한 정책적 판단에 근거하여 진행되게 된 것이다.

존슨 부통령의 답을 받은 존 F. 케네디는 1961년 5월 25일 의회 연설에서 본격적으로 유인 달탐사의 시작을 알린다. 연설에서 존 F. 케네디는 "인간이 달에 착륙했다가 귀환하면 이는 인류에게 강렬한 인상을 심어줄 것이고, 장기적인 우주탐사 계획에 중요한 전환점이 될 것이며, 이를 위해 어려움과 막대한 비용을 감수할 것이다"라고 강렬하게 말했다. 이때까지 미국은 지구궤도에 겨우 1명의 우주인을 보낸 것밖에 없었으며 심지어 NASA도 폰 브라운 박사의 확언과는 상관없이 대통령의 선언이 성공 가능성이 희박하다고 생각했다. 즉, 그 시점에 진짜로 사람이 달에 발을 디디기는 힘들다고 본 것이다.

그러나 케네디 대통령은 이에 그치지 않고 이듬해인 1962년 9월 12일, 휴스턴의 라이스대학에서 행한 연설에서 그 유명한 미국의 유인 달탐사 계획을 선언한다. "미국은 달에 가기로 결정했다. 이는 쉽기 때문이 아니라 어렵기 때문이며, 우리의 모든 기술과 역량을 한데 모아야 가능하기 때문이다. 이는 우리가 이 도전을 미루기를 거부하기 때문이며, 우리가 승리하고자 하기 때문이다"

케네디 대통령의 선언에 성공 가능성을 떠나 전 미국이 들떴다. 인간이 달에 간다니, 그때까지만 해도 공상과학소설에서나 가능한 일이었다. 그렇기에 성공한다면 어마어마한 일이 될 것이고, 그 역사적인 일은 반드시 미국이 해야 한다는, 미국만이 할 수 있다는 생각을 미국인들은 하게 됐다.

누가 먼저 달에 발자국을 남길 것인가?
: 더욱 치열해진 미국과 소련의 우주개발 경쟁 스토리

케네디 대통령의 '우리는 달에 갈 것이다'는 선언이 중요하고 의미가 남다른 것은 이후 미국이 달탐사를 준비하기 위한 머큐리 계획Project Mercury, 1958~1963과 제미니 계획Project Gemini, 1961~1966을 성공적으로 마무리하고, 향후 아폴로 11호로 유인 달탐사를 결국 성공시키기까지 하나의 목표를 가지고 쭉 이어진 프로젝트의 기반을 닦았다는 점에 있다. 미국에 앞서 1957년 인류 최초의 인공위성 발사와 1961년 인류 최초로 인간을 우주로 보낸 소련으로 인해 국가적 충격에 빠져든 미국은 케네디 대통령의 선언과 그로 촉발된 우주 계획으로 인해 다시 자신감을 회복하기 시작한다.

그러나 그 과정이 그리 쉽지만은 않았는데, 1960년대 들어서면서 공산주의와 자유민주주의 진영의 체제 경쟁이 더욱 치열해짐에 따라 소련이 우주개발에서의 승리를 체제 경쟁의 선전물로 적극 활용하게 되고, 이것이 미국의 입장에서는 커다란 압박으로 작용할 수밖에 없었기 때문이다.

유인 우주 비행에서 유인 달탐사 경쟁으로 이어지는 과정에서 미국과 소련의 경쟁이 얼마나 격렬했는지 살펴보자. 앞서 보았듯 소련은 유인 우주비행 경쟁에서도 발 빠르게 미국을 앞질러 갔다. 그 정점이 유리 가가린을 우주인으로 탄생시킨 세계 최초 유인 우주비행이다. 가가린은 동료 티토프Gherman Titov와 치열한 경쟁을 거쳐 최종 비행우주인으로 선발되었다. 그리고 역사적인 1961년 4월 12일, 보스토크 우주선에 탑승한 가가린은 대륙간탄도미사일로 사용되는 R-7 세묘르카 로켓으로 발사되어 89분 동안 지구를 한 바퀴 돌고 소련 남부 평야지역으로 귀환했다.

인류 최초로 우주비행을 하고 돌아온 유리 가가린의 인기는 소련뿐 아니라 전 세계적으로 대단해서 유럽에서조차 큰 환영을 받았다. 1961년 7월 가가린은 영국을 방문하여 열렬한 환영을 받았으며, 이외에도 30여 개 국을 방문했다. 최대 라이벌국인 미국 방문은 실현되지 않았다. 소련과의 라이벌 의식 때문이기도 했고, 가가린의 인기가 케네디 대통령의 인기보다 높아질 것을 걱정한 미국 정부의 우려 때문이었다.

인공위성 경쟁에 이어 우주로 사람을 보내는 유인 우주 경쟁에서도 뒤처지기 시작한 미국은 조급해졌다. 얼마나 마음이 급했는지는 유인 우주비행에서 러시아를 따라잡기 위한 방법으로 지구궤도를 도는 것이 아닌 대포알처럼 지상 100km 이상 우주로 잠깐 동안 나갔다가 지구로 떨어지는 탄도비행을 시도한 것만 보아도 알 수 있다. 이러한 비행을 준궤도sub-orbital 우주비행이라고 하는데, 최근 유행하고 있는 우주관광도 이러한 방식의 우주비행이다. 솔직히 진정한 우주 비행이라고 말하기에는 조금 모자란 면이 있다.

유리 가가린이 우주 비행을 마친지 얼마 지나지 않은 1961년 5월 5일,

유리 가가린

보스토크 우주선

알란 셰퍼드

머큐리 우주선

✦ 그림 1_3. 미국과 소련의 최초 우주인

미국은 우주인 앨런 셰퍼드Alan Shepard를 레드스톤Redstone 로켓으로 발사된 머큐리 우주선에 탑승시켜 유인 우주비행을 시도했다. 셰퍼드는 고도 180km에 도달하고 15분 후 480km를 날아가 대서양에 착수했다. 이때의 호출부호는 프리덤-7이었다. 이후 미국이 진정한 우주 비행에 성공한 것은 1962년 2월 20일로 존 글렌John Glenn 우주인이 역시 머큐리 우주선(호출부호 프렌드쉽 7)에 탑승하여 아틀라스Atlas 로켓으로 발사되었으며, 4시간 55분 동안 지구를 3회 선회하고 대서양에 성공적으로 착수함으로써 겨우 소련과 어깨를 나란히 할 수 있게 되었다.

그리고 드디어 유인 달탐사 경쟁이 시작된다. 미국은 이렇게 뒤처진 우주경쟁과 대륙간탄도미사일 경쟁에서 소련을 단숨에 역전하기 위해 60년대 초부터 유인 달탐사를 준비하기 시작했다. 미국과 소련의 우주경쟁 무대가 이제 달로 바뀐 것이다. 케네디 대통령의 본격적인 달탐사 선언도 있었지만 달이 인류에게 주는 상상력과 상징성 때문인지 사람들의 관심도 상당했다. 이목이 쏠린 만큼 경쟁은 더욱 치열하게 가열되었다.

핵심은 대형 발사체의 개발이었다. 소련에서 최초 유인 우주비행을 성공했던 R-7 로켓의 개량형인 소유즈Soyuz 로켓은 지상에서의 추력이 83톤인 RD-108 엔진 5기를 묶어서 415톤 정도의 추력을 낼 뿐이었다. 조금 더 들여다보자면 RD-108 엔진 하나는 내부에 25톤 추력을 내는 소형엔진 4개가 묶여진 형태로 만들어졌기에, 결과적으로 소유즈에는 20개의 소형엔진이 다발로 묶여져 있는 형태였다. 이러한 소유즈 로켓을 가지고는 달에 갈 수 없었다.

미국은 폰 브라운 박사의 지도 아래 거대한 새턴-5 로켓의 1단 주엔진인 F-1 개발에 성공했다. F-1엔진은 지상에서 RD-108 엔진의 83톤에 비해 10배나 강력한 700여 톤의 추력을 낼 수 있었으며, 새턴-5 로켓의 1단은 이러한 F-1 엔진 5기를 묶어 총 3,500여 톤의 추력을 내었다.

이에 소련도 미국의 새턴-5같은 대형 로켓 N-1 개발을 시도한다. NK-15라는 153톤 추력을 내는 엔진을 1단에 무려 30개를 묶어 미국의 새턴-5 엔진 1단과 맞먹는 4,600톤의 추력을 내도록 설계한 것이다. 그러나 미국의 아폴로 11호가 달에 착륙하기 직전인 1969년 7월 초 시험발사에서 폭발하는 대형사고가 발생하고 만다. 이때 다수의 과학자도 희생되었다. 30개의 소형엔진을 묶어 추력을 제어하는 것은 당시 소련의 기술로는 너무나 버거웠던 것이다. 더욱이 소련의 초기 우주개발을 책임졌던 코롤료프Sergei Korolev의 사망(1966) 후 뒤를 이은 바실리 미신Vasily Mishin은 코롤료프에 비해 정치력과 리더십이 부족해 개발이 예전처럼 원활히 이루어지지 않고 있었다. 이런 복합적인 이유로 소련은 눈물을 머금고 유인 달탐사를 포기하고 소형 무인 달착륙선을 보내는 것으로 전략을 수정할 수밖에 없었다. 우주개발이 국가적 기술개발 능력과 아울러 프로그램 책임자의 정치력과 리더십에 얼마나 성패가 좌우되는지를 분명하게 보여주는 사례이다.

참고로 소련과 미국, 양국의 과학기술 개발 철학과 시스템의 차이도 눈여겨볼만 하다. 미국은 최고성능의 기술을 개발하려고 하지만, 소련은 단순하지만 견고한 기술을 선호했다. 이런 소련의 철학은 성능은 떨어지지만 단순하고 신뢰성이 있어 대량생산이 필요한 장비 개발에는 적합하다. 로켓 개발도 단계별로 검증하지 않고 일단 전체 시스템을 조립한 후 시험하여 한 번에 문제점들을 고쳐나가는 방식이었다. 이러한 방식은 지구 궤도용 로켓까지는 성공적이었지만 달탐사 로켓처럼 한 차원 높은, 거대하고 복잡하고 정교한 로켓 개발에는 한계를 보였다. 반면 미국은 뱅가드 로켓의 연이은 실패 후 소련과 반대로 개발의 매 단계별로 소요 시간을 예측하여 개발 순서를 최적화하고 각 단계별로 성능을 철저히 검증한 후 다음 단계로 넘어가는 퍼트Program/Project Evaluation and Review Technique, PERT 방식을 채택, 개발 초기 시간과 비용은 더 들어가지만 실패율을 크게 줄일 수 있었다. 이때 개발된 퍼트라는 개발관리 방법은 지금까지 미국과 여러 나라에서 대형 연구개발사업 관리에 사용되고 있다.

결국 소련은 대형 엔진 개발에 실패하면서 달탐사의 주도권을 미국에 넘겨주고 말았다. 이런저런 사정이 있지만 어찌됐든 미국은 수많은 인력과 연구비를 투자하여 대형 로켓 개발에 성공했고, 소련은 그러한 여력이 없었다고 보는 것이 맞다. 그리고 달탐사의 주도권이 미국으로 넘어가기 시작하면서, 양국간의 체제 경쟁도 미국의 우세로 기울기 시작하였다는 것은 기술개발이 체제 경쟁의 중요한 요소라는 것을 극명하게 보여주는 사례라고 할 수 있다.

아폴로 달탐사 계획의 새턴-5 로켓   소련 달탐사용 N-1 로켓
(높이 111m, 직경 10m, 무게 2,938톤, 추력 3,367톤)   (높이 105m, 직경 17m, 무게 2,750톤, 추력 4,633톤)

✦ 그림 1_4. 미국과 소련의 달탐사 로켓 새턴-5와 N-1 로켓

대형 로켓 개발의 어려움과 이를 극복한 사람들

잠시 로켓 개발에서 가장 어려운 부분이라고 여겨지는 기술과 그 어려움을 극복하고 로켓을 개발한 사람들에 대해 이야기를 해보자. 물론 로켓 개발에 있어 쉬운 부분이란 있을 수 없고, 로켓 개발이 단 몇 사람의 능력과 수고로 이루어지는 것은 아니지만, 로켓 개발자라면 누구나 인정하는 어려움과 로켓 개발의 선구자라고 불릴 인물 한두 명에는 이견이 별로 없을 터라 의미가 있으리라 생각한다.

먼저 로켓 개발에 대해 이야기하자면 로켓 엔진 개발 이야기가 중심이 될 수밖에 없다. 로켓 엔진 개발에서 가장 핵심적인 기술을 꼽자면 아무래도 막대한 양의 연료인 고급 정제 등유 케로신Kerosene을 -183℃의 초저온 액체 산소와 고압에서 안정적으로 연소시키도록 하는 것을 들 수 있겠다. 이를 가능하게 만드는 핵심 부품은 '연소기'로, 연소기에서 케로신과 액체 산소가 만나 불타고, 여기서 로켓은 추진력을 얻는다. 그런데 대형 로켓용 연소기를 만드는 것은 극한의 어려움을 동반한다. 미국은 결론적으로 폰 브라운 박사의 지도하에 수많은 실패를 극복하면서 추력 700톤에 달하는 F-1 대형로켓엔진 개발에는 성공했지만, 유인 달탐사를 위해서는 대형 로켓엔진이 필요하다는 것을 50년대 말부터 파악하고 있었다. 미국 로켓 개발팀은 유인 달탐사를 위해서는 1단 추력이 3,000톤이 넘는 대형 로켓이 필요하다는 결론에 다다랐고, 역시 폰 브라운 박사의 책임하에 F-1 엔진 개발을 진행했지만 성공은 쉽게 찾아오지 않았다.

그러던 어느 날, 유럽의 학술대회에서 미국의 로켓과학자가 우련히 소련의 로켓과학자를 만나게 된다. 미국이 대형 엔진용 연소기를 개발 중이라는 말을 들은 소련 로켓과학자는 이렇게 말했다. "잘 안될 것이다. 우리도 엄청 실패를 겪었고 결론적으로 소형 연소기를 다발로 묶는 방법을 어쩔 수 없이 채택했다."

소련은 추력 100톤의 소형 엔진을 수십 개 묶는 방법으로 대형 로켓 개발을 시도하였으나 실패의 연속이었다. 당시 기술로는 수십 개의 엔진을 제어하기가 불가능했다. 이후 미국은 F-1 대형 로켓엔진 다섯 개를 묶어 1단 추력이 3,000톤이 넘는 대형 로켓을 만들고, 유인 달탐사에 이용하게 된다. 그러나 연소기 부분은 3,000℃가 넘는 고온과 초음속 유체속도, 그리고 이에 따른 충격파와 굉음이 관련된 문제들이 한데 어우러져 지금도 해석이 매우 어려운 영역으로 남아있다. 로켓 개발 부분에는 아직도 과학적으로 해석과 계산이 안 되는 분야들이 일부 있는데, 이 중에서 대표적인 분야가 바로 연소공학이다. 특히 연소기가 커지면서 이러한 해석 불가의 영역이 발생하는데, 이를 두고 과학보다는 예술의 영역이라는 뜻으로 'Art Than Science'라고 말한다. 이는 수많은 시행착오를 겪으면서 조금씩 경험적으로 수정할 수밖에 없다는 의미다.

미국의 F-1로켓 개발팀의 경우에도 대형 연소기 내에서 자주 연소의 불안정과 폭발이 발생해서 각고의 노력 끝에 최적의 동축 연료분사기를 개발하여 사용하고 흐름 안정판인 '배플baffle'을 여러 개 설치하여 겨우 연소의 안전성을 확보할 수 있었는데, 이는 연소기의 효율을 어느 정도 포기한 결정이다. 그럴 수밖에 없었을 사정이 충분히 이해가 간다. 통상적으로 새로운 로켓 엔진을 개발할 때 연소시험을 200회 정도 하게 되는데, 시험이 잘 이루어지면 한 회 시험에 걸리는 기간이 몇 주 정도로 끝나지만, 문제가 발생해서 연소기가 부서지면 새롭게 설계하여 제작하는 데 몇 개월의 시간이 걸리게 된다. 최소 200번의 연소 시험을 한다면 최소 5년 정도의 시간이 소요되고, 그에 따른 막대한 개발비가 투자되는 것이니 연소기의 효율을 어느 정도 포기하더라도 적당한 타협이 필요했을 것이다. 참고로 한국이 독자 개발한 한국형발사체의 75톤 엔진도 이와 같은 시행착오와 고생을 거쳐 탄생한 엔진이니 자부심을 가질 만하다.

이렇게 대형 로켓 F-1과 연소기 개발로 엄청 고생한 미국의 로켓 과학자들이 로켓 엔진 개발에 대해 남긴 세 가지 충고가 아주 재미있다. 그들이 남긴 충고는 첫째, '절대 새로운 엔진Brand New을 개발하지 말라', 둘째, '절대 새로운 엔진Brand New을 개발하지 말라', 셋째, '절대 새로운 엔진Brand New을 개발하지 말라'다. 농담이 섞인 충고지만 얼마나 고생이 심했는지 진심이 느껴진다.

그리고 언제나 그렇듯이 이 모든 어려운 개발 뒤에는 사람이 있었다. 미국과 소련에는 각각 로켓 개발을 대표하는 인물이 있었는데, 미국의 베르너 폰 브라운 박사와 소련의 세르게이 코롤료프 박사가 그 주인공이다. 이 두 사람의 행보에 의해 미국과 소련의 로켓 개발의 명암이 갈렸다고도

아폴로 새턴-5 로켓 F-1 주엔진 (추력 800톤)　　소련 달탐사용 N-1 로켓 NK-33주엔진
(NK-15 엔진 개량형, 추력 150톤)

✦ 그림 1_5. 미국과 소련의 달탐사용 로켓의 주 엔진 크기 비교

할 수 있는데 미국이 폰 브라운 박사의 지도하에 F-1 대형로켓엔진과 연소기 개발에 성공한 반면, 소련은 로켓 개발의 아버지인 세르게이 코롤료프 박사가 1966년 사망하면서 대형로켓 엔진 개발에 실패하고 결국은 달탐사용 대형 발사체 개발에서 미국에 뒤처지게 되었기 때문이다.

인류를 달로 실어준 로켓을 개발한 미국의 폰 브라운 박사와 소련의 코롤료프 박사는 생전에 서로 만나지는 못하였지만 놀랄 정도로 유사한 캐릭터와 인생 역정을 가지고 있다. 우선 두 사람 모두 카리스마가 대단하고 리더십과 정치적 역량이 대단했던 과학자로 알려져 있다. 막대한 개발비와 기술개발 리스크가 큰 로켓 개발을 두고 정치적으로 정부와 산업체를 설득해야 하고, 수천 명의 기술자와 관료들을 이끌고 가야 하며, 실패

시에는 엄청난 공격을 받아야 하는 자리였으니 이를 이겨내기 위한 명석한 두뇌와 강인한 정신력, 지도력을 지닌 것은 당연하다면 당연했을 것이다. 하지만 그리 순탄한 인생을 살았다고는 할 수 없다는 점에서까지 비슷한 것은 조금 놀랍다.

폰 브라운 박사는 나치 독일의 1급 로켓 과학자로, 연합국을 공격하여 괴롭힌 세계 최초의 탄도미사일, V-2 로켓의 개발자였다. 이론보다는 실제 로켓 하드웨어 개발에 천재성을 보여준 과학자였던 그는 학생 시절에도 위험한 로켓 발사시험을 수없이 수행했고 이로 인해 부상을 입는 일이 잦았다고 하는데, 이런 조금 무모할 정도의 용기와 지혜가 독일의 로켓 기술 대부분을 미국에 성공적으로 넘기는 데 큰 역할을 한다.

1945년 초, 전세가 독일에게 불리하게 돌아가며 독일의 패전을 점치는 사람들이 점점 많아지던 때, 전쟁의 미치광이가 되어가던 히틀러와 독일 육군참모총장은 로켓 연구기지가 있는 페네뮌데Peenemunde의 모든 연구자에게 총을 들고 병사로서 미군과 싸우라는 입대명령을 내린다. 과학자들에게 이 명령은 자살명령과 다름없었다. 독일의 패전이 확실하다는 것을 직감한 폰 브라운 박사는 이 명령을 따르지 않고 오히려 명령서를 위조하여 무려 연구 인력 500명을 이끌고 자신의 형을 앞장세워 밤새 시골 길로 도주, 성공적으로 미군에 투항해버린다. 그리고 미리 주변 광산에 몰래 숨겨 놓은 무려 14톤에 달하는 독일의 로켓 설계도와 기술 자료를 미국에 넘긴다. 패전이 점점 확실해지면서 여러 자료를 파괴하던 독일의 SS비밀경찰에 의해 자신들의 피나는 연구가 사라지는 것을 막은 것이다.

당시 독일 비밀경찰의 위세와 무서움은 어마어마했기에 만약 명령서가 위조된 것이 드러났다면 폰 브라운은 그 자리에서 죽음을 면치 못했을 것이다. 전쟁의 막바지에 기술 유출 등을 막기 위해 서슬이 퍼랬을 독일의 비밀경찰 앞에서 낸 폰 브라운의 용기는 범인으로서는 상상하기 어려운 것임에 분명하다.

이렇게 폰 브라운 박사가 넘긴 자료 덕분에 이후 미국은 전쟁 이후 우주개발 경쟁에서 소련을 이길 수 있었다. 그러나 그의 미국 생활이 처음부터 순탄하지는 않았다. 스스로 자료를 들고 미국으로 넘어오긴 했지만 전쟁 포로 신세였고, 나치에 협력한 전력으로 미국 과학자들로부터 차별을 받았기 때문이다. 하지만 결국은 미국 최초의 인공위성을 발사한 주노-1 로켓 개발을 주도하여 성공했고, 유인 달탐사를 위한 대형 로켓까지 개발 성공하여 그 위치를 확고히 하게 됐다. 미국 정부가 폰 브라운 박사를 처음부터 믿고 지원했더라면 인류 최초의 인공위성 발사국이 미국이 됐을지도 모른다는 이야기가 허황되지만은 않은 이유다.

한편, 파란만장하기로는 소련의 로켓 과학자 코롤료프의 삶도 만만치 않다. 1930년대부터 이미 로켓 개발을 시도했던 그는 그 뛰어남 때문인지 1938년 경쟁 로켓 과학자 글루쉬코Valentin Glushko로부터 모함을 받아 시베리아의 악명 높은 정치범 수용소로 끌려가 6년간 고초를 받는다. 모함의 내용도 어처구니가 없다. 연구를 일부러 태만하게 한다는 명목이었으니, 육체적 고통도 고통이지만 심적 고통이 이루 말할 수 없었을 것이다. 심지어 고의로 연구를 지연시켰다는 죄목으로 사형 선고까지 받게 되는데, 수용소 기간 중 끊임없는 죽음의 공포에 시달리는 바람에 성격까지 극단적으로 조심스런 성격으로 바뀌고 만다. 나중에야 그 모든 것이 글루

쉬코의 모함 때문이었다는 사실을 알게 되어 두 사람은 평생 원수로 지냈다고 한다.

코롤료프 박사가 수용소에서 풀려나게 된 계기는 아이러니하게도 2차 대전 당시 독일의 폰 브라운 박사가 개발한 V-2로켓 때문이다. V-2로켓을 해석하고 그에 대항할 로켓을 만들 수 있는 인재가 절실했던 소련이 결국 다시 코롤료프 박사를 등용할 수밖에 없었던 것이다. 전쟁이 끝나고 냉전시대가 오자 코롤료프 박사의 존재는 더욱 중요해졌다. 전쟁을 마무리짓는 과정에서 미국이 일본에 비행기로 핵미사일을 투하하자 그 위력을 실감한 소련에서 미국에 비해 뒤처진 항공기술을 따라잡고 탄도미사일 개발을 하고자 했기 때문이다.

그리고 코롤료프 박사는 해내고야 만다. 탄도미사일을 개발해 미국과 유럽연합을 공포에 빠뜨리고, 연이어 인류최초의 인공위성 스푸트니크를 발사시키더니 급기야 유인 우주비행까지 성공시킨 것이다.

이처럼 최초의 우주인 유리 가가린까지 탄생시킨 코롤료프 박사지만 그 이름은 폰 브라운 박사에 비해 알려지지 않았다. 소련 정부가 코롤료프 박사의 존재를 철저히 비밀에 부친 결과다. 같은 연구를 하던 경쟁자인 폰 브라운 박사는 물론이고, 심지어 소련의 우주인 가가린도 발사 직전까지 코롤료프의 이름을 몰랐을 정도였다. 가가린의 우주비행이 성공한 후 세계는 충격에 빠졌고, 이 엄청난 성과에 경의를 표하기 위해 노벨상 위원회가 유인 우주비행 프로젝트를 이끈 과학자를 알고 싶어 했지만 여기에도 소련은 끝까지 입을 열지 않았다.

소련이 코롤료프 박사의 이름을 밝힌 것은 그의 사후이다. 코롤료프 박사는 수용소 생활을 하며 얻은 육체적, 심리적 고통으로 이가 모두 빠지는 등 부상이 심각했는데, 결국은 수용소 생활에서 얻은 지병의 후유증으로 건강이 악화되어 1966년, 비교적 이른 나이인 59세에 수술대 위에서 세상을 떠났다. 살아생전에는 인류 역사에 기록될 업적을 몇 개나 남겼지만 이름을 알리지 못하고 죽고 나서야 이름이 알려지게 되다니 그의 인생이 안타깝다.

코롤료프 박사가 얼마나 독보적인 로켓 개발자였는지는 그의 사후 소련의 로켓 개발 상황을 보면 알 수 있다. 코롤료프 박사가 로켓 개발을 책임질 때는 우주개발에서 미국에 앞서가던 소련이었지만, 그의 사후에는 1969년 첫 번째 N-1 로켓 발사 실패 이후 지속된 실패를 겪고 히로시마 원자폭탄의 40%에 해당하는 위력의 폭발 사고까지 일어나 1976년 공식적으로 N-1 로켓 계획을 중단하고 만다. 물론 미국과 경쟁하던 유인 달탐사도 포기할 수밖에 없었다.

로켓 개발 과학자 베르너 폰 브라운 (1912-1977)　　　로켓 개발 과학자 세르게이 코롤료프(1907-1966)

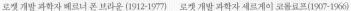

✦ 그림 1_6. 미국과 소련의 초기 로켓 개발 및 달탐사 계획 로켓 개발 책임자

달에 디딘 첫 발자국의 주인공과 그 이면의 이야기들

케네디 대통령은 1960년대가 끝나기 전 사람을 달에 착륙 시키겠다는 약속을 남기고 얼마 뒤 암살로 세상을 떠났지만, 그 약속은 결국 아폴로 11호의 성공으로 지켜졌다. 폰 브라운 박사가 케네디 대통령의 연설이 있었던 1961년 새턴-1 로켓을 개발하고부터 수 년, 인류는 1967년 완성된 새턴-5 로켓으로 1969년 7월 21일 달에 착륙할 수 있게 되었다. 그 사이 프로젝트 머큐리(첫 유인우주탐험 계획)와 제미니(첫 우주유영 및 랑데부 기술 확보 계획)는 종료되었고, 우리에게 친숙한 이름을 지닌 프로그램 아폴로가 미국의 우주 진출을 진두지휘하게 되었다.

아폴로 1호부터 10호까지는 대체적으로 달 착륙을 준비하는 과정이었다. 아폴로 1호에서 일어났던 사령선 화재 사고로 우주인 세 명이 목숨을 잃고 나자 아폴로 2호와 3호는 취소되었으며, 이후 4호부터 6호까지는 무인 계획으로 진행되었다. 7호의 우주인들은 약 11일 동안 지구 궤도를 돌며 TV 중계 등의 임무를 실시했다. 이후 새턴-5 로켓으로 발사된 8호를 통해 인류 최초로 달까지의 궤도를 탐험했으며, 9호와 10호를 통해 달 착륙선이나 우주복 및 중계 상태 등을 점검한 후 드디어 아폴로 11호가

✦ 그림 1_7. 아폴로 11호 우주인, 좌로부터 닐 암스트롱, 마이클 콜린즈, 버즈 올드린

1969년 7월 6일 발사대에 올랐다.

아폴로 11호에 탑승해 착륙선을 타고 달에 처음으로 발을 디딘 영광스런 주인공은 잘 알려져 있다시피 닐 암스트롱Neil Armstrong과 버즈 올드린Buzz Aldrin이다. 두 우주인이 인류 역사상 처음으로 외계 천체에 발을 디뎠고, 두 사람이 달을 걷는 동안 또 한 명의 우주인이었던 사령선 조종사 마이클 콜린스Michael Collins는 사령선에 홀로 남아 달궤도를 돌며 자신만의 임무를 수행했다. 달에 착륙했건 안했건, 세 사람 모두 역사에 길이 남을 위대한 우주인이라는 사실은 의심할 여지가 없다.

그러나 당사자였던 우주인 세 사람의 입장은 조금 다르게 남은 듯하다. 닐 암스트롱에 이어 달에 두 번째로 발을 디딘 버즈 올드린은 영원한 2인자로 인식되는 것에 대한 인간적인 실망과 분노로 우울증과 알코올중독에 빠졌고, 이런 문제 등으로 이혼을 세 번이나 한 것으로 알려졌다.

마이클 콜린스의 경우에는 사령선에 혼자 남아있을 당시 자신을 '세상에서 가장 외로운 남자'라고 표현하기도 했는데, 그 말 속에 느껴지는 함의는 다양할 수 있지만 일부분은 달에 착륙하지 못한 서운함도 포함하고 있지 않았을까 싶다.

사실 달에 첫 번째로 착륙한 닐 암스트롱이 가장 주목을 받고, 사람들의 뇌리에 깊숙이 각인된 것은 부인할 수 없는 사실이다. 하지만 달 착륙 이후의 인생에서까지 닐 암스트롱이 다른 두 사람에 비해 성공했다고 말할 수 없는 부분도 존재한다. 닐 암스트롱이 과도한 세간의 관심, 일부 음모론주의자들이 주장하는 달탐사 진위에 대한 끝임 없는 비판, 그리고 자신의 사인을 위조하고 자신의 관련 물품을 몰래 팔아 경제적 이익을 취하는 등의 주변인들 때문에 지치고 실망한 나머지 철저하게 은둔생활을 시작하며 대중 앞에 좀처럼 나서지 않았던 반면, 문제적 우주인이었던 버즈 올드린은 여러 문제들을 극복하고 나중에는 오히려 방송과 영화 출연 등 활발하게 활동하며 대중들에게 많은 관심과 사랑을 받게 되니 말이다. 아폴로 11호 우주인 중에 가장 주목을 받지 못한 우주인이었던 마이클 콜린스의 경우에도 대중적인 관심은 적었지만 화목한 가정을 꾸려나갔고, 관운도 좋아 1970년 NASA 은퇴 후에는 미국 국무부 공보실 차관보를 지냈으며, 국립 항공우주박물관 관장을 역임하는 등 사회적으로 출세하며 순탄한 인생을 보냈으니 어떤 면에서는 아폴로 11호 우주인 중에서 가장 성공한 인생이라고 말할 수도 있을 것이다.

어쨌든 세 사람 인류 역사상 가장 먼저 달에 착륙한 아폴로 11호의 우주인이었던 만큼 비범한 사람들이었기에 그들의 인생을 들여다보는 것도 흥미롭다. 어떤 이력과 능력을 가졌기에 아폴로 11호에 탑승할 수 있었는지, 달 착륙 성공이 그들의 인생에 어떤 변화를 가져왔는지 좀 더 구체적으로 살펴보기로 한다. 한국과 인연이 꽤 있는 우주인들도 있기에 그 이야기도 함께 해 보겠다.

아폴로 11호의 달 착륙은 획기적인 프로젝트였음에 분명하고, 역사상 그 의미가 매우 크지만 프로젝트를 진행한 미국조차 그 성공을 의심했던 도전이기도 했다. 달착륙 성공가능성을 50%로 판단한 미국정부와 NASA가 사고나 귀환이 불가능한 상황을 대비하여 미리 대통령이 발표할 애도 조문까지 준비해두고 있었으니, 우주인들은 정말 생명을 걸고 달로 향하는 로켓에 탑승했다고 보면 된다.

당연하지만 NASA는 우주인들 중에서도 최고의 실력자들을 뽑았다. 선장 닐 암스트롱, 착륙선 조종사 버즈 올드린, 사령선 조종사 마이클 콜린스는 1930년생이라는 공통점을 가지고 있었는데, 세 명 모두 이전에 제미니 탐사선 계획에서 선장 역할을 수행한 경험을 갖춘 뛰어난 인재들이었다. 이런 조합은 매우 독특했을 뿐 아니라 이들 이후의 아폴로 승무원들과 비교하더라도 가장 뛰어난 우주인들로 구성되었다고 볼 수 있다.

개개인별로 살펴보면 선장 닐 암스트롱은 초기 미국 우주인으로서는 유일하게 군 대학 출신이 아닌 배경을 가졌다는 점도 특이한 점이다. 육군사관학교 출신인 올드린이나 콜린스와 달리 닐 암스트롱은 퍼듀 대학에서 항공공학을 전공했고, 후에 해군에 소집되어 조종사 훈련을 받은 후 장교가 되어 6.25 전쟁에도 참전, 함재기 F9F를 조종했다. 이때에도 에피소드가 있는데, 적군이 유엔군 비행기를 막기 위해 산봉우리에 설치한 강철 케이블에 조종하던 전투기의 날개가 일부 찢겨 나갔지만 낙하산으로 아군지역으로 탈출하여 귀환한 적이 있다. 음악에도 소질이 있어 군 복무 후에는 퍼듀 대학으로 복학, 두 편의 뮤지컬을 작곡하고 감독하였으며 대학교 행진밴드의 바리톤 금관악기 연주자로 활동했다고 하니 그가 음악 쪽으로 진로를 정했다면 우주비행 역사는 또 달라졌을지도 모른다.

다행히 암스트롱은 졸업 후에 해군에서의 조종사 경력을 살려 NASA의 전신인 NACA의 시험조종사test pilot로 취직했다. 이 기간 동안 그는 조종사로서의 탁월한 감각과 공학도로서 이론이 겸비되어 항공기와 우주선 조종사로서 완벽한 실력과 경력을 쌓아갔다. 시험조종사로서 200여 종의 민간 및 군용 항공기를 조종했으며, 60년대에 초고속 우주비행기 X-15에 탑승하여 고도 65km의 우주경계면까지 도달하는 우주비행을 7회 성공한다. 당시 유인항공기로 최고 속도인 음속 5.74 (시속 6,420km) 기록을 세우기도 했다.

암스트롱의 최대 장점은 위기를 극복하는 얼음 같은 냉철함이었다. 선천적으로 타고난 성격에 군 복무와 시험비행사 시절 겪었던 여러 사고를 극복하는 과정에서 얻은 경험과 훈련이 더해져 그는 어지간한 상황에서는 흔들리지 않는 상황판단 능력을 갖게 됐다. 이를 보여주는 일화가 1966년 암스트롱이 제미니 8호 우주인이었을 당시에도 있었다.

제미니 8호는 세계 최초로 우주선끼리의 도킹을 시도하는 임무를 갖고 있었는데, 이 임무를 수행하기 위해 무인 아제나Agena 타겟 우주선과 도킹 후 문제가 발생했다. 두 우주선이 회전하기 시작한 것이다. 긴급히 도킹을 해제했으나, 어찌된 일인지 우주선은 해제 후 더 빨리 회전하기 시

✦ 그림 1_8. 우주비행기 X-15 조종사 닐 암스트롱

작했고 그 속도는 1초당 1회전이라는 엄청난 속도였다. 나중에 조사한 결과에 의하면 배선의 잘못으로 추력기 중 하나가 계속 켜져 있었던 것이 원인이었는데, 상황이 발생한 당시는 알 도리가 없었다. 지구 궤도 선회 중에 우주선이 통제 불능의 심각한 회전상태에 빠지자 모두 당황했다. 지상관제 요원들도 해결 방법을 모르기는 마찬가지여서 임무를 포기해야 할 지경이었다.

  이때 암스트롱이 자세제어장치의 고장을 직감, 이를 끄고 대신 재진입 추력기로 상황을 진정시키는 비범함을 발휘했다. 이런 조작 방법은 매뉴얼에도, 훈련과정에 없었던 것이었기에 그의 능력이 돋보일 수밖에 없었다. 상상해보라. 당신이 탑승한 우주선이 알 수 없는 이유로 광활하고 검은 우주에서 엄청난 속도로 회전을 한다면 제대로 생각이란 걸 할 수 있겠는가. 그대로 추락할 경우 자신의 생명도 위험하고 미국의 달탐사 계획에 큰 지장을 줄 수도 있다는 것까지 염두에 두면 그저 아찔하기만 하다.

암스트롱에 관한 일화는 또 있다. 아폴로 11호 비행을 앞두고 달착륙 연구 비행모델LLRV로 착륙 조종 훈련을 할 때였다. 저공에서 기계적 고장이 발생하고 말았다. 낙하산으로 아슬아슬하게 지면 충돌작전 탈출에 성공한 암스트롱은 0.5초만 늦게 사출했어도 낙하산이 완전히 펴지지 않아 죽을 뻔했지만 사고 직후 태연하게 사무실에서 근무를 했다. 그가 얼마나 아무렇지 않게 평소 하던 일을 했는지 아무도 그 날의 사고를 눈치채지 못했다고 전해진다. 이런 암스트롱은 NASA의 평가에서 자기중심적 사고가 전혀 없는 이타적이고 임무수행에 철두철미한 성격의 인물로 평가되었고, 이러한 그의 특징은 뛰어난 우주비행 능력과 함께 인류 최초로 달에 착륙하는 우주인으로서 선발된 가장 중요한 덕목이 되었다.

암스트롱을 아폴로 11호의 선장으로 임명한 것은 매우 잘한 선택이 분명했다. 달착륙의 성공이라는 결과론적인 입장에서 말하는 것만은 아니

✦ 그림 1_9. 인류 최초로 달에 착륙한 아폴로 11호의 우주인들. 올드린(좌)과 암스트롱(우)

다. 아폴로 11호가 무사히 귀환까지 완벽한 성공을 해낸 데에는 실제로 그의 기여가 컸다. 달착륙시에 소프트웨어 오류로 랑데부 레이다와 착륙 레이다가 동시에 켜지면서 컴퓨터에 과부하가 걸려 경고등이 들어오고, 설상가상 연료부족 경고음까지 울린 순간에도 닐 암스트롱은 당황하지 않고 준 수동모드로 전환해 옆자리의 올드린이 불러주는 고도와 속도를 들으며 착륙선을 조정해서 무사히 안착시켰다. 남은 연료도 넉넉하지 않은 상황이었다. 달착륙선이 이륙하는 순간에도 아찔한 사고가 있었는데, 올드린이 실수로 이륙엔진 점화스위치 손잡이를 부러뜨린 것이다. 이때도 암스트롱은 기지를 발휘했다. 볼펜을 끼워 스위치를 작동시켰고, 겨우 이륙할 수 있었다. 이런 사고해결 능력을 볼 때 닐 암스트롱이 아폴로 11호의 선장이었던 것은 여러모로 행운이었다고 할 수 있을 것 같다.

그런데 이처럼 철두철미한 그도 실수를 한 적이 있긴 하다. 그것도 달착륙이라는 세계적 이벤트에서 말이다. 달 착륙 직후 암스트롱이 남긴 유명한 멘트가 있다. "That's one small step for (a) man, one giant leap for mankind" 바로 "한 인간에게는 작은 한 걸음이지만, 인류에게는 위대한 도약이다"라는 유명한 멘트를 달에 착륙하자마자 남겼다. 그런데 이 멘트를 할 당시 한 작은 개인을 뜻하는 'man' 앞에 관사 'a'를 빠뜨리는 실수가 있어 논란이 되기도 했다. 'a'가 빠지면 '남자에게 작은 걸음이고, 인류에게 위대한 도약이다'라는 어색하고 이상한 의미가 되고 말기에 말들이 많았다. 이에 대해 암스트롱은 'a'를 발음하였는데 잘 안 들렸을 뿐이라고 해명하기도 했다.

이때부터 닐 암스트롱은 세상과 사람들에게 거리를 두기 시작한 것이 아닌가 싶다. 앞에서 말했다시피 이후에도 달 착륙 성공에 따른 명성 때문에 생긴 여러 가지 일들이 지속적으로 발생하며 은둔하게 되는데, 이를 두고도 바람직한 태도가 아니라는 비판을 받지만 은둔 생활을 결코 중단하지는 않은 것을 보면 어지간히 시끄러운 생활이 싫었던 모양이다.

위대한 우주비행사였던 암스트롱은 2012년 세상을 떠난다. 심장수술 후 회복 중에 안타깝게도 수술 후유증으로 사망하는데, 후에 의료사고로 밝혀졌다. 미국 해군의 전통과 본인의 유언에 따라 그의 유해는 화장하여 바다에 뿌려졌다.

한때 2인자 트라우마에 시달렸던 버즈 올드린은 아폴로 우주인 중, 아니 미국 역사상 모든 우주인들 중에 가장 화제성이 많았던 인물이다. 한 가지로 정의할 수 없는 다양한 캐릭터를 지닌, 흥미롭고 역설적이며 일반적이지 않은 문제적 우주인이었다. 카리스마 넘치는 외모와 다혈질의 성격이지만 의외로 매우 명석하여 학업에서 1등을 놓치지 않은 학구파이기도 하다. MIT 공대에서 우주공간 랑데부 도킹연구로 박사학위를 받았는데, 공학박사 자체가 흔하지 않던 60대 미국이었기에 동료들은 그를 교수님이라고 불렀다고 한다. 실제로 그의 논문은 후에 랑데부 도킹 연구에 초석이 되었다. 또한 그는 화성과 지구를 왕복하는 효율적인 화성탐사 궤도를 발견했는데, 향후 유인 화성탐사가 시작되면 현실화될 가능성이 크다고 한다. 올드린이 얼마나 똑똑한 사람인지는 이 두 가지만으로도 알 수 있다.

이런 올드린이기에 MIT에서 1963년 박사학위를 딴 후 NASA에 입사, 1966년 제미니 12호에 탑승하여 우주비행을 수행한 그가 아폴로 11호의 선장이 되어 달에 착륙할 첫 번째 우주인이 되리라고 본인은 물론 주변의 많은 전문가들은 예상했다. 하지만 NASA 본부의 생각은 달랐다. 카리스마와 명석한 두뇌를 가진 올드린보다는 냉철한 위기관리 능력을 갖추고 이기심이 없는 암스트롱이 더 선장에 적합하다고 판단했다. 아폴로 11호 달 착륙 당시 주변의 반대를 무릅쓰고 자신이 독실한 개신교 신도라는 이유로 달에서 성찬식을 드린 올드린의 독단적인 행동을 보면 NASA가 왜 올드린을 선장으로 선택하지 않았는지 알 것도 같다.

1970년 NASA에서 퇴직한 후 심한 우울증과 알코올중독, 이혼의 아픔을 겪었지만 80년대 초 사랑하는 여동생이 어렸을 때 자신을 부르던 별명 버즈Buzz로 개명하고, 불사조처럼 모든 어려움을 극복하고 새출발한 것도 올드린의 흥미로운 부분이다. 어두운 시절이 없었던 것처럼 활발하게 연구를 하고, 사회활동, 봉사활동 및 취미생활을 해나가는데, 지구-화성 간 화성탐사 궤도를 고안한 것도 1985년이다.

이러한 그의 행보 때문인지, 1995년에 개봉한 애니메이션 〈토이 스토리Toy Story〉에는 버즈의 이름을 딴 캐릭터 '버즈 라이트이어'가 등장하기도 했다. 〈토이 스토리〉는 세계적으로 엄청난 흥행을 했고, 주인공급 캐릭터 버즈 라이트이어는 사람들에게 많은 사랑을 받으며 4편까지 이어진 시리즈 내내 등장했다. 올드린은 고령이 되어서도 방송출연과 영화에 출연하는 등의 사회활동을 이어나가 미국의 일반 대중에게 인기가 많고, 지금도 NASA는 올드린에게 우주궤도에 관한 자문을 구한다고 한다. 은둔형의 암스트롱과는 정반대의 행보를 보인 셈이다.

올드린은 한국과의 인연도 깊다. 1951년 미육군 사관학교를 졸업하

고 조종사 훈련을 받은 후 한국전쟁 후반기인 1952년 F-86 세이버 전투기 조종사로 한국전에 참전, 총 66회의 출격임무를 수행했다. 이때 2대의 MIG-15기를 격추했는데, 적기 격추 장면 사진이 미국 사진잡지『라이프Life』에 실리기도 했다. 이후에도 올드린은 한국에 총 세 번 더 방문했는데, 그 첫 번째가 아폴로 11호 달 착륙 성공 후 1969년 11월 서울 시청에서 열린 한국 국민 환영식을 위해서였다. 아폴로 11호 발사는 세계적 이벤트였던 만큼 발사 당시에는 미국 플로리다 케이프 케네디 발사장 근처에는 100만 명의 인파가 모여 발사 장면을 지켜봤고, 7월 21일 달착륙 장면은 전 세계 36억 인구 중 5억 명이 TV로 시청했었다. 한국도 그 열기에서 벗어날 수는 없었기에 많은 국민이 흑백 TV 앞에 앉아 '아폴로 박사'로 유명했던 故 조경철 박사의 해설을 들으며 역사적인 순간에 동참했던 기억이 생생하다. 더욱이 한국은 그날 인류 최초 달 착륙을 기념하기 위해 정부는 임시 공휴일로 선포하기까지 했다. 그리고 달착륙 후 아폴로 우주

✦ 그림1_11. 아폴로 11호 버즈 올드린 우주인의 항공우주연구원
달탐사연구단 방문 (2015. 9. 22)

인들은 전 세계적으로 열광적인 환영을 받으며 24개국을 방문했었고, 한
국도 1969년 11월 3일 방문하게 된 것이다. 이때 우주인들은 시청 앞에서
전국민 환영대회, 카퍼레이드 환영 등을 경험하고 청와대를 방문하여 당
시 박정희 대통령으로부터 훈장을 받았다.

올드린의 한국방문은 이어진다. 2007년에는 한국 재향 군인회 초청으
로, 마지막으로 2015년에는 필자가 연구 단장이었던 항공우주연구원의
달탐사연구단과 연세대학교를 방문하여 격려하고 학생들과의 질의응답
시간을 가졌었다. 특히 2007년 방한 당시 막 선발된 한국 우주인 고산과
이소연을 만났는데, 당시 백업 우주인 후보였던 이소연에게 '참고 기다리
면 반드시 좋은 기회가 있을 것 같다'라고 격려하여 다음해 비행 우주인
과 백업 우주인의 교체를 암시하는 언급을 하여 화제가 되기도 했다.

2015년 방문 때는 짓궂은 청중 한명이 '당신은 왜 2번째로 달에 발을
딛었나?'라는 질문을 했는데, 이에 웃으면서 왜냐하면 암스트롱이 착륙선
출입문에 가장 가까이 있었기 때문이라고 답하고 덧붙여 달에서 귀환할

✦ 그림1_12. 아폴로 11호 암스트롱 우주인의 충남 예산 수덕사 방문 (1971.8)

때 구조 헬리콥터에서 항공모함에 내릴 때는 자기가 가장 먼저 발을 디더 자신이 달에 갔다가 가장 빨리 지구에 도착한 사람이라고 유쾌하게 농담까지 했다. 그걸 보면 올드린은 2인자 트라우마 혹은 콤플렉스에서 완전히 벗어난 것 같았다. 필자도 질문을 했는데, '한국전에서 출격할 때와 달 탐사를 앞두고 두렵지 않았나?'라고 물으니 '군인과 우주인은 명령을 받으면 실행할 뿐이다.'라고 답했다. 한국전의 에이스로서, 또 인류 최고의 우주인답게 단순명료한 답변이었다.

참고로 암스트롱도 한국과 인연이 예상 외로 깊은데, 우주인 세 명 모두 방문했던 1969년 한국국민환영회 2년 후인 1971년 8월 방한하여 충남 예산군 지역에서 보건과 영어교육 봉사활동 중인 미국 평화봉사단의 젊은이들을 격려하였으며 지역의 고찰인 수덕사를 방문하기도 했다. 이 사실은 지금까지는 잘 알려지지 않았으나 최근 대전 지역 언론사가 보도하면서 알려지게 됐다.

끝으로 가장 화제성이 적었던 우주인이었던 마이클 콜린스는 사실 지상에서는 미국에서 알아주는 군인 가문 출신으로 지금으로 말하면 '금수저'다. 육군 장군이었던 아버지의 해외 근무지중 하나였던 이탈리아 로마에서 1930년 출생했으며, 1952년 웨스트포인트 미 육군사관학교에 입학했다. 형은 육군 준장이었고, 삼촌은 80년대 미육군 참모총장이었으며 콜린스 본인도 공군 소장으로 예편했으니 그야말로 화려한 군인 가문이다.

우주선 조종사로서 매우 뛰어난 역량을 지닌 것이야 아폴로 11호의 우주인으로 선발됐으니 말할 것도 없지만, 사업관리에도 뛰어난 재능을 발휘하여 아폴로 전신인 제미니 사업 우주선 개발과 훈련 프로그램 개발에 깊숙이 관여하였으며 본인도 제미니 10호에 선장으로 탑승했다. 아폴로 11호 달탐사 비행 후에도 여러 공직에 오르는 외에도 여러 기관과 단체의 회장직을 맡았고, 각종 훈장과 표창을 수상하는 등 화려한 공직생활과 사회생활을 이어나갔다. 가정도 화목하고 자녀들도 잘 키워 영화나 드라마 주인공처럼 삶이 드라마틱하지는 않았지만, 어쩌면 드라마틱한 경험은 세상에 단 세 사람만이 경험한 인류 최초의 달 착륙으로도 충분하지 않았을까 싶다.

참고로 그의 장녀는 미국에서 드라마와 영화배우로 알려진 케이트 콜린스Kate Collins다. 미국인들은 그가 주목받지 못한 이유 중 하나가 그의 이름 콜린스가 미국 사람들에게는 너무도 평범하기 때문이라고도 하는데, 인류 최초의 달 착륙이라는 위대한 업적을 이루고도 평탄한 인생을 보낸 것이 어떤 면에서는 마이클 콜린스가 진정 대단한 사람이 아닐까 하는 생각도 하게 된다.

아폴로 11호 이후 아폴로 12호에서 17호까지 무슨 일이 있었나

아폴로 11호의 성공적인 달 착륙과 무사 귀환 이후 유인 달탐사는 미국의 완벽한 승리로 끝났다. 이후에도 아폴로 계획은 계속됐지만 그때부터는 소련과의 경쟁보다는 달에 대한 과학적 탐사와 인류의 우주 진출을 위한 프로젝트로 목표 방향이 설정되었다. 하지만 아폴로 11호의 달 착륙이 성공했다고 해서 이어진 아폴로 계획의 달 착륙과 귀환이 순탄한 꽃길만 걸었던 것은 아니다. 아폴로 11호의 성공이 너무 눈부셔 오히려 덜 주목 받고 사람들의 뇌리에서도 잊힌 측면이 있지만 아폴로 12호부터 아폴로 17호까지 발사되면서 수많은 우여곡절, 성공과 실패가 있었다. 대체 무슨 일이 있었는지, 그 이야기를 시작한다.

아폴로 12호는 1969년 7월 아폴로 11호의 성공 이후 불과 4개월 후인 1969년 11월 14일 발사됐다. 아폴로 11호가 실패할 경우 2개월 후에 발사될 예정으로 만들어졌기에 착륙 시스템과 달 표면에서의 임무가 아폴로 11호와 동일했다. 그러나 아폴로 11호가 성공을 했기 때문에 가장 주목을 받지 못한 발사와 임무가 되었고, 안타깝게도 구름이 잔뜩 낀 11월

14일 발사 직후 절대절명의 사고가 발생했다. 상승 중에 무려 두 차례나 벼락에 맞았던 것이다. 벼락에 맞은 후 우주선 내 전원이 끊어져버렸다. 워낙 위급한 상황이라 수 초 내에 임무를 포기하고 비상탈출 할 것인가의 여부를 결정해야 했는데, 이때 선장인 찰스 콘라드Charles Conrad가 침착하게 기지를 발휘해 상황을 모면할 수 있었다. 찰스 콘라드는 훈련 때 들은 것을 기억해 내어 전체 전원을 껐다 켰고, 그 결과 모든 전원이 정상으로 돌아왔다. 수십억 달러의 우주선과 미국의 체면을 순간적인 판단으로 구한 것이다. 이 사건 이후 오늘날까지 미국 NASA는 구름이 많거나 비오는 날은 발사를 하지 않고 있다. 한국을 비롯한 대부분의 국가들 역시 마찬가지다.

번개라는 예상치 못한 자연의 시련을 받았지만, 아폴로 12호의 착륙선은 무사히 아폴로 11호가 착륙했던 '고요의 바다'에서 서쪽으로 1,400km 떨어진 달의 적도 부근 '폭풍의 바다'에 착륙한다. 이곳은 2년 전 발사되어 달에 착륙한 무인 서베이어Surveyor 3호에서 불과 200m 떨어진 곳이었다. 아폴로 12호의 주 임무중 하나가 서베이어 3호 착륙선의 일부를 수거해 오는 일이었고, 이 임무를 수행함에 있어 중요한 것이 착륙지점이었는데 아폴로 11호가 착륙지점에서 6km나 벗어나 위험한 상황에 처했던 반면 아폴로 12호는 목표지점에서 불과 1km 이내에 정확히 착륙한 것이다. 덕분에 아폴로 12호의 우주인들은 걸어가서 임무를 수행할 수 있었다.

이 임무 외에 달 착륙 후 우주인들의 임무는 대체적으로 비슷한데, 우선 아폴로 달표면 실험 패키지Apollo Lunar Surface Experiment Package, ALSEP를 설치하고 원자력 전지를 설치하여 장비를 켜는 것이다. 또한 근처의

✦ 그림1_13. 아폴로 12호 우주인과 서베이어호 그리고 배경에 착륙선 모습

지형을 탐사하여 지질학적으로 의미가 있는 흙과 암석 샘플을 채취한다. 아폴로 12호 역시 이런 임무를 수행하고 돌아왔다.

이듬해인 1970년 4월에 발사된 아폴로 13호는 '성공한 실패'로 불린다. 4월 11일 미국 중부 표준시로 13시 13분에 발사되었는데, 55시간 후인 4월 13일 지구궤도를 떠나 달로 향하는 중간에 사령선 뒤쪽 기계선 산소탱크가 폭발하는 사고가 발생하고 말았다. 처음 아폴로 시스템을 개발했을 때는 모든 전원이 28V로 설계되었으나 그 후 65V로 개량하게 되는데, 무슨 이유인지 모르지만 산소탱크에만 65V가 적용되지 못한 바람에 일어난 일이다. 높아진 전압을 산소탱크 전기 시스템이 견디지 못해 히터에서 합선이 발생하면서 폭발했다. 서양에서는 예전부터 숫자 13을 불길한 숫자로 여기는 경우가 많았는데, 이 사건 이후 아폴로 13호의 발사 시각과 사고 발생날짜 모두에 공교롭게도 '13'이라는 숫자가 연관되어 있는 것을 두고 숫자 '13'에 대한 불길한 징크스를 더 많이 이야기하게 됐다.

기계선의 산소 탱크가 폭발했으니 사령선에서 사용할 산소가 모두 누출되어 버린 것은 당연한 수순이다. 다른 곳에서 연속 폭발이 일어날 지도 몰랐다. 아폴로 13호에 탑승한 사람들의 생명이 위험한 상황, 선장 제임스 로벨James Lovell과 승무원들은 무사히 귀환하기 위해 지상 기술팀과 긴밀하게 연락하며 살아남기 위해 혼신의 노력을 다했다. 그러나 무사 귀환 가능성은 그리 높지 않았다. 먼저 사령선의 부족한 산소를 보충하기 위해 도킹중인 달착륙선의 산소를 이용하고, 임시로 이산화탄소 제거장치도 직접 제작하여 사용했다. 이것으로 당장 산소가 없어 사망할 위험을 어느 정도 늦출 수 있었다.

문제는 폭발로 우주선이 제대로 기능하지 못하는 가운데 귀환할 방법을 찾는 것이었다. 디지털 컴퓨터가 없는 시대이기에 당시에는 망원경으로 별을 보는 항법을 사용하는 것이 일반적이었는데, 폭발 당시 우주선 주변에 잔해물이 많아 별을 구별하기가 어려웠다. 이에 선장 로벨은 임기응변으로 항법 망원경을 지구의 가장자리를 향해 겨냥하여 엔진을 작동시켰다. 그리고 모두의 걱정과 무사귀환을 비는 마음과 응원을 받으며 달 뒷면을 돌아 일주일만에 남태평양에 무사히 귀환할 수 있었다.

겨우 지구 궤도에 들어온 후 기계선을 사령선으로부터 떼어놓았는데 사령선의 모습이 생각보다 더 처참했다. 한쪽이 완전히 날아간 모습에 세계인들은 물론 사고의 당사자인 승무원들조차 깜짝 놀랄 정도였다. 천만다행으로 그 폭발에도 낙하산과 재진입 열보호 시스템이 무사한 덕택에 아폴로 13호 승무원들이 남태평양에 무사히 착수할 수 있었으니 천운이 따랐다고 볼 수밖에 없다.

아폴로 13호의 사고 후 승무원들이 다시 지구의 품에 안기기까지 일주

✦ 그림1_14. 산소탱크 폭발로 한부분이 완전히 날아간 아폴로 13호 기계선 모습

일간 지구에서는 사고 소식이 대대적으로 보도됐다. 모든 세계인들이 이들의 무사귀환을 빌었고, 미국 NASA도 승무원들의 생환을 위해 필사의 노력을 다했다. 결국 이 같은 노력과 행운이 따라 아폴로 13호는 무사히 귀환할 수 있었다. 비록 달에 착륙은 못했지만 우주탐사의 위험성을 깨닫는 기회가 되었으며, 보다 안전하게 우주선 시스템을 보완하고 승무원의 유연한 상황 대처와 지상의 노력이 더해지면 우주탐사가 보다 안전하고 성공 가능성이 크다는 귀중한 경험을 얻을 수 있었다. 이후 아폴로 13호의 승무원들은 그들이 보여준 침착성과 용기에 대하여 국민으로부터는 영웅으로 대접받고 미국 닉슨 대통령으로부터는 훈장도 받았다. 만일 아폴로 13호가 귀환에 실패했다면 전체 아폴로계획이 전면 취소되는 상황이 올 뻔했다. 실제로 이 귀환 후 미국 의회는 남은 아폴로 20호까지의 계획을 전부 취소하려고 했으나 제임스 로벨 선장이 의회 청문회에서 증언한 후 17호까지만 수행하도록 결정하게 된다.

또한 영화처럼 드라마틱한 아폴로 13호의 이야기는 1995년 톰 행크스

연으로 실제 영화로도 제작돼 그해 아카데미상에 작품상 등에 다수 노미네이트되었고, 편집상과 음향 효과상을 수상했다. 2016년에 만들어진, NASA 내부에서 행해진 흑인여성들에 대한 인종차별을 다룬 〈히든 피겨스〉라는 영화도 있다. 영화에 등장하는 주인공들은 전부 아폴로 11호의 달 착륙은 물론 아폴로13호의 생환을 돕는 데 일조했다.

아폴로 13호의 실패 후 미국은 달에 착륙하는 모습을 전 세계에 보여주어야 한다는 부담을 가지게 됐다. 또한 13호의 사고 이후 달탐사에 대한 회의론도 일부에서 제기되고 있었기에 아폴로 계획을 지속시키기 위해서라도 아폴로 14호는 반드시 성공해야 한다는 무거운 짐을 지게 됐다. 이런 압박감 속에 선정된 선장은 미국 최초의 우주인 앨런 셰퍼드Alan Shepard였다. 최초의 우주인이라고는 하지만 1961년 그의 우주비행은 탄도비행으로 불과 15분이었던 것을 감안하면 의외의 선택일 수도 있었다. 그뿐 아니라 예상과 달리 탑승 승무원의 경우에도 선장을 제외하면 우주비행 경험이 전혀 없는 사람들이었다. 그러나 1971년 1월에 발사된 아폴로 14호는 훌륭하게 달 착륙에 성공했고 무사히 귀환함으로서 결과적으로 최상의 선택이었다는 말을 되었다. 임무 역시 아폴로 13호가 못한 임무를 그대로 수행했는데, 14호의 착륙은 아폴로 전체 달 착륙에서 가장 정확하여 목표 지점과의 오차가 27m에 불과해 비교적 수월하게 임무를 할 수 있었다.

아폴로 14호가 만든 가장 흥미로운 이벤트는 셰퍼드 선장의 골프 스윙일 것이다. 지구의 1/6 밖에 안 되는 달의 작은 중력 덕에 골프공은 지구보다 훨씬 멀리 날아갔다. 대략 180m에서 360m 정도를 날아갔다고 하는데, 셰퍼드 선장은 우주에서 스포츠를 즐긴 최초의 인류가 되었으며 중요한 물리실험도 수행한 셈이 됐다. 반면 주요 목표였던 '콘 크레이터 Cone Crater'를 찾지는 못했다. 이는 달 표면에 나무, 큰 바위나 산과 같은 이정표가 되는 물체가 없어 목표물을 찾기가 매우 힘들었기 때문이다. 달 표면 사진을 바탕으로 만든 지도가 전혀 도움이 되지 못할 정도로 달 표면이 전체적으로 두루뭉술하다는 것이 밝혀진 것이다. 달 착륙 우주인들이 귀환 후 데이터 분석에서 애타게 찾던 '콘 크레이터'에서 불과 20m까지 접근했지만 전혀 눈치를 채지 못했다는 것을 알게 될 정도였다. 이 경험이 다음 아폴로 미션을 위한 관성 장치를 이용한 길 찾기 항법장비를 만드는 계기가 되었다. 재미있는 것은 달 표면의 이러한 현상으로 인해 모든 달 착륙 배경이 너무 비슷하게 보이는 것이 원인이 되어 제기된 음모론이다. 음모론자들은 아폴로 11호 등의 달 착륙에 대해, 실제 달에 착륙한 것이 아니라 지상의 한 스튜디오에서 세트 촬영되었다고 믿고 있다.

지금까지 살펴 본 아폴로 11호부터 14호까지는 'H' 임무라고 불리는 기본적인 전반기 탐사과정이었다. 아폴로 15호부터는 질적으로 좀 더 진

	월면 선외활동 시간	채취 암석 무게	이동거리
아폴로 11호	2시간 31분	21.5kg	60m(도보)
아폴로 12호	7시간 45분	34.4kg	1.35km(도보)
아폴로 14호	9시간 22분	42.8kg	3.5km(도보)
아폴로 15호	19시간 l7분	77kg	27.9km(월면차량)
아폴로 16호	20시간 14분	95.7kg	26.7km(월면차량)
아폴로 17호	22시간 3분	115kg	35.7km(월면차량)

✦ 아폴로 달탐사 활동 규모

보되고 확장된 달탐사가 진행되었고, 'J' 임무라고 불렀다. J임무부터는 무엇보다 월면차를 운행하여 우주인의 활동 이동거리를 3km에서 30km로 늘렸다. 그 결과 아폴로 11~14에서 총 98.7kg의 달 암석을 채취하고 그에 걸린 시간이 총 19시간 38분이었던 반면, 월면차를 사용한 아폴로 15호부터는 매 착륙마다 이전 3회 달탐사를 합친 것만큼의 활동을 하게 된다. 비례하여 과학탐사 활동 결과도 풍성해졌다.

특히 아폴로 17호에는 지질학 박사 해리슨 슈미트Dr. Harrison Schmitt가 직접 탑승해 달표면 지질 탐사를 활발하게 수행한다. 달 표면에서의 과학 활동은 대부분 유사한 패턴으로 진행되는데, 아폴로 달 표면 실험 패키지 ALSEP의 구성 장비들로 능동/수동 지진계PSE/ASE와 중력계를 설치하고, 인공지진을 일으키는 폭약을 설치하여 나중에 원격으로 폭발시켜 인공지진을 일으켰다. 이외에도 달 지질내부 열흐름 측정계HFE, 달 표면 자력계LSM, 등이 설치되었으며, 달 표면에 레이저 거리측정기LRRR, LR3도 설치했는데 놀랍게도 지금까지 작동하고 있는 덕분에 달까지의 거리를 평균오차 ±1 cm 정확도로 측정이 가능해졌다. 그 밖에 하전 입자 유속 측정기CPLEE, 태양풍(하전입자) 측정기SIDE, 달 대기 압력 측정기CCIG가 달착륙선 근처에 설치되었다.

달탐사 작업이 달에 직접 발을 딛는 달착륙선에서만 이루어진 것은 아니다. 두 명의 우주인이 달착륙선을 타고 달로 내려가 활동하는 동안 사령선CSM; Command Service Module에 홀로 남겨진 우주인도 외로움을 느낄 시간이 없을 정도로 바쁜 시간을 보내게 된다. 우선 사령선은 달착륙선을 달에 내리기위해 낮추었던 궤도(100km)를 다시 140km 궤도로 높이는 추

태양풍 측정기 설치	월면 자기장측정기
월면 지진계	중앙 자료수집 전송장치
레이저 거리 측정장치	원자력 전지

✦ 그림1_15. 아폴로 우주인들이 달표면에 설치한 과학장비 (ALSEP)

도계, X-선 분광계, 감마선 분광계 등을 이용하여 달 표면의 광물분포를 관측한다. 태양이 달에 가렸다가 태양이 다시 뜨는 월식 순간을 이용하여 태양의 코로나를 관측하기도 한다. 최종적으로는 달표면에서 상승하는 달이륙 모듈과 도킹을 수행하는 위험하고 중요한 역할을 수행하게 된다.

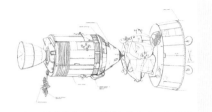

아폴로 사령선과 달착륙선의 도킹 모습 모식도   달표면에 착륙한 아폴로 11호 착륙선 '독수리'호

아폴로 15호 월면차량   달표면에서 활동중인 아폴로 17호 우주인

✦ 그림1_16. 아폴로 우주인의 달표면 임무수행

아폴로 15호부터 17호까지를 좀 더 구체적으로 살펴보면, 아폴로 15호
는 1971년 7월 26일 발사되어 1971년 8월 7일 귀환했다. 귀환 시 직경
25m인 대형 낙하산 세 개 중 하나가 작동하지 않았지만 어쨌든 무사히
귀환하여 바다에 착수할 수 있었다. 이때 선장은 데이비드 스코트David
Scott 였고, 후반기 달탐사 광역 심층 'J' 임무의 시작이었다. 가장 눈에 띄
는 것은 역시 월면차량LRV, Lunar Roving Vehicle을 운행한 것이었는데, 월
면차량으로 광범위한 지역을 다니며 달탄생 초기에 생성된 암석을 찾는
데 주력했고 드디어 나이가 40억 년이고 무게 270g인 '창세기 돌'을 찾는
데 성공했다. 갈릴레오 실험도 수행하였는데 무거운 망치(1.32kg)와 가
벼운 깃털(0.003kg)을 동시에 낙하시켜 달표면에 동시에 떨어지는 것을
보여줌으로서 500년 만에 다시 갈릴레오가 옳았다는 것을 확인하였다.

아폴로 달탐사선/승무원	발사/귀환 일시	착륙 장소	주요 탐사임무
아폴로 11호 닐 암스트롱(선장) 버즈 올드린 (달착륙선 조종사) 마이클 콜린스 (사령선 조종사)	1969. 7. 16~24	고요의 바다 Mare Tranquil -litatis 0.67°N, 23.47°E	비확장 'H' 임무(아폴로 11, 12, 14호) 과학 임무보다 안전한 착륙이 최우선 임무 지진계 설체, 레이저반사계 설치, 태양풍 검출기 설치, 21.5kg 달암석/토양 채취, 달은 지구와 조 성이 일치함 발견, 달은 지구에서 떨어져나간 조 각인 것을 확인
아폴로 12호 찰스 콘라드(선장) 앨런 빈(달착륙선 조종사) 리차드 고든(사령선 조종사)	1969. 11. 14~24	폭풍의 바다 3.01°S, 23.42°W	정밀착륙기술개발 폭풍의 바다 연구 아폴로 달표면 실험 패키지(ALSEP) 설치 서베이어 3호 부품과 박테이아 샘플 회수, 달토양과 암석 채취
아폴로 13호 제임스 로벨(선장) 프레드 하이즈(달착륙선 조종사) 존 스위거트 주니어 (사령선 조종사)	1970. 4. 11.~17	(예정 장소) 프라 마우로 크레이터 3.65°S, 17.47°W	아폴로 14호와 동일 (달로 향하던 도중 사고가 발생하여 임무를 포기 하고 지구로 귀환)
아폴로 14호 앨런 세퍼드(선장) 에드가 미첼(달착륙선 조종사) 스튜어트 루사(사령선 조종사)	1971. 1. 31.~2.9	프라 마우로 크레이터 3.65°S, 17.47°W	프라 마우로 지역 충돌로 생성된 달표면의 깊숙 한 분출물 샘플 채취 (임브리움 충돌구 나이 결정 가능) 사령선에서 달궤도에 PFS-1 소형서브위성 발사, 아폴로 달표면 실험 패키지(ALSEP) 설치
아폴로 15호 데이비드 스코트(선장) 제임스 어윈(달착륙선 조종사) 알프레드 위넨(사령선 조종사)	1971. 7. 26~8.7	해들리 아페 닌 인근 26.13°N, 3.63°E	첫 번째 확장 J 임무(아폴로 15, 16, 17호), 하들리-아페닌 지역 달형성과 구성 관점 탐사, 현 무안 평아지대 화산 물질 채취 & 임브리엄 대충 돌구(직경 1,145km) 근처 해들리 산 삼각주에서 달의 깊숙한 물질 채취, 새로운 아폴로 장비 엔지니어링 평가, 아폴로 달표면 실험 패키지(ALSEP) 설치, 월면차량 운행 달궤도 사령선에서 달표면 집중연구
아폴로 16호 존 영(선장) 찰스 듀크(달착륙선 조종사) 토마스 매팅리(사령선 조종사)	1972. 4. 16.~27	데카르트 고 원 8.97°S, 15.50°E	최초로 달고원 데카르트에 착륙(이전 임무는 낮 고 평탄한 바다지역 착륙) 지리조사 결과는 화산 이 아닌 원시 맨틀로 판명 아폴로 달표면 실험 패키지(ALSEP) 설치 사령선에서 달궤도에 서브위성 발사 최초로 지구귀환 중 필름회수를 위한 우주유영 수행,
아폴로 17호 유진 서넌(선장) 해리슨 슈미트(전문 지질학자, 달착륙선 조종사) 로날드 에반스(사령선 조종사)	1972. 12. 7.~19	토로스-리트 로 골짜기 지 역 20.19°N, 30.77°E	최초로 전문 지리학 박사 탑승, 가장 오래된 달암석(42억년) 채집, 젊은 화산의 활동증거 수집, 화산폭발에서 생성 된 화산유리가 포함된 오렌지색 토양 채취 달표면 실험 패키지(ALSEP) 설치,

✦ 아폴로 달탐사 임무

이처럼 아폴로 15호는 심도 있는 'J' 임무의 시작과 최초로 월면차량을 이용한 것과 같은 굵직한 업적을 남겼지만 옥에 티도 남겼다. 선장 스코트가 NASA의 허락 없이 불법으로 우편봉투 400개를 달에 가져갔다가 가져와 해외 우표수집가에게 판매하여 7,000$을 대가를 받기로 하여 물의를 일으킨 것이다. 자녀의 대학학비로 사용하려고 했다고 한다. 거기에 더해 개인적으로 친분이 있는 예술가의 조각상을 달 표면에 남겨놓기도 했으며, NASA가 지정한 손목시계 외에 친분관계가 있는 회사의 손목시계를 착용하여 광고하기도 했다. 이런 행동으로 아폴로 15호의 우주인 세 명은 모두 징계를 받아 다시는 우주비행을 못 하도록 금지 당했다.

아폴로 16호는 확장 'J' 임무의 두 번째 임무였으며, 선장은 베테랑 우주인 존 영John Young이었다. 착륙 장소로는 '데카르트 고원 지대'가 선정되었다. 다수의 과학자들은 이 고원이 화산이었다고 생각하고 있었다. 하지만 실제 암석과 토양을 채취하여 분석한 결과, 원시 달에서 대형 소행성의 충돌로 생긴 지대임이 밝혀졌다. 결론적으로 달에는 화산이 거의 없다는 것이 알려지게 됐다. 이외 15호 때와 마찬가지로 월면차량을 이용하여 우주인들의 탐사 활동 범위를 넓혔다. 전반적으로 아폴로 16호는 성공적인 임무로 평가된다. 발사 후 달로 가는 여정에서 크고 작은 기술적인 문제들이 계속 발생했고 특히 사령선 주엔진에 문제 가능성이 있어 하루 일찍 지구로 귀환했지만 다른 아폴로 임무에 비하여 큰 문제나 이슈가 없이 순조로웠다고 할 수 있다.

아폴로 17호는 1972년 12월 7일 발사됐다. 아폴로 13호의 사고와 소련과의 달탐사 경쟁에서 승리한 미국정부가 달탐사에 흥미를 잃고 1971년 아폴로 18, 19와 20호의 탐사를 취소했기에 아폴로 17호는 아폴로 달탐사의 마지막 임무로서 전 세계의 관심을 끌었다. 선장은 베테랑 우주인인 유진 서넌Eugene Cernan이 맡았다. 또한 지금까지 아폴로 달착륙에서 지질학 연구가 중요해졌지만 전문성이 없는 군 조종사 출신의 우주인들이 샘플을 채취하다 보니 학계가 원하는 만큼의 성과가 나오지 않았다. 이에 학계로부터 전문적인 지질학자가 탑승해야 한다는 목소리가 커져 이미 착륙선 조종사로 낙점되었던 조 앵글Joe Angle 대신 갑자기 하버드대 지질학 박사인 해리슨 슈미트로 탑승자가 변경되었다. NASA는 마지막 임무인데다 전문 지질학자가 탑승한 만큼 야심찬 성과를 원했다. 비교적 최근에 화산 활동이 있었다고 생각되는 '토러스-리트로' 지역에 착륙, 오래된 샘플과 최근 활동한 화산 샘플을 동시에 채취하기를 바란 것이다. 다행히 지금까지 달탐사 중 가장 오래 된 42억 년 된 암석과 비교적 최근의 화산 분출로 생성된 유리성분이 포함된 오렌지색 암석을 채취하면서 해리슨 슈미트 우주인은 큰 성과를 거두고 임무 수행에 성공했다. 기술적으로도 모든 기록을 갈아 치웠는데 가장 오랜 달표면 체류(22시간 3분), 가장 긴 월면차량 주행(35.7km)과 더불어 가장 많은 달 암석(115kg)을 채취했다. 이렇게 모든 기록을 갈아치우고 남태평양에 무사히 귀환하면서 아폴로 달탐사는 아름다운 피날레를 장식할 수 있었다.

우주과학자가 선택한, 이런 SF영화 어때?
: 아폴로 13(APOLLO 13)

최기혁

달은 언제나 인류에게 신비한 존재였다. 그 신비로움은 많은 신화와 전설, 아이들의 동화 속 이야기로 탄생해왔다. 그리고 인류가 달에 착륙한 이후에도 달에 대한 인간의 마음은 그리 변하지 않았다. 그것이 과학적인 탐구심이든, 상상력에 기반을 둔 호기심이든 여전히 달은 인간에게 미스터리하고, 끊임없이 알고 싶은 욕구를 샘솟게 한다. 지구에 가까워 밤하늘에 떠 있는 그 어떤 별보다 크고 또렷하게 매일 눈으로 볼 수 있음에도 아직 인류가 파악한 정보는 미미하기에 달의 이중성이 여전히 인간을 매혹하고 있는 것이 아닐까 싶다.

그래서일까? 1902년 최초의 공상과학영화는 쥘 베른Jules Verne의 소설 『지구에서 달까지』를 각색한 영화 <달세계 여행>이었다. 영화제작의 선구자로 불리는 조르주 멜리에스Georges Méliès에 의해 만들어졌는데 최초의 영화가 1895년 상영된 것을 감안하면 영화라는 매체가 탄생초기부터 달이라는 소재 및 배경에 지대한 관심을 가진 것을 알 수 있다. 영화가 가진 여러 특성을 생각해 볼 때 우주, 그리고 달에 눈길을 주는 어쩌면 당연한지도 모른다. 단편적으로 생각해봐도 달과 우주만큼 영화의 특수효과를 확실히 보여주는 것도 없으니 말이다.

그 증거로 영화산업의 메카라고 할 수 있는 할리우드는 엄청난 제작비가 소요됨에도 꾸준히 SF영화를 만들어 왔다. 그리고 그런 할리우드가 놓칠 수 없는 소재가 있었으니 바로 '성공한 실패'로 불리는 아폴로 13호의 극적인 귀환이야기이다. 아폴로 11호를 비롯한 성공한 다른 6회의 달탐사는 다큐멘터리로는 훌륭한 소재지만 긴장감 넘치는 드라마로는 2% 부족한 면이 있었다면, 달에 도착하지는 못했지만 "휴스턴, 우리에게 문제가 발생했다Huston, we've had a problem"는 말로 시작된 생명을 건 아폴로 13호의 귀환 스토리는 영화로 만들기에 적합했다. 때문에 사람들은 아폴로 13호의 이야기는 언젠가 반드시 영화화 될 것이라고 생각했고, 마침내 이에 부응한 영화가 1995년에 세상에 선을 보이게 된다. <아폴로 13>이 바로 그것이다.

사실 아폴로 13호가 발사된 것이 1970년이니 이 영화 같은 스토리가 영화화되는 데 25년이나 걸린 셈이라 좀 늦은 감이 있다. 그러나 그 이유를 알고 보면 납득할 만하다. 아폴로 13호의 이야기는 상상력에 의해 만들어진 보통의 SF영화가 아니라 실화를 바탕으로 하다 보니 철저한 고증이 필요했고, 이를 구현하기 위한 기술이 뒷받침되어야 했다. 예를 들어 우주 무중력 환경을 묘사할 수 있는 충분한 CG 기술의 발전이 이루어졌어야 하는데 그것이 90년대 중반에 와서야 가능했기에 영화화가 늦은 것이 아닌가 추측된다.

영화 <아폴로 13>의 감독은 당시 세계적인 흥행감독이었던 론 하워드Ron Howard가 맡았다. 캐스팅도 화려해서 지금도 할리우드 최고의 스타이자 활발하게 활동하고 있는 톰 행크스Tom Hanks가 짐 로벨Jim Lovell 선장역을, 역시

유명 배우인 케빈 베이컨Kevin Bacon이 잭 스위거트Jack Swigert 사령선 조종
사 역을, 빌 팩스턴Bill Faxton이 프레드 헤이즈Fred Haise 달착륙선 조종사 역
을 맡았다.

✦ 그림1_17. 〈아폴로 13〉 영화 포스터

흥미로운 것은 의외로 〈아폴로 13〉의 선장 짐 로벨 역의 결정에 우여곡절
이 많았다는 것이다. 처음에는 실제 인물인 짐 로벨 선장과 외모가 비슷한 케
빈 코스트너Kevin Costner가 주인공역을 맡을 것이라는 소문이 있었는데, 이
에 대해 정작 하워드 감독은 전혀 고려하지 않았다고 한다. 이후 브래드 피트
Brad Pitt가 물망에 올랐으나 〈세븐〉이라는 영화 촬영 일정 때문에 거절했고,
제2의 전성기를 누리던 존 트라볼타John Travolta도 주인공역을 제안 받았으
나 거절했다. 이런 과정을 겪고 최종적으로 주인공 역으로 결정된 사람이 당시
최고의 인기 스타중의 하나였던 톰 행크스였던 것이다. 주인공 역뿐만이 아니

다. 할리우드의 연기파 배우 중 한 사람인 존 쿠삭John Cusack도 헤이즈 역을 제안 받았으나 거절하였다 한다.

개인적으로는 영화를 보는 중 가장 인상 깊었던 연기는 아폴로 13호 우주인들을 살려내는데 가장 큰 공헌을 한 전설적인 비행 감독관flight director 진 크란츠Gene Kranz역을 맡은 에드 해리스Ed Harris의 연기다. 많은 영화에서 인상 깊은 연기를 선보였던 에드 해리스는 이 영화에서도 명연기를 펼쳐 눈을 사로잡았다. 특히 그의 대사 중 '실패는 우리의 선택이 아니다Failure is not an option!'라는 명대사가 있는데 그의 연기가 더해져 뚜렷이 기억에 남는다. 실제 진 크란츠가 말한 적은 없다고 하는데 이후 다른 영화, 드라마, CF 등 여러 곳에서 심심치 않게 사용될 정도로 좋은 대사였고, 아폴로 13호의 주제를 가장 잘 나타낸 대사가 아닌가 싶다. 에드 해리스는 이 연기로 다음해 아카데미 남우조연상에 지명되기도 했다.

또 하나 깜짝 놀랐던 것은 짐 로벨 선장이 직접 카메오로 영화에 출연한 것인데, 아폴로 13호를 태평양에서 구조한 상륙함 'USS 이오지마'의 선장역으로 직접 출연했다. 부인도 카메오로 발사를 지켜보는 관중의 한명으로 출연했다고 한다. 짐 로벨과 그의 가족에게 아폴로 13호의 사건과 이 영화가 어떤 의미인지 짐작이 가는 에피소드다.

영화 <아폴로 13>은 미국에서 개봉될 당시 많은 비평가들의 찬사를 받았으며 대중들의 반응도 좋았다. 아카데미상 작품상을 비롯한 9개 부문 후보에 올랐고, 영국 아카데미 영화상과 미국 영화배우조합상 주연상을 수상했다. 국내에서도 많은 인기를 끌었고 지금도 심심치 않게 케이블 영화채널에서 종종 상영되곤 한다. 명작의 반열에 올랐다고 할 수 있을 것이다.

✦ 그림 1_18. 영화 아폴로 13호의 주인공 톰 행크스(좌)와 실제 짐 로벨 선장(우)

✦ 그림1_19. 영화 아폴로 13에서 지구로 귀환 후 짐 로벨 선장(톰 행크스 분)을 격려하는
구조선 선장(짐 로벨 분)

이 영화가 명작이 될 수 있었던 이유 중 하나는 지금도 회자될 정도로 철두
철미한 고증을 통해 실제와 유사하게 충실도fidelity을 높였다는 점이다. 이를
위해 하워드 감독은 많은 노력을 기울였는데, NASA의 지원을 통해 우주비행
사와 비행관제사 역할을 맡은 배우들이 철저한 훈련을 받게 했을 뿐 아니라 영

화의 사실성을 위해 NASA의 무중력 항공기 KC-135를 이용하여 무중력 장면을 촬영했다. 지상관제소 장면은 NASA측에서는 지금은 사용하지 않는 NASA 존슨연구소의 지상관제소를 제안했지만 하워드 감독은 보다 충실한 촬영을 위해 미국 캔자스 주에 아폴로 13호 발사 당시와 똑같은 지상관제소 세트를 만들어 촬영에 임했다고 한다. 아폴로 13호 발사 당시 근무했던 NASA 요원들이 세트를 보고 실제와 착각할 정도로 똑같았다고 할 정도였다고 하니 론 하워드 감독이 얼마나 고증에 철저했는지 알 수 있다.

영화에서 화제가 됐던 장면들도 모두 사실에 입각해 촬영된 장면들이다. 특히 달 뒷면을 돌아 지구로 향하여 비행할 때 고장난 사령선의 주 엔진 대신 달 착륙선의 착륙용 엔진을 지구를 겨냥해서 점화시켜 지구 궤도에 진입하는 장면을 본 대부분의 관객들은 그것이 영화적으로 과장된 장면일 뿐이라고 생각했는데, 실제로 로벨 선장은 항행용 망원경을 지구 가장자리를 겨냥한 후 로켓 엔진을 점화하여 지구궤도에 진입할 수 있었고 영화 속 장면은 실제와 똑같았다고 한다. 이외에도 전력을 절약하기 위해 모든 전기 난방기를 꺼야했기 때문에 우주인들은 영상 3도에 불과한 극도의 추위를 감내해야 했는데 이도 실감나게 묘사했다. 얼어붙은 딱딱한 소시지로 우주선의 물체를 치는 장면은 우주선 내의 냉골을 시청각적으로 잘 묘사한 감독의 센스라고 생각된다. 우주인들의 호흡으로 인한 우주선 내 이산화탄소 증가를 막기 위해 화학물질, 종이와 테이프로 이산화탄소 포집기를 만드는 장면도 모두 당시 우주선에서 우주인들이 생존을 위해 지상관제소와 머리를 짜냈던 실제 결과물이었다.

이렇게 사실적으로, 그리고 과학적으로도 별다른 오류가 없이 만들어진 영화이기에 과학자로서 이 영화를 좋아하고 추천할 수밖에 없다. 아폴로 13의 긴장감 넘치는 드라마적 소재를 론 하워드 감독은 명성에 걸 맞는 연출과 촬영을 했고, 배우들의 연기 또한 무척 좋아서 볼거리로서도 드라마적으로도 충분히 볼 만한 가치가 있는 영화다. 일반인들은 경험할 수 없는 우주인의 생활을 조금이나마 엿볼 기회가 되리라 생각한다.

CHAPTER 02
달은 더 이상 가지 않았지만

인류는 왜 달에 가는 것을 멈췄을까?

· ·

"이번이 금세기 사람이 달을 걷는 마지막이 될지도 모릅니다."

1972년 12월 14일, 아폴로 17호의 우주비행사들이 달을 떠나오던 날 미국의 닉슨 대통령이 발표한 성명에 들어있는 문구다. 1969년 7월 16일 발사되어 인류 최초로 달에 착륙하고 같은 달 24일 무사히 귀환한 아폴로 11호의 어마어마한 성공이 있은 지 불과 3년여 만에 나온 발표였다. 그리고 그 말은 현실이 되어 당초 계획되어 있던 아폴로 18, 19, 20호의 발사는 취소되었고, 이후 반세기 동안 그 누구도 달에 발을 내딛지 못했다.

의문이 들 수밖에 없다. 소련과 앞 다투어 경쟁하며 결국에는 승자의 위치를 점유했던 미국은 왜 갑자기 달로 향하는 것을 멈췄을까? 멈춰야만 했던 이유는 무엇일까? 여기에는 여러 요인이 있었는데 크게 정치적, 과학적, 경제적 측면에서 그 이유를 찾아볼 수 있다.

첫 번째, 달탐사 경쟁이 미국의 압승으로 끝나면서 유인 탐사를 추진할 정치적 명분이 사라졌다. 미국이 아폴로 사업을 추진한 것은 1960년대 초반까지 우주개발 경쟁에서 미국이 소련에 뒤처졌기 때문이었다. 하지만 이후 미국이 소련보다 먼저 달에 사람을 보내는 데 성공했고, 미국의 예상과 달리 소련은 유인 달탐사 활동에 적극적으로 맞서지 않았다. 뿐만 아니라 1950년대 말과 1960년대를 거치면서 악화 일로로 치닫던 냉전의 분위기가 1970년대 초에 와서는 미국과 소련 간 긴장완화(데탕트) 국면으로 전환되면서 유인 달탐사 경쟁은 동력을 완전히 상실했다.

두 번째, 과학적 관점에서 달은 더이상 그다지 흥미로운 대상이 아니게 되었다. 1950년대 말부터 1970년대 중반까지 미국과 소련은 다수의 탐사선을 달로 보냈다. 달 근처를 지나가며 달을 관측하는 Fly-by, 달에 떨어져 충돌하는 Impactor, 달 주변을 도는 Orbiter, 달에 착륙하는 Lander, 달 표면을 돌아다니는 Rover, 달의 흙이나 돌을 채취해 돌아오는 Sample Return 등 다양한 형태의 탐사선을 통해 달에 관한 새로운 정보가 취득되었고 과학적 연구 성과도 있었다. 그러나 달의 직접 탐사를 통해 취득한 데이터는 과학자들과 대중을 사로잡을 만할 만한 새롭거나 놀라운 발견으로 이어지지는 못했다. 이후로는 오히려 당시까지 착륙에 성공하지 못했던, 생명의 존재 가능성을 품고 있는 화성이 더 사람들에게 큰 관심의 대상이 되었다.

세 번째, 경제적 관점에서 아폴로 방식의 달탐사는 지속가능하지 않았다. 미국은 아폴로 프로그램에 막대한 예산을 투자했는데, 1960년대 중반에는 NASA 예산이 미국 정부 예산의 약 4%에 달했다. 좀 더 구체적으로는 미 정부가 아폴로 프로그램에 쏟아 부은 지출은 총 254억 달러(2023년 기준으로 환산하면 약 1,722억 달러)로, 이는 2차 세계대전 중 미국의 주도로 은밀하게 진행된 최초의 원자탄 개발을 위한 맨해튼 계획 Manhattan Project의 약 5배에 달하는 어마어마한 규모였다. 이로 인해 아폴로 예산은 미 의회에서 뜨거운 논쟁거리가 되었는데, 1963년 진행된 공청회에서는 전직 아이젠하워 대통령까지 나서서 아폴로 사업에 국민의 혈세를 할애하는 데 반대한다는 의견을 피력할 정도였다.

미국이 1960년대 중반부터 베트남 전쟁에 참여하고 있었다는 사실도 주목할 요소다. 기존의 사회복지정책과 더불어 언제 끝날지 모르게 진행되던 베트남 전쟁에 막대한 지출을 하던 미국의 정부 예산이 빠듯한 상황에 있었기에, 눈앞의 이득보다는 인류의 꿈과 도전에 가까웠던 달탐사는 더 이상 국가의 능력을 총동원해야만 하는 우선 대상이 될 수 없었다. 이에 닉슨 대통령은 "우주개발 예산이 엄격한 국가적 우선순위 내 적절한 자리를 잡아야 한다."고 강조하였고, 이로써 1960년대의 화려했던 아폴로 달탐사 시대는 막을 내리게 된 것이다.

제2의 아폴로를 꿈꿨던 두 명의 대통령

∙∙∙

인류는 더 이상 달을 향하지 않았지만, 그렇다고 인간이 우주로 나아가는 것을 멈춘 건 아니었다. 미국의 리더들은 NASA의 유인 우주 활동이 갖는 상징성과 정치·사회적 의미를 누구보다 잘 이해하고 있었고, 역대 그 어느 대통령도 유인 프로그램을 완전히 중단하는 결정까지 내리지는 않았다. 다만 달에 가는 것을 중단한 것이고, 유인 우주 활동과 대통령 리더십 간의 밀접한 관계는 아폴로의 정치적 유산으로 남았지만, 후속 유인 프로그램은 계속 진행되고 있었다.

실제 아폴로의 유인 달탐사가 끝나가던 당시, NASA는 유인 우주 탐사와 관련된 원대한 꿈을 꾸고 있었다. 아폴로 11호 발사를 앞두고 있었던 1969년 초, NASA는 한 권의 보고서를 작성했는데 여기에는 NASA가 그린 달탐사 이후의 우주왕복선, 우주정거장, 화성 유인착륙 등이 담긴 유인 우주 프로그램 구상이 담겨있었다. 이 중에서 닉슨 대통령은 우주왕복선space shuttle 사업을 승인했고, 이후 클린턴 대통령이 국제우주정거장 International Space Station, ISS 사업을 승인하여 우주왕복선이 국제우주정거장이라는 목적지를 갖게 되었다.

이 과정에서 유인 달탐사의 중단으로 발사되지 못했던 나머지 아폴로 우주선이 사용된 것은 흥미롭다. 1960년대의 미-소간의 치열했던 유인 달탐사 경쟁이 끝난 후 1970년대의 소련의 우주 활동은 우주정거장의 발사와 운영에 집중하게 되었고, 1975년에는 데탕트의 일환으로 미-소의 협력 프로젝트인 아폴로-소유즈 프로젝트가 실현되는데 이때 미션 취소로 발사되지 않았던 아폴로 우주선이 사용되었다. 우주선 하나 만드는 데 드는 천문학적인 비용을 생각하면 당연한 일이다.

어쨌든 1980년대에는 우주왕복선, 1990년대에는 국제우주정거장 사업을 추진하면서 NASA는 유인 우주 활동을 이어나갈 수 있었다. 국제우주정거장은 유인 우주분야에서 국제협력의 기반이 되기에 현재에도 매우 중요하다. 그러나 이때의 NASA 활동이 심우주로 나가지 못하고 지구저궤도에 머무르게 되었다는 것은 안타까운 일이다.

달, 그리고 달 너머의 우주에 대한 인류의 꿈이 완전히 사라진 것은 물론 아니다. 미국에서도 두 명의 대통령이 또 다른 아폴로의 꿈을 꾸기도 했다. 바로 부시 부자父子다. 아버지 부시 대통령의 경우, 해군 파일럿 출신으로 우주개발에 대한 개인적인 지지 성향이 강했고, 아들 부시 대통령도 몇 가지 이유로 우주개발에 관심을 두었다. 아버지 부시 대통령은 1989년 7월, 워싱턴 DC에 위치한 스미소니언 항공우주박물관에서 아폴로 달 착륙의 20주년 기념행사 때 '우주 탐사 계획Space Exploration Initiative'을 발표, 아폴로 스타일의 단기적인 계획이 아닌 지속적으로 우주를 탐사하는 개념의 유인 달탐사, 궁극적으로는 유인 화성탐사의 포부를 밝히고 부통령이 주관하는 국가우주위원회를 재건했다.

하지만 결과적으로 부시 정부의 계획은 실패로 끝나버렸는데, 그 이유는 대통령의 정책 방향에 맞춰 NASA가 가지고 온 계획안의 예산 규모가 너무 컸기 때문이다. 총예산이 약 5,000억 달러, 한화로 약 600조 원이나 되었는데, 이 정도 예산은 아무리 20~30년에 걸친 장기 계획의 예산이라고 하더라도 백악관과 의회에서 도저히 받아들일 수 있는 수치가 아니었다. 결국 통과될 수 없는 예산으로 인해 우주 탐사 계획은 동력을 상실하게 되었고, 90년대 초 클린턴 행정부가 들어서면서 유인 달탐사는 미국 정부의 아젠다에서 사라지게 됐다.

그 후 2000년대 중반에 '달로의 복귀Return to the Moon'를 정부의 정책 아젠다로 내세운 또 다른 대통령이 있었는데, 바로 아들 부시 대통령이다. 그가 유인 달탐사를 들고나오게 된 배경에는 2003년에 발생한 콜롬비아 우주왕복선 사고가 있었다. 이 사고로 7명의 우주비행사 전원이 사망했는데, NASA 사고조사위원회는 사고의 근본적인 원인 중 하나로 NASA에게 저궤도를 벗어나지 않는 루틴한 유인활동 외에 충분히 도전적인 미션과 재원이 주어지지 않은 것을 들었다.

이 분석 결과에 의해 NASA에게 보다 도전적인 과제를 부여하기로 하는데, 아들 부시 대통령이 발표한 '우주탐사를 위한 비전'Vision for Space Exploration은 여러모로 아버지 부시 대통령이 제안했던 내용과 유사했다. 달 유인 착륙은 물론, 장기적으로는 화성 착륙이 골자였고, 아버지 대에는 시작도 제대로 못한 것과 달리 구체적인 사업으로 이어져 컨스텔레이션 계획Project Constellation 이라는 프로그램을 통해 새턴-5와 같은 급의 대형 발사체SLS와 아폴로 유인 캡슐과 유사한 유인우주선 오리온Orion 개발에 착수하게 된다, 그러나 이 또한 미국의 새로운 대통령이 된 오바마 정부가 들어서면서 전면 재검토가 되고 취소되는데, 역시 예산이 가장 큰 걸림돌이었다. 어마어마한 예산을 감당하기에는 부담이 된 오바마 대통령은 비교적 돈이 덜 드는 소행성 포획 유인 탐사를 택했으나 이마저도 추진이 잘되지 않았다.

이렇게 지난 아폴로의 유인 달 착륙이라는 업적을 재현하길 꿈꾸며 우주개발을 희망했던 미국의 두 대통령과 NASA의 계획은 이루어지지 않았다. 그렇다고 이 모든 것을 마냥 실패라고 치부할 수 없는 것은, 미국과 NASA가 우주를 향한 시선을 거둔 적이 없음을 알려주기 때문이다. 막대한 예산이 드는 우주개발이기에 쉽게 개발이 추진되고 성공하지는 못하지만, 멈추지 않고 도전하고 있기에 언젠가는 성공할 수 있는 가능성을 내포하는 것이다. 현재 미국과 NASA의 주도로 추진되고 있는 아르테미스 계획은 그 연장선상에서 이루어진 결과라고 생각한다. 미래의 어느 시점엔가 인류는 분명히 보다 넓은 우주로 나아갈 것이고, 그때 우리나라가 중요한 역할을 수행하고 우주에서의 주도권에서 밀리지 않으려면, 미국의 실패나 개발 취소 등에도 멈추지 않는 우주를 향한 끊임없는 관심과 후속 계획 추진을 면밀히 모니터링할 뿐 아니라 그들의 지치지 않는 도전 정신을 본받아야 할 것이다.

달 착륙 이외의 우주개발 I
: 우주왕복선의 업적과 사건사고

미국과 소련의 유인 달탐사 경쟁이 워낙 치열했기에 우주개발이라 하면 유인 달탐사만을 생각하기 쉽다. 하지만 선진국들의 우주개발은 달탐사를 제외하고도, 유인 달탐사가 끝난 후에도 다양한 방향에서 진행되어왔다. 대표적인 것이 바로 앞서 잠시 등장했던 우주왕복선과 우주정거장의 개발이다.

먼저 우주왕복선에 대해 살펴보면, 우주선진국들은 50년대 우주개발 초기부터 지상에서 발사되어 우주공간에서 임무를 수행한 후 지구로 다시 귀환하는 우주왕복선을 꿈꾸어 왔다. 미국 공군은 1957년부터 X-20 다이나소어Dyna-soar라는 우주왕복선 계획이 있었고 소련, 유럽, 중국도 소형우주왕복선 계획이 있었다. 하지만 모두 취소되었는데 지구 대기권 재진입이라는 기술적 장벽을 넘어설 기술이 당시에는 없었기 때문이다. 우주왕복선이 대기권으로 재진입할 때는 음속의 20배 이상의 극초음속과 이로 인한 2,000°C 이상의 고온이 발생하는데, 이를 견디는 열보호 시스템Thermal Protection System, TPS 기술이 개발되고서야 우주왕복선은 탄생할 수 있었다. 닉슨 대통령이 남겨진 아폴로 계획을 취소하고 우주왕복선 개발을 승인한 1970년대 초에서 시간이 꽤 흐른 1980년대 들어서야 우주비행기가 실현되는 이유다.

1980년대 이전에 만들어진 우주왕복선이 있기는 하다. 미국은 1977년 첫 번째 우주왕복선 '엔터프라이즈Enterprise'를 보잉 747기에 타고 올라가게 한 후, 허공에서 분리시켜 홀로 착륙시키는 방법으로 우주왕복선이 안전하게 활강하여 착륙할 수 있다는 것을 입증했다. 하지만 엔진과 열보호 시스템을 갖추지 않았던 엔터프라이즈는 우주비행이 불가능해 면밀히 말하면 완성된 우주왕복선이라고 할 수 없었다. 엔터프라이즈에 이름에 얽힌 재미있는 일화도 있다. 원래 엔터프라이즈는 미국 헌법 200주년을 기념하여 헌법이란 뜻의 '컨스티튜션'이란 이름을 갖게 될 예정이었다. 그러나 미국에서 오랫동안 사랑받은 SF 시리즈 〈스타트랙〉의 팬들이 그 이름을 〈스타트랙〉에 등장하는 대표적인 우주선의 이름인 '엔터프라이즈'로 하자는 주장을 강하게 하며 결국 엔터프라이즈로 불리게 되었다. 이들이 백악관에 보낸 청원서만 40만 장이 된다고 한다.

진정한 우주왕복선의 등장은 1981년이다. 미국 NASA가 만든 '컬럼비아Columbia'호로, 1981년 4월 12일부터 4월 14일까지 사흘간 지구를 37바퀴 돌고 무사히 귀환함으로써, 우주로 나간 첫 번째 우주왕복선이라는 명예를 얻는다. 이때 사령관은 아폴로 달탐사로 달에도 2번이나 다녀온 경력이 있는 베테랑 우주인 존 영John Young이었다. 컬럼비아 우주왕복선은 세 번의 시범 비행을 더 거친 후 1983년부터 본격적인 임무를 수행하기 시작했으며 약 20년간 훌륭히 임무를 수행하였다.

그러나 2003년 2월 1일, 컬럼비아호는 임무를 수행하고 귀환하던 중 사고가 발생해 공중분해되면서 승무원 7명이 전원 사망하는 비극을 맞이하며 컬럼비아호는 역사 속으로 사라지고 말았다. 불면증, 불안증 등 무중력이 인간 신경계에 미치는 영향부터 우주에서의 각종 동물 실험, 찬드라 엑스선 관측선 발사, 허블 우주 망원경 보수 등 많은 임무를 수행했지만 다른 우주왕복선에 비해 무게가 너무 나가는 등 70년대 기술로 만들어진 한계로 인해 우주정거장까지 승무원과 화물을 수송하는 임무에는 제외되어 왔었다.

개인적으로 2003년 2월 1일에 컬럼비아호의 사고가 발생하기 며칠 전 NASA 휴스턴 관제소를 방문했었는데 당시 과제 스크린에서 "현재 이상 없음No Problem"이라는 표시를 봤었고, 승무원들이 컬럼비아호에서 한가롭게 지내고 있는 모습도 목격했는데 귀국 후 바로 사고가 발생했다는 뉴스를 듣고 깜짝 놀랐던 기억이 생생하다.

미국 NASA의 두 번째 우주왕복선은 '챌린저Challenger'호다. 1983년 첫 비행을 성공적으로 마치며 우주왕복선 대열에 합류한다. 이후 안타깝게도 챌린저호 역시 비극적인 사건을 겪는데, 1986년 1월 28일 10번째 임무를 위해 발사된 직후 폭발하여 승무원 7명 전원이 사망하고 만다. 비극적 사건이 있기 전까지 비교적 짧은 운행 기간 동안 자주 우주에 나갔고, 많은 시간을 우주에서 보냈다. 각종 기록도 가지고 있는데 우주로 처음으로 미국인 여성과 아프리카게 미국인을 올려 보낸 우주왕복선이기도 하다. 이외에도 야간에 발사된 최초의 우주왕복선이며, 우주에서 고장 난 인공위성을 잡아 보수 작업에 성공한 첫 우주왕복선이기도 하다.

컬럼비아호와 챌린저호 이후 미국 NASA가 만든 우주왕복선은 더 있는데, '디스커버리Discovery'호, '아틀란티스Atlantis'호, '인데버Endeavour'호까지 NASA의 우주왕복선은 총 다섯 대가 만들어졌다. 세 번째 우주왕복선 디스커버리호는 1984년에 처음 비행을 시작했고, 챌린저호의 비극적인 사고로 잠시 운행을 중단했지만 다시 우주로 날아가기 시작하면서 1990년에는 허블 우주 망원경을 싣고 나가 우주에 허블 우주 망원경을 전개하고, 이후에도 허블 서비스 미션을 두 번 수행하는 등의 임무를 수행했다. 소련의 우주인을 미국 최초로 탑승시킨 왕복우주선이기도 하다. 역사상 최초의 우주왕복선 여성조종사 아일린 콜린스Eileen Collins도 탑승했었다. 현존하는 가장 오래된 우주왕복선으로 2011년 3월 모든 임무를 끝내고 현재는 스미소니언 항공우주박물관에 전시 중이다.

네 번째 우주왕복선 아틀란티스호는 1985년 첫 발사됐다. 미국의 군사위성 두 개를 궤도에 올려놓는 데 성공했으며, 1989년 5월에는 금성탐사선 마젤란Magellan 위성을, 같은 해 10월에는 목성탐사선인 갈릴레오 Galileo 위성을 발사했다. 1995년에는 러시아의 우주정거장 '미르Mir'와의 사상 첫 도킹에 성공하기도 했다. 2011년 7월 21일 마지막 임무를 마치고 지구로 귀환했으며, 지금은 케네디 우주센터에 전시되어 있다.

마지막으로 NASA의 다섯 번째 우주왕복선 인데버호는 챌린저호의 비극적 사고 이후 챌린저호를 대체하기 위해 만들어졌다. 인데버란 이름은 세계적으로 유명한 탐험가 제임스 쿡James Cook, 1728~1779 선장이 탔던 배의 이름을 딴 것으로 1992년에 완성됐다. 그야말로 NASA의 역량이 총동원되어 만들어진 우주왕복선으로 1회에 16일까지 비행 가능하고,

30회까지 발사할 수 있도록 제작됐다.

인데버의 첫 발사는 1992년 5월 7일이었다. 임무는 엉뚱한 궤도에서 배회중인 통신위성 인텔샛위성 6호의 수리였는데, 수리를 위해 인데버에 탄 우주비행사들이 네 차례나 선외활동을 해야 했다. 위험한 임무였는데 인데버의 우주비행사들은 당시로서는 가장 긴 선외활동 시간 기록을 세우며 성공적으로 임무를 마쳤다. 이후 인데버호는 인공위성의 수리나 회수 임무와 1998년부터 시작된 국제우주정거장에 우주인과 부품, 물자 등을 전달하는 임무를 맡아 했다. 2011년 5월 17일 발사된 마지막 임무 역시 국제우주정거장에 알파자기분광계, 고압가스 탱크 등을 전달하는 것이었다. 마지막 임무 종료 후 2011년 6월 1일 퇴역했고, 현재는 캘리포니아 과학센터에 전시되어 있다.

참고로 1977년 첫 번째 우주왕복선 '엔터프라이즈'가 보잉 747기에 타고 올라 비행을 한 것처럼 마지막 임무 수행이 끝난 인데버호 역시 보잉 747에 업힌 듯한 모습으로 캘리포니아 주를 4시간 반 동안 돌았는데, 그 모습은 꽤 인상적이었고, 착륙 후에는 시민들에게 박수와 환호를 받았다. 2012년 9월 22일의 그 영상은 인터넷에서도 쉽게 찾아 볼 수 있다.

이렇게 다섯 대의 우주왕복선은 총 135차례 발사되어 일일이 열거할 수 없는 다양한 임무를 수행했다. 위성 발사와 수리, 승무원과 화물 수송 등의 역할 외에도 지구 관측, 우주과학연구, 우주 마이크로중력 환경 활용 연구 등을 단독으로도 많이 수행했다. 미래 인류의 우주 거주와 우주 공장 등 우주활용 가능성을 열었다는 의미도 가지고 있다.

그러나 챌린저호와 컬럼비아호의 사고를 겪은 미국에는 우주왕복선의 안정성의 문제가 크게 제기된 바 있으며, 컬럼비아 사고 1년 후에는 조지 부시 대통령이 우주왕복선 프로그램을 2010년에 종료하겠다고 발표하였다. 이에 따라 2011년 7월 8일 아틀란티스호가 마지막으로 국제우주정거장 보급 임무를 위해 네 명의 우주인을 태우고 케네디 우주센터에서 이륙하고, 2011년 7월 21일 지구로 돌아와 착륙하면서 장장 30년에 걸친 미국 NASA의 우주왕복선 프로그램은 끝나게 되었다, 아니, 잠시 중단되었다. 우주왕복선은 우리가 지구 외의 우주에 진출하는 우주시대가 열리면 더욱 필요해질 것이므로 잠시 중단됐다고 보는 것이 맞는다고 생각한다.

이렇게 미국 NASA의 우주왕복선 프로그램은 멈춰졌지만 다른 한편에서는 새로운 소식이 들려오는데 바로 소형 무인 우주왕복선의 개발이다. 미국 공군은 2010년 이미 군사용 소형 무인 우주왕복선 X-37B를 탄생시켰고, 지금까지 활발하게 운영하고 있다. X-37B는 길이 8.92m에 최대 무게 5.0톤, 탑재중량 227kg을 싣고 최장 908일 우주체류가 가능하다.

그 후 다른 소형 우주왕복선에 대한 소식은 거의 없었는데 드디어 미국의 민간 우주산업체인 시에라 네바다Sierra Nevada 사의 소형 유인 우주왕복선 드림 체이서Dream Chaser의 시험비행이 2024년 예정되어 있다는 뉴스가 들려왔다. 드림 체이서는 길이 9m, 무게 9톤으로 승무원은 최대 9명이 탑승 가능하고, 5톤의 화물을 저궤도로 수송가능하다. 특히 동체에서 양력을 발생시키는 리프팅 바디Lifting Body 형상을 사용하여 상대적으로 적은 동체 크기에 비해 많은 화물을 우주로 수송하고 귀환할 수 있으며 구조적으로 튼튼하다는 장점이 있다.

✦ 그림2_1. 미 공군의 무인 소형 우주왕복선 X-37B(좌)와 미국 시에라 네바다 사의
유인 소형 우주왕복선 드림 체이서(우)

유럽우주청ESA에서도 2015년에 시험용 재진입 우주비행체 IXV Intermediate eXperimental Vehicle를 연구 개발하여 시험비행에 성공했다. IXV의 성능과 제원은 길이 5m, 날개 길이 2.2m, 자체무게 480kg, 최대 무게 1,900kg, 최대 고도 412km, 최대 속도 7.7km/s, 대기권 재진입 거리 7,500km, 양력-항력비 0.7이다.

그리고 이를 바탕으로 2022년도에 유럽 탈레스 알레니아 스페이스 Thales Alenia Space사는 무인 소형 우주왕복선 '스페이스 라이더Space Rider' 를 개발하여 향후 시험비행을 준비하고 있다. 특히 스페이스 라이더는 우주공간에서 약품과 특수소재 등 우주 제품을 생산하고 지상으로 회수 하는 무인 소형 우주 왕복선으로, 성공한다면 지구저궤도에서 운용되는 최초의 무인 우주공장space factory이 될 것이기에 기대가 크다. 우주에서 2~3개월을 머무르며 생명과학, 제약, 농업과 신소재에 대한 연구와 제품 생산 임무를 수행할 것이다. 스페이스 라이더의 첫 발사는 2025년으로 예정되어 있으며, 20회 정도 재사용할 수 있도록 설계될 계획이다. 크기 와 성능은 IXV와 유사할 것으로 예상된다.

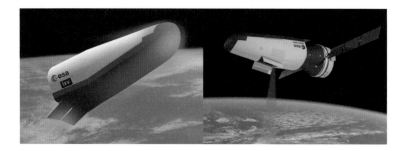

✦ 그림2_2. ESA의 시험용 재진입 우주비행체 IXV(좌)와 이를 바탕으로 개발된 우주공장용
재진입 우주비행체 스페이스 라이더(우)

어쩌면 대형 우주왕복선에 이어 소형 우주 비행기로 우주개발은 또 다른 전성기를 맞고 있는지도 모른다. 한국항공우주연구원(줄여서 항우연. KARI)도 2030년대 무인 소형 우주왕복선 개발을 추진하고 있다. 한국항공우주연구원이 개발 중인 무인 소형 우주왕복선은 길이 7.6m, 무게 4톤 규모이다.

마지막으로 유인 달 착륙을 두고 미국과 치열하게 경쟁했던 소련의 우주왕복선 개발이야기도 궁금할 텐데, 소련도 미국에 뒤질세라 우주왕복선 부란Buran을 개발하여 1989년 무인으로 발사와 회수에 성공했다. 그러나 기체내부에 엔진이 없고 외부 엔진을 사용하였기 때문에 발사 후 지상으로 낙하해서 버려지는 것으로 재사용이 되지 않는 단점이 있었다. 외형적으로는 미국의 우주왕복선과 너무 흡사하여 미국의 기술을 복사한 것이 아닌가 하는 의심도 받았다. 그리고 딱 한번 시험 발사한 후 더 이상의 발사를 하지 못하고 폐기당하는 신세가 된 부란 이후에는 구소련 붕괴 직후의 극심한 경제난 때문에 우주왕복선을 개발하지 못했다.

결국 지금까지 지속적으로 운용된 우주왕복선은 미국 NASA의 유인 우주왕복선 다섯 대와 미 공군의 소형 무인 우주왕복선 X-37B 뿐인 셈이다. 물론 우리나라를 포함해 유럽과 중국 등의 세계 여러 나라가 우주개발에 힘쓰고 있는 만큼 앞으로는 빠른 시간 내에 보다 많은 국가가 우주왕복선을 개발하고, 발사 및 귀환에 성공시켜 지속적으로 운영시킬 것이라고 내다보지만 말이다.

우주왕복선의 재사용과 열과의 싸움

총 다섯 대가 만들어진 NASA의 우주왕복선은 비용절감을 위해 처음부터 재사용 가능하도록 만들어졌다. 이를 위해 기체 내부에 고성능 로켓엔진을 장착하고 있는데 현존하는 엔진 중 가장 성능이 좋은 액체 산소-수소 엔진 RS-25(233톤 추력) 3기가 장착되어 있다. 수소 연료탱크는 외부에 장착하고 그 옆에는 고성능 대형 고체로켓Solid Rocket Booster, SRB(1,530 톤 추력)을 2기 장착했다. 이중 외부 연료탱크는 1회용으로 재사용하지 않지만 고체로켓 2기는 바다에서 회수하여 재사용했다.

이러한 우주왕복선은 지구 대기권으로 재진입할 때가 우주비행 과정에서 가장 위험하다. 음속의 20배 이상 초고속(초속 8km)으로 진입하면서 대기와의 마찰로 엄청난 열이 발생하기 때문인데, 기체의 맨 앞 코 부분과 날개의 앞부분에는 1,500℃의 고열이 발생하고 기체의 배 부분은 1,000℃의 열을 견뎌야 하기 때문이다. 더구나 기체를 재사용해야 하기 때문에 우주왕복선의 대부분은 검은 내열 타일로 덮여 있다. 검은 내열 타일은 실리카 섬유로 제작되며 90%는 빈 공간이며 비중이 0.14로 매우 가

✦ 그림2_3. 대기권 재진입중인 우주왕복선과 열보호 시스템 내열타일

볍다. 단열성능이 뛰어나 그림에서와 같이 내부가 벌겋게 달구어져도 바깥 부분은 손으로 잡아도 될 정도로 열을 막아준다. 우주왕복선 기체에서 하얗게 보이는 부분은 500℃ 이하의 열이 발생하는 기체의 옆 부분과 윗부분으로, 이러한 부위는 내열 섬유로 짠 모포로 덮었다.

　이처럼 우주왕복선은 재사용을 위해서도 승무원들의 안전을 위해서도 열과의 싸움이 불가피한데, 열보호 시스템을 가능하게 하는 내열타일은 핵심 기술이라고 할 수 있다. 우리나라도 항공우주연구원과 재료연구원이 개발한 열보호 시스템 내열타일을 보유하고 있어 앞으로 우리나라의 우주왕복선 개발에 힘이 되리라 생각한다.

✦ 그림2_4. 항공우주연구원과 재료연구원이 개발한 열보호 시스템 내열타일

달 착륙 이외의 우주개발 II :
미국과 소련의 우주정거장과 국제우주정거장

우주정거장은 보통 우주왕복선과 한 묶음으로 개발된다. 우주정거장은 지구궤도에 건축되는 대형 우주 구조물로 인간이 거주하며 우주를 관측하고 우주실험을 하는 곳인데, 우주정거장까지 승무원과 화물을 실어나르고 지속적인 물품 지원을 하기 위한 우주수송시스템이 우주왕복선이기 때문이다. 1980년대 미국이 재사용 가능한 우주왕복선을 개발하면서 프리덤Freedom이라는 이름의 우주정거장 개발을 동시에 진행시킨 것이 그 사례다.

그러나 최초의 우주정거장은 미국이 아닌 소련에서 발사됐다. 1971년 4월 발사된 살류트Salyut는 우주에서 궤도를 돌고 있던 소유즈 10호와 결합하여 우주정거장을 이루었는데 그 길이가 23m, 무게는 26t이 됐다. 미국과의 유인 달 착륙 경쟁에서 뒤처진 소련이 우주정거장으로 시선을 돌리면서 이루어낸 성과였다.

이러한 살류트 우주정거장은 살류트 7호까지 발사되어 1971년부터 1986년까지 15년 동안 이어졌고, 그동안 총 22명의 승무원이 살류트 우주정거장에서 1,600회에 이르는 각종 실험과 관찰을 수행했다. 특히 우주에서 채소를 재배해 먹는 등 인간이 우주에서 생활하기 위해 필요한 것들과 우주에서 인간이 머무는 동안 일어나는 신체변화 등을 관찰하고 연구함으로서 인간이 우주에서 장시간 체류할 수 있다는 것을 보여주었다. 이는 인간이 다른 행성에 진출하는 것이 불가능한 일이 아님을 확인시켜준 소중한 결과였다. 살류트 프로그램을 통해 소련은 우주에서의 장기 체류 및 우주정거장 운용에 관한 노하우를 얻을 수 있었고, 그 노하우는 이후 미르 우주정거장 건설로 이어지게 된다.

　미국 최초의 우주정거장은 소련보다 뒤늦은 1973년에 발사되었다. 아폴로 17호 이후 미국의 달탐사가 중단되면서 지구 관측 임무와 달탐사를 위한 우주정거장 계획도 취소되고 말았기 때문이다. 다행히 많은 우주과학자들은 우주정거장이 달탐사에만 필요한 것이 아니라는 것을 알고 있었고, 이에 소형우주정거장을 이용한 우주인 장기체류 연구와 태양 관측을 포함한 우주과학 연구, 그리고 우주 무중력 환경을 이용한 과학기술 실험 필요성을 주장했다. 이것이 받아들여지고, 아폴로 18, 19, 20호가 취소되면서 남는 여분의 새턴 로켓을 활용하여 소형우주정거장을 만들어 발사하기로 한다. 이렇게 탄생된 것이 미국 최초의 우주정거장이다.

　아폴로 계획이 예상보다 일찍 종료되며 40만 명에 달하는 고용 인력의 일자리를 유지할 방법이 필요했던 NASA에게도 소형우주정거장을 만드는 일은 희소식이었다. 공모를 통해 결정된 소형우주정거장의 이름은 '스카이랩Skylab'으로, 새턴-5 로켓의 3단 연료탱크를 비워 실험실로 개조한 스카이랩 1호는 1973년 5월 14일 무인으로 지구저궤도에 발사되었다.

그러나 스카이랩 1호는 발사 당시 공기저항으로 인해 미소 운석 방어벽, 태양광 가림판, 좌측 태양 전지판이 손상된 상태였다. 이로 인해 내부온도가 급격히 올라가 위험한 상태가 되어버렸고, 전체 스카이랩 계획을 포기해야 될지도 몰랐다. 이를 수리하기 위해 스카이랩 1호 발사 후 얼마 지나지 않은 1973년 5월 25일 스카이랩 2호가 발사된다. 아폴로 사령선과 새턴-5 로켓 2단으로 구성된 새턴 1B로켓을 이용하여 만들어진 스카이랩 2호에 탑승한 세 명의 우주인들은 스카이랩 1호에 도착하자마자 우주유영을 통해 임시 태양광 차단막을 설치해 우주선내 온도를 내리고, 오른쪽 태양 전지판을 수리하여 스카이랩 1호를 정상화시켰다. 그리고 28일간 우주에 체류한 덕분에 스카이랩 계획은 중단되지 않았으며, 계속해서 스카이랩 3, 4호가 발사될 수 있었다.

이런 우여곡절 후 스카이랩 2,3,4,호의 총 9명의 우주인은 거주공간으로 무인 발사된 스카이랩 1호에 머무르며 총 171일간 우주에 체류했는데, 그 가운데 외부 우주유영을 42시간이나 했다. 또한 정밀 태양 관측을 통하여 태양물리학의 큰 발전에 기여했으며, 우주에서의 장기체류를 위한 무중력 상태에서의 생활, 우주방사선 환경에서 의학 등 각종 실험을 수행했다. 태양의 코로나 홀Coronal hole을 발견한 것도 스카이랩의 성과다.

스카이랩 계획은 1974년 2월 28일 스카이랩 4호의 우주인들이 귀환하며 막을 내리는데, 이를 통해 미국 NASA는 우주유영을 통한 우주선 고장 수리에 대한 자신을 갖게 되었으며, 인간의 우주장기체류에 대한 귀중한 과학 정보를 얻게 되었다.

소련 최초이자 세계에서 가장 먼저 발사된 우주정거장 살류트와 미국

✦ 그림2_5. 태양광 가림판이 설치된 스카이랩의 모습

최초의 우주정거장 스카이랩을 두고 우위를 비교하자면 나중에 발사된 스카이랩의 완승이나 마찬가지였다. 로켓의 성능이 우월해 규모가 훨씬 큰 우주정거장을 만들 수 있었고, 적절한 재활용 시스템을 가동할 수 있어 보급품을 오래 사용할 수 있었기 때문이다. 당연히 우주인이 우주정거장에 체류할 수 있는 시간도 길어질 수밖에 없어 보다 효율적이고 심도 깊은 과학 연구 및 실험도 가능했다.

절치부심한 소련에 의하여 다음 세대의 우주정거장으로 탄생한 것이 바로 미르 우주정거장이다. 미르는 러시아어로 '평화'라는 의미를 갖고 있는데, 기본의 우주정거장을 뛰어넘어 패러다임을 바꾼 2세대 우주정거장이라고 할 만하다. 미국에 뒤처진 로켓기술의 제약을 극복하기 위해 소련은 살류트 4호부터 우주정거장의 본체인 모듈에 여러 대의 우주선을 도킹 가능하게 하여 공간을 넓히고, 우주선에 화물을 실어 우주정거장에 보급을 하는 방법을 시험했는데 이것이 6호와 7호까지 성공해 스카이랩의 우주 기록을 모두 갈아치웠다. 이 성공에 힘입어 미르 우주정거장은 아예 여러 개의 모듈을 결합시키는 방법으로 우주정거장 역사에 한 획을 그은 것이다. 미르 우주정거장은 1986년 20톤짜리 중앙 모듈을 우주로 발사한 것을 시작으로 기상관측 모듈 '크반트Kvant'를 다음해 3월에 결합시켰고, 1996년 4월까지 지속적으로 모듈 7개를 추가로 결합시켰다. 그렇게 미르 우주정거장은 205톤에 달하는, 20세기 우주정거장 역사상 가장 큰 무게와 넓이로 우주를 향한 인간의 도전을 상징하는 구조물로 탄생하게 된다.

2001년 3월 13일 임무를 다한 미르 우주정거장은 추락 후 폐기되었는데 그때까지 기존 우주정거장의 임무인 각종 연구와 실험이 이루어졌음은 물론이고, 소련 우주비행사 유리 로마넨코의 326일이라는 장기간 우주 체류의 대기록을 수립하기도 했으며, 타국의 우주인을 배출시켜 주기도 했다. 다른 동구권 국가인 쿠바, 베트남, 시리아, 아프카니스탄의 우주인들을 탑승시켜 주었던 것이다.

소련이 해체된 후에는 미국의 NASA와 손을 잡고 우주왕복선과 우주정거장을 공유하기로 하면서 미르 우주정거장에 미국의 우주왕복선 아틀란티스 등이 도킹했다. 소련의 해체 후 재정적 문제가 힘들어진 러시아는 미르 우주정거장을 유지할 막대한 비용을 감당할 수 없었고, 미국의 NASA 역시 우주왕복선과 함께 개발에 들어간 프리덤 우주정거장이 예산 문제로 개발 중단 되었기에 서로 이해가 일치하는 부분이 있었을 것이다. 그러나 이유야 어찌됐건 다양한 국적의 우주인들이 미르 우주정거장에서 함께 우주연구와 실험을 했다는 것에는 의미가 크다. 이후 국제우주정거장의 탄생과 이어지기 때문이다.

국제우주정거장은 미국은 물론이고 러시아, 유럽, 캐나다, 일본 등 16개국이 참여한 거대 프로젝트로 인류의 우주개발 역사에 커다란 족적을 남긴 사업이며, 과학 분야에 있어 가장 큰 국제 협력의 결과이다. 소련의 미르 우주정거장 제작 소식을 들은 미국은 원래 우주왕복선과 초대형 우주정거장 프리덤 개발을 동시에 진행할 예정이었지만, 소련이 붕괴되어 냉전시대가 끝나고, 우주왕복선 챌린저호의 폭발 등으로 우주개발 프로젝트에 대한 예산이 대규모 삭감되면서 중단되고 만다. 이후 프리덤 개발 계획은 규모를 축소해 국제우주정거장 계획으로 전환되어 추진되었는데, 다양한 국가가 이 개발에 참여하게 되고, 러시아의 미르2 우주정거장 모듈 등 여러 국가의 모듈들을 조립해 만들어지게 된다.

1993년 개발이 시작되었고, 이에 따라 1998년 국제우주정거장의 한 부분인 러시아의 자르야Zarya 모듈이 발사되면서 본격적인 조립에 들어갔다. 이어 유니티Unity 모듈, 즈베즈다Zvezda 모듈, 데스티니Destiny 모듈, 퀘스트Quest 모듈, 피르스Pirs 모듈, 하모니Harmony 모듈, 콜럼버스Columbus 모듈 등의 모듈들과 태양전지판, 로봇 팔 등이 발사되면서 조립이 계속되어 2011년 완공됐다. 완공까지의 과정이 순탄하지만은 않았는데, 세계 각국의 모듈이 사용되다보니 생기는 문제도 있었고, 2003년 콜롬비아 우주왕복선의 폭발로 모든 우주왕복선의 발사가 중지되는 바람에 국제우주정거장의 조립 역시 멈추는 상황도 발생했었다.

이렇게 완성된 국제우주정거장은 인류가 만든 가장 큰 우주구조물로 크기 108.5m×72.8m, 무게는 420톤에 달한다. 만들 때도 천문학적 금액이 들어갔지만 유지하고 운용하는 비용도 만만치 않다. 먼저 발사된 모듈의 경우엔 그 수명이 다한 경우도 있고, 고장으로 인한 수리도 빈번하다. 그래서인지 모르지만 국제우주정거장의 운전운항을 맡고 있으며, 일 년에 10차례 정상궤도에서 벗어나지 못하도록 프로그레스 로켓엔진을 점화시키는 역할을 담당하고 있는 러시아는 우크라이나와의 전쟁으로 인한 국제사회의 비난과 제재 등의 문제와 겹쳐 2024년을 끝으로 운행에서 손을 떼겠다고 발표했다. 국제우주정거장의 전력을 공급하는 등 가장 큰 경제적 부담을 지고 있는 미국의 경우에는 운용기간을 2025년에서 2030년까지 연장할 계획이지만 러시아까지 떠나고 나면 막대한 운용비를 어떻게 감당할지 미지수이다.

물론 미국 NASA는 그동안에도 경제적 부담을 줄이기 위해 직접 사람과 물자를 나르는 대신 민간 기업에 아웃소싱 하는 상업용 궤도운송서비스Commercial Orbital Transportation Services, COTS를 이미 시행하고 있다. 화물 운송은 '스페이스X'사와 '오비탈 사이언스'사가 선정되어 각각 '드래곤-1'과 '시그너스'라는 우주선을 개발하여 NASA와의 계약에 따라 우주정거장까지 화물 운송 서비스를 제공하고 있는데, 2012년 5월 26일 스페이스X의 드래곤-1이 상업용 우주선으로는 최초로 국제우주정거장에 도킹했으며, 다음해 9월 18일에는 오비탈 사이언스의 시그너스가 도킹했다. 그리고 승무원 수송은 보잉과 스페이스X가 계약에 성공하여 2019년 3월 3일 스페이스X의 드래곤-2 우주선이 승무원을 싣고 도킹에 성공함으로써 상업 승무원 수송 프로그램 역시 시작됐다.

이 같은 시도와 성공에도 불구하고 여전히 우주정거장의 운용비용은 막대하여 NASA는 2030년 이후 우주정거장의 사용권을 민간에 넘기고,

대신 우주관광, 실험과 우주제품 생산 목적의 상업용 우주정거장을 민간이 개발하도록 했다. 이는 2023년 말 본격적으로 운용에 들어가는 중국의 텐궁 우주정거장Chinese Space Station, CSS을 다분히 의식한 선택이기도 하다. 우주개발에 있어 주도권을 유지하기 위해 가스 팽창식Inflatable 형태와 같은 새로운 기술을 활용하여 제작비용을 크게 낮춘 상업용 우주정거장을 개발하도록 지원함으로써 경제성을 높이고, 이익이 창출되도록 하는 전략으로 주도권을 유지하려 하는 것이다. 이러한 상업용 민간 우주정거장들은 현재 운용중인 국제우주정거장에 비해 운용비가 1/100 정도로 저렴할 것으로 예상하고 있다.

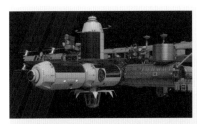

ISS에 장착되는 액시옴 오비탈 세그먼트(2024)

록히드 마틴과 나노랙사의
팽창식 우주정거장 스타랩(2027)

비겔로우사 팽창식 우주정거장
스페이스 컴플렉스 알파 (발사일정 미정)

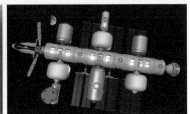

블루 오리진과 시에라 스페이스사의
오비탈 리프 (2027)

✦ 그림2_6. 개발 중인 미국의 상업용 우주정거장

이러한 미국의 상업용 우주정거장들은 2020년대 말에 건설되어 운용에 들어갈 것으로 보이고, 우주 무중력 환경을 이용한 각종 과학실험과 우주제품생산이 큰 기대를 모으고 있다. 실제로 최근 ZBLAN이라는 우주에서 생산된 광섬유는 지상에서 생산된 제품보다 100배의 성능을 가진다고 한다. 유체 대류 현상이 일어나지 않는 우주에서 복잡한 유체역학과 연소 현상의 비밀을 풀 수도 있다. 많은 제약회사들이 난치병 치료제 생산을 연구하고 있고 줄기세포와 바이오3D 프린팅을 이용한 인간 장기 배양을 연구하고 있다. 이외에도 우주관광과 기업 홍보 광고 촬영도 예상 밖으로 수익을 낼 수 있는 분야로 떠오르고 있다. 미국이 왜 상업용 우주정거장 개발 쪽으로 선회했는지 알 수 있는 부분이다.

이처럼 국가 주도이든 민간 주도이든 이렇게 우주정거장에 대한 개발은 지속되고 있다. 그리고 민간 주도에는 국가의 전폭적인 지원이 바탕이 되고 있다. 일찍이 폰 브라운 박사는 1950년대에 여러 편의 신문 기고문을 통해 향후 인류는 우주를 정복할 수 있으며, 그 기지는 우주공간에 떠 있는 우주정거장이 될 것이라고 예상했는데 미국은 이를 확실히 인식하고 있는 것 같다. 그리고 언젠가는 우리나라도 우주정거장을 건설해야 할텐데 하루라도 빨리 그 날이 오길 바란다. 우주를 향한 오늘의 한 걸음이 미래의 백 걸음을 확보하는 길이며, 오늘 물러서는 한 걸음은 미래에 천 걸음의 후퇴를 불러오기 때문이다.

마지막으로 국제우주정거장에 사람과 화물을 보내는 기관은 NASA와 러시아연방우주국, 유럽우주기구, 일본 우주항공 연구 개발기구 이렇게 딱 네 곳뿐인데, 일본의 경우도 국제우주정거장 건설에 키보Kibo 모듈을 제공함으로써 2000년부터 계속 우주인을 보내고 있다. 현재도 주로 미국, 러시아, 유럽과 일본 출신인 4~6명의 우주인이 국제우주정거장에 상주하며 연구를 하고 있다. 이것은 우주개발에 있어 국제협력에 적극 참여하여 기회를 갖는 것이 얼마나 중요한지 보여준다.

　미국은 현재 우주정거장은 민간 주도로 개발하고, 다시 달탐사와 화성탐사를 국가 주도 우주개발의 주요 목표로 삼고 있다. 그 대표적인 것이 아르테미스 계획인데, 조금 늦었지만 우리나라도 적극 참여하여 우주에 대한 기회를 만들어 나가야 한다. 막대한 투자비용을 감수해야겠지만 우리가 아르테미스 계획의 참여 목적이 분명하고, 그에 따른 기대 효과가 명확하다면 국민들에게 이해와 공감대를 형성 할 수 있을 것이다. 중국과 러시아도 달에 자신들만의 기지를 만들려고 하는데 세계가 이렇게 나아가는 데는 반드시 이유가 있기 마련이다. 우리나라도 우주를 향한 세계의 흐름에 결코 뒤처져서는 안 된다.

우주전쟁은 지속 중 : 중국 우주개발의 구세주 첸쉐썬

· ·

1960년대 우주개발을 두고 미국과 소련 사이에 있었던 경쟁은 총칼을 들지 않았다 뿐이지 서로의 이념과 정치력, 경제력, 사회적·인적 인프라 등을 전부 투자해 국가의 명예를 걸고 무기 대신 들고 싸운 또 다른 전쟁이나 마찬가지였다. 인류 최초의 유인 달 착륙이라는 승자의 타이틀을 미국이 거머쥐고, 이후 미-소간의 화해 모드로 이 전쟁 역시 겉으로는 끝난 듯 보였지만, 자세히 들여다보면 오히려 전쟁의 참가국이 늘어나고 그만큼 치열해진 면이 있다. 당연한 것이 당장은 우주개발이 저궤도에 머물고 있지만, 궁극적으로는 미래의 인류는 거의 확실히 우주로 진출할 수밖에 없다는 전제를 누구도 외면하거나 무시할 수 없으며, 그러기 위해서는 우주를 향한 연구개발을 지속할 수밖에 없었기 때문이다.

여기에 과거 미국과 소련으로 대표되던 기존의 우주 강대국이 무시할 수 없는 새로운 경쟁 국가들이 등장하고, 이 나라들도 우주개발에 힘을 쏟으니 겉으로 보는 것과 달리 물밑에서는 우주를 두고 벌이는 전쟁은 더 복잡해진 가운데 지속중이다. 특히 경제대국으로 부상한 중국의 우주분야는 눈부신 발전과 도전으로 주목할 필요가 있다.

현시점에서 중국은 이미 달 뒷면 착륙과 화성 표면 착륙에 성공했고, 유인우주선 발사와 우주정거장을 만들기 위해 내달리고 있으니 우주 선진국이라 할만하다. 우주개발 분야에 있어서 뒤처진 우리나라 입장에서는 중국이 어떻게 우주개발의 후진국에서 시작해 선진국을 위협할 정도로 성장했는지 들여다보면 배울 점이 있으리라 여겨진다.

중국의 우주개발은 '시작은 미미했으나 끝은 창대하리라'라는 표현이 딱 들어맞는다. 지난 두 세기에 걸쳐 끝없이 계속된 서구열강의 침략과 내분에 대한 중국 민족의 자강의 염원이 담긴 행위라고도 볼 수 있다. 1839년에 시작되어 1860년 처참한 패배로 끝난 아편전쟁 이후 중국의 국력은 기울었고, 이후 1851년 기독교계 반란세력과 20년 가까이 싸웠으며 (태평천국의 난), 서구 열강의 지속적인 침략으로 1860년에는 러시아와 분쟁, 1884년에는 프랑스와 청불전쟁을 치렀다. 영국, 독일과 일본에게도 영토의 일부분을 할양하는 수모를 겪게 되고, 이후에도 1937년 일본 관동군이 침략하는 중일전쟁이 발생하고, 내부적으로는 1927년부터 기나긴 국공내전의 화마를 겪었다. 1949년 마침내 마오쩌둥의 공산군이 장제스를 몰아내고 국공내전에서 승리하면서 100년이 넘게 지속된 중국의 시련은 끝나게 된다.

이러한 역사적 배경에서 중국의 우주개발은 서구열강에 더 이상 뒤처지지 않겠다는 비장한 결의로 시작했다고 볼 수 있다. 그리고 중국의 우주개발을 담당할 구세주가 되는 천재 항공우주과학자 첸쉐썬錢學森 (1911~2009)이 나타났다. 중국의 우주개발은 첸쉐썬을 빼놓고 이야기 할 수 없을 정도다.

1930년대 일본의 중국 침략이 시작되자 장제스 정부는 오랜 시련과 혼란으로부터 중국을 재건할 인재들을 서구 열강에 유학을 보낸다. 첸쉐썬 역시 그 중 한 명이었는데, 1930년대 상하이 교통대학에서 공부를 하고, 미국으로 유학을 갔다. 워낙 탁월하여 세계적 명문대학인 MIT와 칼텍CalTech(캘리포니아 공대)에서 공부했고, 특히 칼텍에서는 저명한 헝가리 출신의 공학자 폰 카르만Theodore von Kármán의 제자가 되었다. 카르만은 지구의 대기권과 우주 공간 사이의 경계를 일컫는 '카르만 선'을 주장한 학자이기도 하다. 첸쉐썬은 카르만 밑에서 배우며 항공기와 초기 로켓의 추진기관 연구에 탁월한 업적을 남겼는데, 국내에서도 항공우주공학을 전공한 분들이라면 유체역학과 터보기계에 관련하여 1940~50년대에 첸쉐썬이 작성한 논문을 한두 번쯤은 읽어본 적이 있을 것이다.

비록 중국 정부에 의해 보내진 유학이지만 당초 첸쉐썬은 중국에 돌아갈 마음이 없었다. 무엇보다 국공내전이 마오쩌둥이 이끄는 공산당의 승리로 끝날 조짐을 보이자 공산당이 아니었던 첸쉐썬은 미국으로 귀화까지 한다. 이런 그를 다시 중국으로 향하게 한 것은 바로 1950년대 미국을 휩쓴 매카시즘McCarthyism이다. 매카시 상원의원이 주도한 반공 광풍으로 인해 첸쉐썬은 공산주의자로 의심받았으며, 비밀취급인가증을 빼앗기고 비밀관련 연구 자격까지 박탈하는데 그치지 않고, 일거수일투족이 FBI에 의해 감시당했다.

이에 2차 대전 중에도 미국을 위해 헌신했던 첸쉐썬은 심한 배신감을 느꼈으며, 이를 눈치 챈 중국 공산당 정부가 첸쉐썬의 아버지의 오랜 친구이자 저명한 문학가 천수통陳叔通을 이용, 그를 중국으로 귀환시키는

데 성공한다. 중국 우주개발에 청신호가 켜진 것이다. 중국은 첸쉐썬을 데려오기 최종적으로 6.25전쟁 중 포로로 잡힌 10명의 미군 조종사와 교환하기까지 한다.

그의 중국 귀국은 당시 미국 내에서도 반대가 심했다. 칼텍의 동료 교수의 밀고로 첸쉐썬의 중국 귀국 계획을 알게 된 해군참모차장 댄 킴벌 Dan Kimball은 미국정부에 강력하게 그의 중국 귀국을 막아야 한다고 경고했다.

"첸쉐썬은 미국의 핵심적인 우주와 국방계획에 참여했으며, 가장 우수한 로켓 과학자이다",
"그는 미군 최정예 해병대 5개 사단과 맞먹는 능력을 가졌다",
"그의 중국 귀국을 막지 못한다면 차라리 없애버리는 것이 낫다."

이런 경고와 여러 우여곡절에도 불구하고 결국, 1955년 미국 정부의 허락을 받고 첸쉐썬은 중국의 품에 안긴다. 이때 킴벌은 이렇게 탄식했다고 한다.

"그는 나만큼이나 공산주의자가 아니다. 첸쉐썬을 귀국시킨 것은 미국이 저지른 가장 멍청한 실수이다."

그렇게 미국은 첸쉐썬을 잃었고, 1955년 9월에 중국으로 돌아온 첸쉐썬은 중국 국민으로부터 열렬한 환영을 받았다. 당시 중국은 국가총력 체제로 "양탄일성兩彈一星"정책을 추진했는데, 이는 원자폭탄과 수소폭탄

그리고 로켓과 인공위성 개발을 의미하고, 이 정책에 있어 무서운 점은 백성이 굶어도 밀고 나간다는 확고한 의지였다. 그리고 당시 중국의 국가주석이었던 마오쩌둥은 이 정책과 관련하여 첨단무기 개발을 첸쉐썬에게 부탁한다.

이에 첸쉐썬은 로켓 개발 전략과 구체적인 실행 방법이 수록된「중국국방항공공업 건립 의견서」를 작성하여 1956년 4월에 마오쩌둥에게 보고했고, 1956년 8월에 전담기관이 설립되어 첸쉐썬이 부국장을 맡게 되며 그 산하에 200여 명의 전문 인력이 배치되어 중국의 로켓 개발을 시작하게 된다.

물론 시작은 미미했다. 부족한 기술과 인프라로 인해 처음에는 소련과 협력할 수밖에 없었지만, 1957년 소련으로부터 제공받은 독일 V-2로켓의 소련판 복제품인 R-2 로켓을 분해하고 역설계하여 기술역량을 축적한다. 1959년부터 중국과 소련의 관계가 악화되면서 1960년에는 소련의 기술자들이 모두 철수했지만, 첸쉐썬의 지도 아래 중국 정부의 전적인 지원을 받아 놀라운 속도로 R-2 지대지 유도탄의 순수 복제품인 1059 유도탄(둥펑 1호)을 개발하게 된다. 그리고 마침내 1960년 9월 시험발사에 성공하는데, 사정거리가 550km에 달했다.

이는 중국이 기초적인 로켓과 유도탄 기술을 확보했다는 것을 의미하는데, 냉전시대에 정치적으로 민감한 전략무기 기술을 경이적인 속도로 습득함으로써 미국을 비롯한 전 세계를 놀라게 했다.

첸쉐썬이 로켓 무기체계의 개발에만 관여한 것은 아니다. 중국에는 국가적 건략과제를 중장기적으로 연구하는 중국과학원Chinese Academy of

캘리포니아 공대 교수시절
젊은 첸쉐썬

1955년 중국 귀국 후
모택동으로부터 환영

✦ 그림2_7. 첸쉐썬의 미국 대학교수 시절과 귀국 후 마오쩌둥의 환대 당시의 모습

Science, CAS이라는 기관이 있는데, 이 기관 내에 역학연구소가 1956년에 설립되었고, 바로 첸쉐썬이 초대 소장이 되어 무려 28년간 소장직을 역임하며, 1958년부터 인공위성 개발(581 과제)에 착수했다. 1단계로 고공을 관측하는 과학로켓Sounding Rocket을 개발하고, 2단계로 지구궤도에 인공위성을 발사하려고 계획했는데, 국방부 5국과 중국과학원 역학연구소 모두 첸쉐썬이 책임자였기에 양 기관과 협력은 효율적으로 잘 이루어졌다.

그 결과 R-2의 개량 복제형인 둥펑 2호가 개발되기 시작했는데 몇 번의 실패와 시행착오를 거쳐 1964년 시험발사에 성공한다. 개발 시작부터 성공까지 걸린 시간이 짧지 않았고, 참담한 실패도 있었지만 중국 정부는 그 책임을 기술자들에게 묻지 않았고, 이에 화답하듯 기술자들은 사고원인을 과학적으로 분석하여 사고 전보다 더욱 발전된 기술을 얻어내며 이뤄진 성과였다. 이 과정에서 중국은 우주개발에 있어 로켓엔진 개발이 무엇보다 선행되어야 한다는 교훈을 얻어, "동력선행動力先行"전략을 정립했고 이 전통은 오늘날까지 이어져오고 있다.

둥펑 로켓 기술은 계속 발전하여 인공위성 발사체 창정 로켓 개발로 이어졌다. 1965년 개발을 시작한 창정 1호 로켓으로 1970년 드디어 173kg

의 인공위성 동방홍 발사에 성공하며 중국도 본격적인 우주개발과 경쟁에 뛰어들기 시작했다.

이러한 중국 우주개발의 이면에는 첸쉐썬의 리더십과 올바른 전략 수립이 크게 기여했음을 부인할 수 없다. 첸쉐썬은 철저한 사전 시험을 강조했는데, "충분한 지상시험을 통해 모든 부품과 시스템을 검증하지 않으면 발사하지 않는다"며 "로켓은 의심을 품은 채로 하늘에 올라갈 수 없다", "컴퓨터 시뮬레이션은 만능이 아니므로 계산결과를 입증하기 위한 대형 지상 장비가 필요하다"라고 강조했다. 이러한 그의 어록은 지금까지 중국 우주개발의 금과옥조가 되었다.

또한 첸쉐썬은 우주개발체계 구축에도 공을 들였는데. 행정, 연구와 생산을 한데 묶어 '과학연구생산 연합체'란 것을 만들어 행정과 연구가 긴밀히 협조하도록 했지만 행정의 과도한 연구개입은 철저히 차단, 연구부서가 연구에만 몰두할 수 있게 했다.

이처럼 첸쉐썬은 중국의 미사일과 로켓 개발에 지대한 영향을 미치고 이끌고 간 위대한 인물임은 분명하다. 과학자로서의 그의 능력은 의심할 필요가 없지만, 공산주의 국가인 중국의 특수성을 생각하면 정치적으로도 처세가 매우 뛰어난 인물이었다는 것을 알 수 있다. 대약진운동(1958~1962), 문화대혁명(1966~1976), 천안문 사태(1989)와 같은 커다란 정치적 혼란이 몇 번이나 있었음에도 불구하고 항상 승리자 편에 서서 한 번도 좌천당하거나 숙청당하지 않고 살아남았기 때문이다. 첸쉐썬이 가진 탁월한 능력 때문에 어떠한 상황에서건 중국의 국가 지도자들이 그를 철저하게 보호했다고도 볼 수도 있는데, 중국을 향한 첸쉐썬의 변하지 않는 헌신이 있었기에 가능한 일이었을 것이다.

한 예로 첸쉐썬은 말년까지 미국에 대해서는 주변사람들이 당황할 정도로 적대감을 보였다고 한다. 인종적인 차별을 당한 것과 함께 연구에서 내쫓긴 수모를 평생 간직했다고 하는데, 미중 수교 후 미국 정부의 초청을 일언지하에 거절하고 우선 사과부터 요구했으며, 칼텍의 친했던 동료교수들이 만나자는 제의도 매몰차게 거절했다고 전해진다. 그의 진짜 속마음을 정확히 알 수는 없지만 중국 로켓 개발의 아버지인 그가 보여준 반미, 반제국주의, 애국의 아이콘으로서의 행보가 그가 정치적 소용돌이 속에서 살아남고 명예를 유지할 수 있었던 방법이자 이유였던 것 같다.

첸쉐썬의 존재는 우리에게도 교훈이 되는데, 우수한 인재의 중요성이 바로 그것이다. 미국과 중국의 첸쉐썬에 대한 태도를 통해 우리는 국내는 물론 해외의 인재들을 차별하지 않고 좋은 대우를 통해 국가가 보유하고 있는 것이 얼마나 중요한지 새삼 깨닫게 된다. 또, 외국으로 인재를 빼앗기는 것이 국가적으로 상상 이상의 엄청난 손해라는 것을 되새겨 보는 계기가 되면 좋겠다.

멈추지 않는 중국의 우주개발 계획

중국의 유인 우주탐사는 생각보다 일찍 시작됐다. 중국은 이미 1965년부터 유인우주선 개발 기초연구를 시작하고, 1967년 정부로부터 서광曙光 1호라는 유인우주선의 이름도 미리 부여받았다. 1966년부터 1976년까지 10년간 중국 스스로 자신의 문화를 파괴하는 문화대혁명이라는 광란의 격변기를 거치는 와중에도 우주의학을 비롯한 유인우주탐사 연구를 시작했으며, 1970년 4월에 중국 최초의 인공위성인 동방홍東方紅 1호 발사가 성공하자 유인 우주탐사에 대한 중국인의 관심은 더욱 커져갔다. 중국은 같은 해 10월부터 전국의 전투기 조종사 1,000명을 대상으로 우주인 선발에 착수했다. 그 결과 1971년 3월에는 10명의 최종후보를 선발할 수 있었다.

그러나 이 과정이 그리 순탄하게 굴러가지는 못했는데 문화대혁명으로 모든 과정이 더디게 진행되었으며, 설상가상 1971년에는 부주석 린뱌오林彪의 쿠테타가 발생하고, 이 과정에서 공군이 반란의 핵심으로 지목되어 결국 11월에 우주인 훈련 준비조가 해산되는 일이 발생하고 만다. 우주의학연구소도 기능이 대폭 축소되는데, 첸쉐썬의 간곡한 부탁으로 겨우 명맥을 유지시킬 수는 있었지만 유인우주선 서광 1호의 개발은 1975년 공식적으로 중단된다.

그래도 이 과정이 의미가 없었던 것은 아니다. 이때 8년간의 선행연구를 통해 발사장 건설과 인력을 양성하고 유인 우주기술을 축적할 수 있었고, 다시 유인우주개발이 시작된 후 선저우神舟 유인우주선 개발에 매우 유용하게 쓰이게 되기 때문이다.

잠시 휴지기를 가진 유인 우주개발은 1986년 덩샤오핑이 원로 과학자들의 건의를 받아들여 첨단기술연구계획(863계획)을 시작함으로써 재개되었다. 총 8개 분야(생물, 우주, 정보, 핵방어, 자동화, 에너지, 신소재, 해양) 중 우주개발분야는 두 번째로 863-2 계획이라고 불렸으며, 재사용 유인우주선과 우주비행기 개발에 착수하게 된다. 1989년 천안문 사태가 발생하면서 내부적으로 다시 큰 혼란에 빠졌지만 이번에는 중국 지도부는 일치된 의견으로 우주개발을 쉼 없이 추진하였고, 다시 1990년 863-2 전문가 회의에서 캡슐형 우주선을 개발하고 2010년경 중국의 우주정거장을 개발하기로 한다.

1992년 9월 21일에는 최고 의결기관인 중앙정치국 상무회의에서 장쩌민 총서기가 중국 역사상 가장 큰 규모의 우주개발 사업이자 유인우주선 개발을 시작하는 921계획을 발표했다. 항천과기집단공사CASC가 주도하여 110개의 산하 연구소와 지방정부의 3,000여 개 기관이 참여하도록 하는 계획의 4대 임무는 안전성과 신뢰성 확보, 유인우주 기본기술 확보, 우주에서 지상관측과 우주과학 및 우주기술연구, 초기 우주수송수단을 확보하여 대형우주정거장 건설 경험을 축적하는 것이었다. 또한, 7대 시스템 개발로 우주인, 우주선응용, 유인우주선, 운반로켓, 발사장, 추적통신과 착륙시스템 개발이 포함되었다.

이를 위해 선저우 우주선 개발을 시작하는데, 3명의 우주인이 7일간 체류할 수 있도록 설계된다. 선저우 우주선은 기본적으로 러시아의 소유즈 우주선을 복제한 것으로, 크기는 10% 정도 커졌고 무게는 7.8톤이었다. 중국이 러시아의 소유즈 우주선의 설계도와 기술을 확보할 수 있었던 것은 90년대 초 소련의 붕괴 덕이 크다. 붕괴 이후 러시아의 경제가 어려운 시기, 중국이 그 기회를 놓치지 않고 냉장고 등의 현물을 주고 헐값으로 소유즈 우주선 설계도와 기술을 가져오게 된 것이다. 이를 두고 러시아 기술자들은 "선저우는 소유즈를 그대로 베껴 10% 확대 한 것에 불과하다"며 혹평했지만 중국은 이미 러시아의 유인우주기술을 대부분 흡수하여 중국에 맞게 개량한 것이라고 볼 수 있다.

그리고 초기 우주정거장인 톈궁天宮 1호는 지구저궤도에서 우주인 2명이 탑승하여 6개월간 우주실험을 수행하고 선저우와 도킹할 수 있도록 장비를 갖추었다. 운반 로켓은 기존의 창정長征 2호E 로켓을 개량하여 성능과 안전성이 뛰어난 창정 2호F 로켓을 개발하였으며, 발사장은 중국 내몽골의 주취안酒泉에 건설하고 지구로 돌아온 선저우 우주선 귀환모듈은 역시 내몽골의 초원에 착륙하도록 하였다.

이런 준비 끝에 마침내 2003년 10월 15일 선저우 5호는 중국 최초의 우주인 양리웨이楊利伟를 태우고 발사되어 지구를 14회전하고 중국 내륙에 무사히 귀환하게 된다. 우주정거장 톈궁 1호는 2011년 9월 발사되어 운용되었는데, 2016년 임무 종료 후 지구 대기권에 진입해 분해되었다. 이

중국 최초 우주인 양리웨이 대령   중국국립박물관에 전시된 선저우 5호 모형

✦ 그림2_8. 중국 최초 우주인 양리웨이와 선저우 5호 우주선 모형

어 텐궁 2호는 2016년 발사 후 2019년에 지구 대기권에 재진입하여 소실
된다.

이후로도 중국의 우주개발은 멈추지 않고 지속되는데, 본격적인 대형
우주정거장 계획은 2020년대로 계획되었지만 이를 발사할 창정 5호 개
발이 늦어진데다가 2021년 발사 실패를 겪어 전반적으로 계획이 지연되
고 있는 상황이다. 하지만 중국의 달탐사 계획과 이를 넘어 화성탐사까지
이어진 무서운 속도를 보면 중국의 우주개발이 다소 느려질지언정 멈추
지 않을 것이란 사실은 의심의 여지가 없다.

실제로 양리웨이의 최초 우주비행 이후 중국은 거칠 것이 없이 우주
탐사를 추진했다. 우선 달탐사 계획 창어嫦娥를 추진했는데, 창어 1호
가 2007년에 발사되어 달 궤도에서 임무를 수행한 데 이어 창어 2호도
2010년에 발사되어 달 궤도에서 성공적으로 임무를 마쳤다.

창어 3호와 4호의 기록은 남다르다. 창어 3호는 세계에서 3번째로 달

에 연착륙한 착륙선이며, 영하 180℃로 떨어지는 극저온의 밤이 찾아오는 달에서 밤 시간을 견디는 임무에 세계 최초로 성공했다. 그 시간도 2주간으로 짧지 않은데, 무려 2주간씩 두 번이나 달의 밤을 함께 했다. 워낙 혹독한 밤의 환경을 가진 달이기에 미국과 소련조차 밤에 달 착륙을 시도할 엄두는 내지 못하고 낮에만 착륙했었던 것을 생각하면 엄청난 성과다.

이어 창어 4호 역시 2019년 1월에 세계 최초로 달 뒷면 착륙에 성공하는 업적을 남긴다. 또, 로버 유투Yutu, 玉兔-2 탐사선을 달 표면에 배치, 통신 중계 위성을 이용하여 통신을 중계하였는데 놀랍게도 3년이 넘은 지금까지도 작동하고 있다. 참고로 창어는 중국 신화에 나오는 달에 사는 여신의 이름을 딴 명칭이며, 유투는 중국어로 옥토끼라는 의미를 가지고 있는데 바로 달의 여신이 품에 안고 있는 동물이라고 한다. 로버 유투는 창어 3호에서도 달에 착륙한 적이 있는 탐사로버이다. 때문에 창어 4호의 로버 유투는 로버 유투-2라고 칭한다.

2020년 12월 1일에는 창어 5호가 달에 착륙했다. 이때 1,731g의 달 토양 샘플을 채취하여 12월 6일 지구로 귀환하는데, 이 또한 1976년 소련의 루나 24호 이후 최초의 달 샘플 귀환 임무였다.

이처럼 창어 3호부터 5호까지 달탐사에 있어 한 획을 그은 중국은 앞으로도 달 표면에 무인 착륙선을 계속 보내 국제달연구기지International Lunar Research Station, ILRS를 건설할 계획을 가지고 있다. 반면 달기지 건설에 대해서는 매우 보수적으로 언급하고 있으며, 유인 달착륙 계획은 없다고 공식적으로 발표하고 있는데, 세계를 향한 중국의 말과 달리 지금까지처럼 중국의 달착륙 계획이 이후에도 순조롭게 진행된다면 2030년대

✦ 그림2_9. 중국 우주정거장 텐궁과 무인 국제달연구기지 예상도

에는 유인 달착륙을 시도하고, 달 남극에 달기지를 건설할 계획을 검토하고 있는 것으로 전문가들은 예상하고 있다.

만약 중국이 아직 유인 달탐사를 하지 않았다는 이유로 중국의 우주개발, 우주 탐사 능력에 대해 의문을 제기하는 사람들이 있다면, 마지막으로 중국의 화성탐사 얘기를 하고 싶다. 세계적으로도 중국의 달탐사가 아직 유인까지 이르지 못하고 무인에 그친 것을 두고 설왕설래 한 경우가 있었고, 그 이유로 중국의 우주탐사 능력이 또 한 번의 시험대에 오르는데 바로 화성착륙선의 성공 여부였다.

화성 연착륙은 달착륙과는 또 다른 수준의 것으로, 1억 km에 이르는 화성까지 갈 수 있는 심우주항법과 통신 기술이 확보되어야 하고, 위험한 화성 대기권 재진입을 수행해야 하는 등 지금까지 개발된 모든 우주 기술의 총합체가 동원되어야 한다고 해도 과언이 아니다. 그러고도 실패할 확률이 높아 전통적인 우주강국 소련도 1962년부터 2011년까지 10차례 이어진 착륙 시도에서 단 한 차례에 성공했을 뿐이다. 1971년 마스Mars 3호가 연착륙에 성공하여 20초간 생존했던 것인데, 이마저도 의미 없는 회색 배경 사진 한 장을 보내왔을 뿐이다. 유럽도 2003년 비글 2호와 2016년 스키아파렐리 착륙선이 모두 실패했다.

물론 미국만은 예외로, 1975년 바이킹Viking이 연착륙에 성공하고 엄청난 과학 자료를 보내왔고, 그 후에도 1997년 소형 패스파인더Pathfinder 로버, 2003년 중형 오퍼튜니티Opportunity와 스피릿Spirit 로버, 2021년 대형 퍼시비어런스Perseverance 로버가 계속 연착륙에 성공하여 지금도 임무를 수행하고 있지만 이는 타의 추종을 불허하는 미국의 우주 기술력이 있었기에 가능했다.

오직 미국만이 앞서가고, 소련과 유럽도 실패를 거듭하고 있는 화성 연착륙에 과연 중국이 성공할 수 있을까? 아마 대부분의 전문가들은 중국이 실패할 거라고 예상했을 지도 모른다.

중국은 그 답을 2021년에 내놓았다. 2020년 7월 티안웬天問-1호를 발사, 2021년 2월 화성궤도에 진입시키고, 5월 14일 마침내 화성 표면 연착륙에 성공, 주롱祝融 로버까지 성공적으로 배치함으로써.

아무도 중국이 화성 연착륙을, 그것도 첫 번째 시도에서 단번에 성공시킬 줄은 몰랐다. 우주 전문가들은 깜짝 놀랄 수밖에 없었다. 큰 의미를 갖는 사건이었다. 달탐사 성공 이후에도 우주개발의 3인자나 4인자로 변방으로 취급 받던 중국은, 티안웬-1 착륙선의 화성 연착륙 성공으로 중국의 우주기술이 유럽과 일본을 이미 추월했다는 것을 확실히 증명해냈다. 미국과 쌍벽을 이루는 우주초강대국 중국의 탄생을 알리는 소식이었다.

중국의 달착륙선 창어-4호(2019)　　　중국의 화성착륙선 티안웬-1호와 주롱 로버(2021)

✦ 그림2_10. 중국 무인 달착륙선 창어와 화성착륙선 티안웬

　그리고 이제 세계는 미국과 중국이 여러 정치적 경제적 갈등에도 불구하고, 천문학적인 비용과 기술적 리스크가 큰 유인 달탐사와 화성탐사에서만큼은 인류의 성공적인 우주 진출을 위해 선의의 경쟁을 펼치는 동시에 협력하기를 바라고 있다. 미국은 물론 새롭게 우주개발의 선진국으로 등장한 중국에는 우주협력을 바라는 많은 나라들이 줄서 있는데, 이는 우주 경쟁력이 세계의 정치무대에서 가지는 파워가 어느 정도인지 알 수 있는 대목이고, 우리나라가 우주개발에 힘써야 하는 이유 중 하나도 여기에 있다.

중국의 우주인 선발과정 –

우주에서 유일하게 보이는 인간의 건축물은 만리장성?

중국의 우주인 선발(714 공정)은 역사가 꽤 오래됐다. 1968년 베이징 우주의학공정연구소가 설립되어 우주인 선발에서도 큰 역할을 담당했는데, 기본적으로 공군 조종사 중에서 전문대학 이상의 학력을 가지고 있으며, 조정사로서의 경력이 3년 이상이고, 600시간 이상의 비행시간을 가진, 성적이 우수한 사람을 기준으로 선발했다. 긴급 대처 능력, 강한 인내력, 독립적인 사고와 원만한 대인 관계도 선발의 기준에 포함됐으며, 나이는 25-35세, 신장 160-172cm, 체중 55-70kg의 건강한 남성들이 선발의 대상이었다.

예비 선정된 인원은 1,500명이었다. 이들 가운데 서류, 조종술, 체력검사를 통해 800여 명을 1차로 뽑고, 다시 체력 검사, 특수 검사, 실험실 검사와 심리 검사를 거쳐 2차로 60명을 선발했다. 60명은 다시 15명씩 나누어 팀을 만들고, 베이징공군총의원에 15일을 입원시켜 정밀검사를 하게 하고 동시에 베이징우주의학공정연구소에서 20일 동안 생리시험(심폐, 하체 및 두부 내압, 뇌기능, 평형감각, 회전감각, 초중력 내성, 저압내성, 고공 감압 내성, 귀의 기압 내성, 개인심리 등)을 통해 우주인 후보를 18-20명으로 압축하는데, 이것이 3차 선발이다. 4차 선발은 최종 선발로 관계기관이 참여하여 정치사상, 기술 수준, 가정환경, 가족 유전자 이력, 풍토병과 전염병 이력에 대한 정밀조사와 종합 평가를 거쳐 3명의 우주인 후보와 12명의 예비 우주인을 선발했다.

이렇게 1차부터 4차까지의 엄격한 심사를 통해 1996년 선발된 우주인 후보가 공군조종사인 '우지에吳杰'와 '리칭롱李慶龍'이다. 두 명의 중국 우주인 후보는 러시아 가가린 우주인훈련센터Gagarin Cosmonaut Training Center, GCTC에 보내져 1년간 훈련을 받고 귀국하여 우주인 훈련 교관이 되었다. 본격적인 훈련은 3인 1조로 4년간 4단계로 진행되었는데, 1단계 기초이론 훈련 12개월, 2단계 우주전문기술 훈련 20개월, 3단계 우주비행 시뮬레이션 훈련 16개월, 4단계 발사장 현지 준비 1개월로 구성된다.

중국 공군 중령 양리웨이 역시 1996년 우주인 선발에 응시했고, 1998년에 베이징우주인훈련센터에 입소하여 가장 좋은 성적을 거두면서 중국 최초의 우주인으로 최종 선발되는 영광을 얻었으며, 마침내 선저우 5호에 탑승하게 된다. 선저우 5호는 2003년 10월 15일 발사되어 21시간의 임무를 마치고 무사히 내몽골의 초원으로 귀환했다.

양리웨이는 중국 국민의 영웅이 되었으며, 귀환 후 7개월 만에 2계급 특진하여 대교(대령과 준장 사이 계급)가 된다. 전 세계로부터도 축하를 받았는데, 2006년 미국의 최초 달착륙 우주인인 암스트롱 상원의원의 초청으로 케네디 우주센터와 유엔본부를 중국 우주인 최초로 방문하게 된다.

이때 재미있는 에피소드가 생기는데, 미국 방문 시 많은 기자들이 우주에서 만리장성을 보았냐고 질문였고, 양리웨이는 솔직하게 못 봤다고 대답한다. 그의 대답으로 "우주에서 유일하게 보이는 인간의 건축물은 만리장성이다"라는 말이 낭설로 밝혀지게 되었다.

선저우 5호의 성공적인 행보로 러시아와 미국 다음으로 유인 우주선을 발사한 세 번째 국가가 된 중국은 이후 우주개발에 더욱 박차를 가한다. 이후 텐궁-1호와 텐궁-2호를 발사하고, 우주정거장에서 얻은 경험을 바탕으로 현재 최종적인 텐궁 우주정거장 건설을 진행 중이다. 중국의 텐궁 우주정거장은 2021년 4월 첫 번째 모듈이 발사를 시작으로 2024년 12월까지 총 4개의 모듈이 발사되어 조립되는데, 완성되면 총길이 약 60m 직경4.2m 무게 약 100톤에 이르게 된다.

우리는 다시 달에 간다

우주과학자가 선택한, 이런 SF영화 어때? : 승리호

김방엽

   봉준호 감독의 <기생충>이 칸을 비롯한 세계의 유수한 영화제에서 최고의 영화상을 수상하고(아카데미에서도 작품상 등 4개 부문에서 수상했다), 드라마 <오징어 게임>이 국내뿐 아니라 해외에서도 넷플릭스 시청률 1위를 기록하며 전 세계에 센세이션을 일으켰다. 비록 한국자본의 영화는 아니지만 영화 <미나리>로 배우 윤여정이 70세가 넘은 나이에 백인 우월주의에 찌든 보수적인 미국 아카데미영화상에서 여우조연상을 움켜쥐는 쾌거를 이루기도 했다. K팝에 이어 K영화, K드라마라는 문화콘텐츠가 세계 시장에 우뚝 섰다고 해도 과언이 아니다.

   이렇게 위상이 높아진 K영화 및 드라마에서 유독 취약한 부분이 바로 SF다. SF라는 장르 특성상 거대한 자본이 들어가야 한다는 이유도 있겠지만, 빈약한 SF 시나리오 등도 원인일 것이다. 일부에서는 한국 관객들이 SF영화를 싫어한다, SF영화에 대한 이해도가 낮다는 이야기도 있었다. 그러나 이 의견은 일반인이 보기에는 너무 어려운 SF영화라는 크리스토퍼 놀란 감독의 <인터스텔라>가 한국에서 공전의 히트를 기록하고, 관객들이 스스로 여러 가지 해석을 내놓고, 재관람 등을 하는 문화현상까지 일으킨 바가 있으니 100% 수용하기는 어려워 보인다.

물론 한국 관객에게 SF라는 장르는 조금 생소하다는 것을 완전히 부인할 수는 없다. 하지만 그렇게 된 원인 중에는 한국에서 만들어진 SF영화가 너무 적어 접할 기회가 없었고, 몇 개 만들어졌던 SF영화는 영화적으로 완성도가 모자라 관객이 외면하게 되었다는 인과관계 또한 성립해 보인다. 한마디로 결국 잘 만든 SF영화가 한국에 없었다는 것이 보다 근본적인 문제이지 않을까 싶다.

✦ 그림2_11. 〈승리호〉 영화 포스터

그러던 와중에 2021년 2월 비단길 영화사가 제작한 조성희 감독의 영화 〈승리호〉를 만날 수 있었다. 정말 오래간만에 만나는 한국의 SF영화라는 점에서 과학자로서 반가웠고, 기대도 됐다. 송중기, 김태리, 진선규, 유해진 등 화려한 배우진에, 240억이라는 제작비, 거기다 우리나라에서는 최초로 제작되는 우주 배경의 스페이스 오페라 장르라니! 어느 정도의 완성도만 따라 준다면 승리호는 우리나라 영화사에 기억될만한 작품이 될 수도 있겠다는 생각이 들었다.

간단한 줄거리를 살펴보면, 영화의 배경은 서기 2092년. 지구는 대기와 토양이 심하게 오염되어 사람이 살아가기 힘든 황폐한 곳이 되어버렸다. 그리고 무엇을 기준으로 한 서열인지는 정확하게 모르겠으나 암튼 상위 5%의 인간들만이 거주할 수 있는 인공의 우주거주시설, UTSUtopia above the Sky가 지구 주위를 돌고 있다.

이 상황에서 인간이 살기 힘든 사막화된 지구 표면에 거주하는 사람들에게 UTS에 거주할 수 있는 권리, 즉 시민권은 삶의 궁극적인 목표가 되어버렸고, 이는 우주쓰레기를 주워 근근이 살아가는 승리호의 선원들에게도 마찬가지다. 승리호의 선원들은 다른 우주쓰레기 청소부들과 마찬가지로 매일 우주공간을 누비며 수명이 다한 우주선이나 고철 덩어리 등 돈이 될 만한 폐품들을 찾아다니며, 우주쓰레기를 수거해서 벌어들이는 수입을 모아 언젠가는 UTS에 거주하기를 꿈꾼다.

여기에 주인공들의 상대 빌런으로 겉으로는 온화한 학자의 모습을 한 지도자 설리반이 등장한다. 그는 황폐한 지구를 떠나 화성으로 이주해서 제2의 지구를 만들자고 주장하지만, 그의 속마음은 지구에 거주하는 인간들을 향한 거대한 복수이다. 지구를 회복 불능의 상태로 만들어 수많은 지구인을 죽게 만든 다음, 자신을 추종하는 몇몇 사람만을 데리고 화성으로 가서 새로운 세상을 만드는 것이 이 악당의 속셈이다.

그러나 이 악당의 계획을 무산시킬 치트키가 존재했으니 바로 악당의 계획

을 무력화할 수 있는 강력한 능력을 가진 어느 한국계 과학자의 어린 딸, 꽃님
이다. 당연히 악당의 부하들은 꽃님이를 찾아서 제거하려 하지만 꽃님이의 아
이다운 매력에 폭 빠진 승리호 대원들은 다른 쓰레기 청소부들과의 합동 작전
으로 위험에 빠진 꽃님이를 구하고 지구를 망하게 하려는 설리반의 음모를 분
쇄하며 영화는 끝난다.

어찌 보면 단순한 스토리고, 이전의 SF영화에서 많이 본 듯한 이야기다. 하
지만 승리호는 여러 단점에도 불구하고 꽤 볼 만한 영화라는 것이 개인적인 의
견이다. SF영화중에서도 스페이스 오페라 장르는 제작비 규모가 큰 것으로 유
명한데, 그런 면에서 이 장르를 할리우드와는 비교도 안 되는 제작비로 한국 최
초로 도전하고, 제한된 제작비 내에서 감독은 영리하게 한국적 SF를 완성시켰
다. 볼거리 측면에서도 그렇고 스토리나 연출 면에서도 자칫 신파로 흐르기 직
전 멈추는 재간을 감독은 보여주는데, 이는 감독이 오리지널 시나리오로 작업
을 했기에 가능한 결과가 아니었을까 싶다. 한마디로 승리호는 제작비 등 여러
가지가 제한된 상황에서 최선을 다해 뽑아낸 성공적인 한국의 스페이스 오페
라 영화라고 봐도 무방할 것 같다.

이런 영화 전반적인 완성도와는 별개로 인공위성 개발과 우주과학 분야의
연구자로 일하는 저로서도 몇 가지 흥미로운 부분이 있다. 먼저 우주를 무대로
하여 상상할 수 있는 여러 가지 미래의 일거리 중에서도 영화 주인공의 직업이
'쓰레기 청소부'라는 점이 재미있다. 일반인이라면 정말 우주의 쓰레기들이 청
소부가 필요한 정도라는 설정이 현실적인가 하는 의문을 가질 수도 있을 텐데,
실제로 우주쓰레기 문제를 해결하지 못하면 머지않은 미래의 지구 주변은 영
화 속 모습처럼 변할지도 모른다. 현재 지구 주변의 우주공간은 이미 수명이 다

한 인공위성과 우주발사체의 잔해로 뒤덮여 가고 있기 때문이다.

우주라는 공간에서 일어나는 일이기에 눈에 보이지 않으므로 실감하기 어렵지만 우주과학 분야의 과학자로서는 우려할 수밖에 없는 상황이 우주 밖에서 실시간으로 펼쳐지고 있는데, 현재 국제우주정거장에서는 초스피드로 날아오는 우주물체를 피하기 위해 일 년에 두세 차례 예정에 없던 궤도조정을 해야 하고 승무원들은 소유즈 우주선을 사용하는 비상탈출 훈련을 정기적으로 실시하고 있을 정도다. 유인우주선은 물론이고 모든 인공위성을 발사할 때 충돌확률 분석Conjunction Analysis 과정이 필수 절차가 된지도 오래다. 세계 열강들 사이에 벌어지는 세력 다툼 과정에서 때때로 발생하는 우주물체 요격실험으로 인한 잔해물 피해도 있는데, 이 모든 것의 피해가 고스란히 애꿎은 우주개발 후발주자들에게 돌아가고 있다. 이대로 가다가는 수백 개의 인공위성들이 촘촘히 원형의 띠를 이루어 운영 중인 지구정지궤도Geostationary Earth Orbit, GEO에서는 단 한 번의 위성간 충돌이 전체 GEO를 쓰레기 하치장으로 만들어 버릴 수도 있다. 이른바 케슬러 신드롬Kessler Syndrome*이 현실이 되는 것이다. 승리호는 쓰레기 청소부라는 직업과 우주 쓰레기 수거 장면 등을 통해 이러한 문제점들을 간접적으로 보여주었다.

반대로 과학자로서 본 승리호는 다른 가능성에 대해서도 생각을 하게 만들었다. 바로 미래에는 쓰레기도 고급 자원이고, 쓰레기 수거 기술도 하이테크 사

---

* 1978년 NASA 소속의 과학자 도널드 케슬러(Donald Kessler)가 주장한 이론으로, 지구궤도를 도는 인공위성들이 충돌을 반복해 그로 발생되는 잔해들이 지구를 감싸게 되어 문제가 생길 것이라는 주장이다. 이 주장이 현실로 이뤄진다면 인공위성 등을 우주로 쏘아올리는 것이 불가능해질 뿐 아니라, 기존의 인공위성들이 파손되어 인공위성을 이용하는 기술들(GPS나 기상관측 등)이 사용 불가능해진다.

업이 될 수 있다는 점이다. 만약 미래에 정말로 지구의 금속 자원들이 고갈된다면 영화에서처럼 지구 근처에서 돌아다니는 수명이 만료된 우주선이나 부품들은 재활용 자원으로 활용될 가능성을 가지고 있다. 물론 수거 비용도 많이 들고 성분별 분류와 오염 물질 제거과정에도 적잖은 비용이 들겠지만, 이로 인해 먼 미래에는 영화 속 쓰레기 청소부 외에도 재활용과 관련된 기술의 발달과 더불어 그와 관련된 직업군이 생길 법하다.

생각을 좀 더 확장해보면 인공 우주물체뿐 아니라 멀리 화성 너머 태양계 내부나 카이퍼 벨트Kuiper belt, 외계에서 날아오는 소행성과 혜성도 포획할 수 있는 기술만 있다면 훌륭한 자원이 될 수 있을 것이다. 우주공간 곳곳에서 날아오는 초고속의 물체를 잡으려면 우주추진 기관은 물론이고 궤도조정과 자세제어 알고리즘, 각종 센서와 추력기actuator 개발, 우주인터넷 통신과 초고속 자료검색 처리기술, 컴퓨터와 로봇제어 소프트웨어 등, 우리가 상상할 수 있는 모든 공학기술이 총망라된 결집체가 필요하겠지만 말이다. 그렇게 된다면 우주 쓰레기 처리용 '승리호'를 조종할 수 있는 사람들 역시 우주 하이테크 기술을 보유한 기술 집단이어야 할 것이며, 영화 속 쓰레기 청소부들의 위상 역시 달라져야 될 것이다.

끝으로, 환경오염 문제를 언급하지 않을 수 없다. 영화 승리호에서 보여 준 모든 문제의 시작점은 환경오염으로 인해 도저히 사람이 살 수 없게 된 지구이니까. 사실 환경오염에 대한 문제는 어제 오늘의 일이 아니며, 그 위험성에 대해서는 대부분의 과학자들이 경고하고 있다. 많은 나라들이 이에 대해 고민하고, 권위 있는 다수의 단체들이 노력도 하고 있지만 지구의 환경은 점점 나빠지기만 할 뿐 나아질 기미는 보이지 않는다. 그렇다면 환경오염에 대한 해결책은 전혀 없는 것일까? 어쩌면 환경오염의 해결은 한 사람으로부터 시작되고, 그 한 사람이 바로 '나'일수도 있지 않을까. 영화 승리호를 보면 꽃님이의 몸에 있는 '나노봇'들이 지구의 공해 문제를 해결할 중요한 '키'가 된다. 황폐화된 지구를 회생시킬 단초가 꽃님이라는 단 하나의 존재로부터 나온다는 상징적 의미이다. 만약, 영화 속에서는 한 사람 뿐인 꽃님이가 현실에서는 여럿이 등장할 수 있다면 어떨까. 적어도 인간이 밉다고 지구 전체를 망가뜨리려는 설리반보다는 나 하나라도 환경오염 물질을 줄여보려는 꽃님이가 되는 것이야말로 환경오염의 유일한 해결책일지도 모른다. 지구인 한사람, 한사람이 모두 꽃님이의 마음이 된다면, 어쩌면 영화 <승리호>에서 예측했던, 지구의 암울한 미래는 그야말로 허무맹랑한 상상으로만 끝나게 될 것이다.

CHAPTER 03
다시 달을 향하여

강대국들은 왜 우주를 탐내는가?

· ·

우리나라에는 세계 각국의 우주개발과 연구, 그 성과 등에 관한 뉴스
가 잘 전해지지 않는 편이다. 국민들의 우주에 대한 관심 역시 그리 뜨겁
다고 볼 수 없기 때문이다. 그러나 우리나라가 우주개발 측면에서 거북이
걸음을 하고 있는 동안에도 강대국들의 우주개발은 지속되고 있었으며,
치열한 경쟁 속에서 무서운 속도로 발전하고 있었다. 이미 오래전부터 보
이지 않는 또 다른 전쟁이라고 해도 과언이 아닐 정도로 강대국들의 각축
장이었으며, 오늘날에는 중국, 인도 등 신흥 경제 대국들까지 우주개발에
전력을 다하고 있어 물밑 다툼과 경쟁이 상상을 초월한다. 그렇다면 여기
서 질문이 생긴다. 대체 강대국들은 왜 그렇게 열성적으로 우주를 탐내는
것일까? 이 질문에 대한 답을 알면 앞으로 우리나라가 나아갈 방향 또한
보다 선명하게 보일 것이다.

처음 강대국들이 우주에 관심을 둔 것은 우주과학 연구와 탐사의 비중
이 컸다. 냉전시대의 체제 갈등과 정치적 이유 등으로 경쟁이 부추겨지긴
했지만, 국가 간의 자존심 대결에서도 큰 목적은 연구와 탐사에 있었다.
때문에 우주개발의 성과는 주로 지구저궤도(고도 1,000km 이하)에서의 지

우리는 다시 달에 간다

구 관측과 정찰, 정지궤도(고도 36,000km) 통신 중계로만 활용됐다. 그러나 최근 들어 판세가 바뀌었다. 우주개발의 목적은 더는 과학적 탐구심과 연구에 그치지 않고 우주 자원 개발, 새로운 국가 안보의 무대, 저궤도 군집위성 통신 등 우주비즈니스의 대두, 미래의 새로운 핵심기술 개발 등의 이슈를 끊임없이 만들어내며 현실적인 문제인 우주 산업 확대와 공공 우주 서비스 강화를 통한 우주 경제 발전, 우주를 활용한 국가 안보 강화, 미래 우주 자원 등을 확보하고 선점하는 문제로 발전했다.

지구저궤도가 초고속 통신과 인터넷 서비스의 핵심적인 요충지가 되고, 달이 고부가가치를 창출하는 생산 공장이 될 것이며, 자원을 채굴하고 에너지를 생산하는 새로운 개척지 역시 달과 다른 행성이 된다는 말이다. 21세기에는 우주로 진출하여 선점하지 않고서는 선진국과 강대국이 될 수 없다는 말과 다름없으니, 강대국이 우주를 탐내는 것은 당연한 일이다. 앞으로 우주는 단순한 과학 연구의 대상에 그치지 않고 직접 돈을 버는 비즈니스의 무대가 될 것이다.

2003년 미국의 국방부 장관 럼스펠드Donald Rumsfeld가 쓴 「럼스펠드 보고서」를 보자. 보고서는 앞으로 우주가 땅, 바다, 하늘에 이어 제4의 전장이 될 것이며, 미국은 압도적인 우주 능력을 갖추어야 한다고 주장하고 있다. 심지어 다른 나라의 우주 진출을 가급적 억제해야 한다는 표현도 들어 있다. 비즈니스뿐 아니라 안보 측면에서도 우주 활용 능력이 국가 경쟁력과 생존에 필수불가결한 핵심 능력으로 떠오르고 있음을 보여주는 확실한 예이다.

보다 구체적으로 들어가 보자. 현존하는 지구의 가장 커다란 문제 중 하나인 자원 고갈을 해결하는 방안으로 우주에서의 에너지 생산이 떠오르고 있다. 아직은 우주 왕복 비용이 너무 커서 경제성이 없지만, 향후 50년 내에는 경제성을 확보할 수 있는 우주자원 채굴과 에너지 생산 아이템들이 만들어질 것으로 전망된다. 우주태양광 발전소의 경우 그 무게가 대략 2,000톤 정도인데 현재의 발사 비용에서 1/10로 절감하게 된다면 발전단가가 원자력 발전과 비슷해지게 된다. 다행히 재사용발사체와 함께 스페이스X사의 스타쉽Starship과 같은 탑재무게 100톤 규모의 초대형 발사체가 등장해 발사비용이 빠르게 저렴해지고 있어 우주태양광 발전은 10~20년 후의 가까운 미래에 실용화될 것으로 예상된다.

한편 달의 표토legolith에는 수십억 년 전부터 태양에서 날아온 헬륨-3가 다량 존재하는데, 헬륨-3는 달의 자원 중 미래에 가장 경제성이 있는 자원으로 기대를 모으고 있다. 헬륨-3를 바닷물에 풍부한 중수소와 핵융합 시키면 방사능 걱정 없이 막대한 에너지를 효율적으로 얻을 수 있다. 1g의 헬륨-3가 석탄 40톤에 해당하는 에너지를 낼 수 있으니 그 가치는 석유의 1,400만 배에 달한다. 지금까지의 데이터 분석 결과 달에는 헬륨-3가 100만 톤 넘게 매장되어 있다고 추정되는데, 헬륨-3 100톤이면 전 세계가 1년 사용할 전기를 발전할 수 있다. 40톤이면 미국의 1년 소요 전기를 생산할 수 있으며, 한국은 불과 6톤의 헬륨-3로 1년간 필요한 전기를 발전할 수 있으니, 달이야말로 인류의 에너지 고갈을 해결해 줄 열쇠라 봐도 무방하다. 핵융합의 경우 그리 멀지 않은 2050년경 실용화 될 것으로 예상되는 만큼 앞으로 달에 존재하는 헬륨-3의 가치는 더욱 높아지고, 이를 확보하기 위한 쟁탈전은 국가의 사활을 거는 목표가 되리라 내다본다.

우주개발이 중요한 것은 비단 자원의 문제뿐만이 아니다. 우주 자체가 새로운 자원이 되어 우주를 기반으로 하는 여러 가지 신산업을 창출해 내고 있다. 우주시장은 그 규모가 생각보다 크고, 견고한 성장세를 유지하고 있는데, 2021년 전 세계 우주시장 규모는 4,470억 달러로 반도체 시장과 거의 같은 규모였다. 우주시장의 성장세는 여기에 그치지 않고 2030년대에는 6,300억 달러, 2040년에는 최소한 1조 달러에 이를 것으로 예상된다.

전문가들은 이 중 40%가 우주 인터넷과 휴대폰 통신 중계 등 저궤도 통신 중계 서비스 산업일 것으로 예측한다. 스페이스X의 일론 머스크Elon Musk 회장이 1만 2천 기의 소형위성을 지구저궤도(고도 1,000km 이하)에 위치시키는 스타링크Starlink 사업을 야심차게 추진하여 이미 4,000여 기의 위성이 저궤도에서 시험운용 중에 있는 것은 널리 알려진 사실이다. 위성 간 레이저 통신 네트워크를 구성하여 전 세계 어디에서도 통신 중계가 효율적으로 이루어지도록 하고 있다. 일론 머스크뿐만이 아니다. 영국의 원 웹One Web사 역시 650개의 저궤도 위성으로 통신 중계 서비스 사업을 진행하기 위해 이미 600여 기의 위성을 발사하여 시험운용 중이다.

놀라운 것은 스타링크가 현재 진행 중인 우크라이나 전쟁에서도 활용되고 있다는 점이다. 드론이 적의 위치를 파악하면 스타링크를 이용하여 HiMAS 이동식 다연장 미사일 발사대로 좌표를 전달하여 목표물을 타격하는 방식이다. 앞으로 우주를 활용한 저궤도 통신 중계 서비스 산업이 산업 경쟁력은 물론 국가안보 강화에 핵심적인 분야가 될 것을 예상할 수 있다.

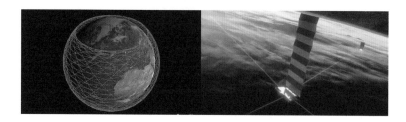

✦ 그림 3_1. 12,000기의 소형위성과 위성간 레이저 통신을 이용한
글로벌 인터넷통신 네트워크 Starlink

이뿐만이 아니다. 우주는 생각지도 못한 기회를 우리에게 제공해줄수 있는데, 그중 하나가 우주의 마이크로중력 환경이다. 지구의 중력은 우리에게 익숙한 환경이지만 여러 가지 제약 또한 제공하는데, 비중 차이로 완벽하게 혼합재료(합금 등)가 생산되지 못하게 하며, 결정이 성장하다가 부서지는 경우가 많고, 화학반응에도 한계가 있으며 줄기세포가 제대로 성장하지 못한다. 그러나 우주공간에서는 다르다. 우주공간에 나가면 중력의 족쇄가 풀려 다양한 우주제품 생산이 가능해진다. 예를 들어 우주공간에서 빠르게 성장하는 줄기세포를 이용하여 장기를 배양하거나, 3D 바이오프린터로 본인의 장기를 만들어 이식할 수 있는 가능성을 우주가 품고 있는 것이다. 이 연구가 성공하는 날, 수많은 환자들의 생명을 살리는 인도적 측면과 새로운 고부가가치로서 게임 체인저game changer가 되는 우주제품생산이라는 산업적 측면에서 모두 획기적인 사건이 될 것이 분명하다.

이외에도 우주공간은 지구와 다른 물리적 현상으로 무게의 차이가 의미가 없어지게 되어, 지상에서는 밀도 차이가 커서 도저히 혼합(합금)이 불가능했던 재료와 반도체를 새롭게 만들어낼 수가 있으며, 화학반응도

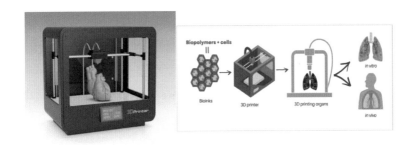

✦ 그림 3_2. 우주 마이크로중력 환경에서
3D 바이오프린팅을 이용한 인간 장기 생산과 이식

중력의 제약 없이 이루어져 새로운 난치병 치료제 제조도 가능해질 것으로 보고 있다. 또한, 우주공간은 지구상에서 구현할 수 없는 초진공 청정 환경이며 영하 120°C의 초저온 환경으로 이곳에서 배출되는 공해물질은 자연 분해되기에 생산기지를 우주로 옮긴다면 지구를 공해로부터 벗어나게 할 수도 있다. 한편, 많은 열을 발생시키는 양자컴퓨터와 초대용량 클라우드 메모리의 이상적인 설치 장소 역시 초저온의 우주가 될 수 있다. 클라우드 스테이션을 우주에 설치하게 된다면 냉각비를 획기적으로 줄일 수 있어 비용절감의 효과가 클 것으로 예상된다.

지금 언급한 몇 가지만으로도 우주공간은 미래 과학, 산업, 국방, 안보 및 새로운 비즈니스의 무대가 될 것이라는 것을 다시금 확인할 수 있다. 이를 재빨리 간파한 스페이스X사의 일론 머스크, 블루오리진Blue Origin 사의 제프 베조스Jeff Bezos와 액시엄스페이스Axiom Space사의 캄 가파리안 Kam Ghaffarian 등의 기업가들은 천문학적 규모의 자원을 우주에 투자하며 '우주 기업가'들로 자리매김하고 있다. 이러한 현상은 금보다 비싼 향신료를 찾아 동양으로 떠난 중세의 '대항해 시대'를 떠올리게 한다. 국가로서도 우주개발의 선도국가가 미래의 강대국 자리를 차지하고 지킬 것이다. 이런 상황에서 강대국들이 어찌 우주를 탐내지 않을 수 있을까.

우리나라 역시 서둘러 우주시대의 강대국을 꿈꿔야 한다. 조금 늦은 것은 사실이기에 우주기술개발과 우주산업 발전을 위하여 해외 선진국의 성공사례를 벤치마킹할 필요가 있다. 정부는 장기적으로 우주개발에 필요한 핵심기술을 개발하고, 기존에 개발된 우주기술을 정부가 독점하는 것이 아니라 국내 우주 관련 벤처 사업체에 적극적으로 이전해야 한다. 국가사업으로 초기 마중물을 제공하는 동시에 규제를 완화하고 지속적으로 지원하여 우주개발과 산업의 생태계를 조성하는 시스템의 구축도 필요하다. 인재 양성도 급선무인데 우주기술 개발과 우주시스템 개발을 산학연 경연대회 등을 통해 진행하는 등 대학교의 참여를 활성화시켜 우주 인력양성과 도전적이고 참신한 민간에서의 아이디어를 이끌 방법도 찾아야한다. 한마디로 한국형 우주개발 선순환 생태계 조성이 급선무다.

그리고 마지막으로 우주영역과, 우주개발에 대한 한발 더 나아간 생각과 가치 정립도 필요하지 않을까도 생각해 본다. 우주라는 공간이 가진 어마어마한 가치만큼이나 이미 지구 궤도에는 엄청나게 많은 인공위성들이 운행 중인데, 국가 안보나 산업적인 측면에서 그 수는 점점 증가할 수밖에 없고 그렇게 되면 나중에는 적당한 위치의 필요한 우주공간을 확보하기가 어려워질 수 있다. 특히 지구 주변의 우주공간이 그러할 텐데 어쩌면 머지않은 미래에는 우주공간 영역의 문제가 대두되고 그에 따른 다툼이 일어날 것으로 보인다.

이에 대한 대비책 역시 국가적 차원에서 대비해 두고, 우주영역 문제가 시작되기 전에 미리 보다 많은 인공위성을 띄우기 위한 산업적 역량을 강화하고 우주공간을 선점하려는 노력을 하는 것이 어떨까. 그와 동시에 우주 환경에 대한 고민도 필요할 것이다. 각국이 자국의 이익만을 위해 너무 무분별하게 위성 등을 쏘아올린다면 지구 주변의 우주 역시 지구처럼 환경오염의 문제를 안게 될 것이 분명하기 때문이다. 우주 환경에 대한 각국의 고심과 협조가 이루어져야 하며, 이때 우리나라가 선진국과 강대국들에게 끌려가지 않고 리더십을 발휘할 방법에 대해서도 깊게 고심할 필요가 있다.

우주개발을 하면서 탄생한 보석들 –
우주개발 중 탄생한 Spin-Off 기술들

"어떤 일을 하세요?"

"저는 우주 탐사에 관한 연구하고 있어요."

"우주요? 근데 그거 왜 하는 거죠?"

우주 및 우주개발에 관련한 연구를 하는 과학자라면 살면서 몇 번쯤 위와 같은 대화를 나누게 된다. 일반인들은 우주를 연구하고 탐사한다는 것에 대하여 이해하기보다는 의문을 더 많이 품고 있어 생기는 일이라고 파악하고 있다.

이해 불가능한 것은 아니다. 바쁜 일상을 살아가고 있는 현대인들에게 우주라는 공간은 판타지 영화나 SF영화 같은 상상의 영역 속에 속할 것이고, 그렇다면 우주개발 연구란 자신의 삶에 전혀 도움되지 않는 것들을 연구하는 것이라고 생각할 수 있다. 1969년 닐 암스트롱이 왜 우주에 갔으며, 가서 무엇을 했고 그것이 어떤 의미가 있는 것인지가 인류의 역사와 과학발전에는 큰 사건일지 몰라도, 정작 '나 자신'에게는 직접 관련 없는 일이라고 느끼는 것도 인지상정일 것이다.

실제로 미국 국민들 사이에서도 아폴로 프로젝트에 천문학적 예산을 투입하며 우주개발을 꼭 해야 하는지에 대한 많은 의문이 있었다. 일부 사람들은 차라리 그 돈으로 개인의 복지와 빈곤층에 대한 예산을 늘리는 것이 더 낫다고 생각했다. 심지어 아직까지도 우주개발에 부정적인 의견과 음모론이 더해져 닐 암스트롱이 진짜 달에 가지 않았고 스튜디오에서 촬영한 것이라는 이야기를 믿는 사람들도 일부 있을 정도다.

하지만, 막대한 예산이 투입되는 우주개발 연구가 정말 우리의 실생활과 전혀 무관할까?

1960~70년대 아폴로 달탐사 프로젝트는 현재 가치로 약 2,570억 달러가 투자되었지만 무려 7배에 달하는 경제적 이익을 얻었다고 알려졌다. 이 이익의 상당한 부분은 우주기술에서 파생된 기술spin-off technology에서 나온 것이다. 참고로 여기서 스핀오프란, 우주를 연구하면서 파생된 기술이 지상의 국민과 산업에 사용되는 것을 의미한다.

아폴로 프로젝트에서 대표적인 스핀오프 기술 중 하나는 우주복에서 파생된 기술인 난연성 소재 기술이다. 아폴로 계획 초기인 1967년 1월 27일 아폴로 1호에 탑승할 3명의 우주인이 모의 발사 훈련과정에서 발생한 화재로 희생되었다. 이에 NASA는 민간 산업체와 협력하여 보다 가볍고 유연하며 난연성이 우수한 재료를 우주복에 사용했다. 이는 우주인의 활동성을 향상시킬 뿐만 아니라 화재로부터 우주인을 보호하기 위한 장비로써, 이러한 기술 개발은 현재 소방복에 적용되거나 모터스포츠 운전복 등으로 활용되고 있다. 우주복을 개발하는 데 적용된 대표적인 섬유는 테프론teflon 코팅 제품으로써 1938년 듀퐁Dupont이 발명한 테프론을 우주복, 방열판 등에 사용했다. 그 결과 현재 테프론은 우리의 실생활에서 주방도구, 건축자재, 아웃도어 의류, 아웃도어용품 등으로 다양하게 활용되고 있다.

아폴로 프로젝트로부터 파생된 다른 기술로는 정수 기술이 있다. 아폴로 프로젝트는 사람이 우주로 나아가 달까지 가는 최초의 임무였기 때문에, 우주선 내에서 달까지 가는 동안 음식과 물을 섭취할 방법을 찾아야 했다. 이를 위해 개발된 것이 바로 정수 기술이다. 아폴로 이전에는 염소를 이용한 소독 방식이 대부분이었으나 이는 우주의 햇빛이나 열에 의해 살균력이 저하되는 문제가 있었다. 이에 NASA는 '은(Ag)'을 이용한 정수 기술을 통해 물속의 바이러스, 박테리아 등 미생물을 제거하는 기술을 개발하였다. 그리고 그 기술이 현재 수영장, 스파, 분수 등의 물을 정화하거나 각종 산업용 물을 정화하는 데 사용되고 있다.

음식 섭취를 위한 기술 역시 아폴로 프로젝트로부터 파생된 스핀오프 기술이다. 우주선에는 냉동/냉장 보관이 어렵기 때문에 식품의 관리 및 보관이 어렵다. 이에 NASA는 장기간 상온 보관이 가능하고 영양 및 맛을 보존할 수 있는 음식을 개발했다. 이를 동결 건조 식품(진공 포장 음식)이라고 한다. 음식을 조리한 후 급속 냉동한 뒤 진공 용기에서 천천히 가열하여 수분을 제거하게 된다. 최종 제품은 영양분의 98%를 유지하며 무게는 1/5로 줄게 된다. 이러한 음식을 개발하는 동안 식품의 안전성을 시험하기 위한 일련의 식품 안전 표준을 개발하였으며, 이것이 오늘날 식품 안전 산업 표준이 되었다. 현재는 동결 건조 식품을 마트나 편의점에서도 어렵지 않게 찾아볼 수 있으며, 전투식량 등과 같이 장기간 보관이 필요한 상황에서도 쓰이고 있다. 당연하지만, 국제우주정거장에서도 활용되고 있다.

또한 우주공간은 무중력 환경이므로 물이 방울로 공중에 떠다니기 때문에 주전자로 물을 끓이거나 뜨거운 물로 음식을 덥히는 것이 불가능하다. 따라서 우주에서 동결건조 식품을 먹기 위해서 마이크로파를 이용한 오븐을 개발하였는데, 이로써 물에 적신 건조식품을 덥혀 먹을 수 있게 되었다. 이 장비가 오늘날 가정에서 매일 사용되는 전자오븐이다. 이렇듯 50년 전 아폴로 프로그램은 우리의 식생활에도 크게 영향을 미친 것이다.

아폴로 프로그램 기술이 민간과 산업용으로 스핀오프된 대표적 기술 사례는 아래와 같다.

아폴로 프로그램 기술	민간/산업용으로 스핀오프된 기술
동결건조 식품	민간용 동결건조 식품과 진공 포장기술은 안전하게 식품의 영양가를 장기 보존을 가능하게 함. 영양분은 98%를 유지하고 무게는 1/5로 줄어듦.
달탐사용 냉각 우주복	경주용 자동차 운전자, 원자로 기술자, 조선소 노동자들이 착용, 이외에도 스스로 체온조절 기능이 약한 환자들이 사용.
우주 임무를 위한 유체 재활용	유체에서 독성을 제거하는 NASA 개발 화학 공정을 이용하여 물과 전기 및 지속적인 공급이 필요 없는 고성능 신장 투석기를 개발하여 환자들에게 더 큰 행동의 자유를 제공함.
금속결합 폴리우레탄 폼 단열재	아폴로 우주선용 금속결합 폴리우레탄 폼 단열재를 이용하여 알래스카의 기름 파이프라인의 온도를 높게 유지하는 데 사용. 파이프라인 속의 기름은 유동성을 좋게 하기 위해 알래스카의 추운 기온에도 불구하고 온도를 80℃ 정도로 유지해야 하는데 아폴로 우주선의 단열재 기술로 문제 해결.
우주복 섬유 재료	아폴로 우주복에 사용된 섬유 재료는 친환경 건축 자재로 전 세계에서 널리 사용됨. 테프론 코팅 유리섬유는 건물의 옥상의 영구적인 천막재료로 사용. 내구성이 강하고 흰색을 띠어 자연광을 반사하므로 상당한 양의 에너지를 절감함.
신체 모니터링 장비	우주비행사를 위해 개발된 심혈관 모니터링 기술은 민간의 운동요법, 스포츠 팀의 운동능력 강화, 재활의료 분야에 쓰임.
방염 직물 소재	발사대의 아폴로 1호 화재 사고로 세 명의 우주비행사가 사망한 후 NASA는 민간 기업과 내화성 직물을 개발하여 우주복과 우주차량에 사용하였으며, 현재 이 직물제료는 수많은 소방 재료로 사용되며, 군사, 모터 스포츠 및 기타 다양한 용도로 사용됨.
생명 유지 시스템의 정수 필터	아폴로에 사용된 정수 기술은 지역 사회 급수 시스템 및 냉각에서 박테리아, 바이러스 및 조류를 제거하는 데 사용되며, 수도꼭지에 장착된 필터는 독성이 있는 납을 제거함.

✦ 표3_1. 아폴로 달탐사 프로그램 기술을 스핀 오프하여 민간에서 활용한 사례

간단하게 아폴로 프로젝트에서 탄생한 스핀오프 기술들에 대해 언급했지만, 이후에도 우주 개발은 다방면에서 지속됐고 그에 따른 스핀오프 기술들도 계속 개발되었다. 대표적으로 IT 시대인 현대 우리에게 매우 중요한 우주 스핀오프 기술 중 하나가 바로 CMOSComplementary Metal-Oxide Semiconductor를 이용한 센서이다. 이 센서 기술은 1993년 개발되었으며 현재에 이르러 핸드폰 카메라 기술에 적용되고 있다. CMOS 센서 기술은 NASA의 엔지니어인 에릭 포섬Eric Fossum에 의해 개발되었으며, 이를 통해 매우 작지만 고화질의 카메라를 만들 수 있게 되었다. 우주의 용품들은 무게나 크기가 매우 중요하다. 카메라의 크기가 커지면 우주에서 사용하기 어렵고, 무게가 무거울수록 우주개발 비용이 증가하기 때문이다. NASA 자료에 따르면 1970년부터 2000년까지 평균적으로 1kg을 우주로 올리는 데 약 6,000만 원의 비용이 소모되었다고 하니 무게의 크기와 무게를 줄이는 것이 얼마나 중요한 개발 요소인지 짐작할 수 있다. 결국 CMOS 센서 기술은 우주개발 비용을 줄였고, 실생활에서는 디지털 카메라의 표준이 되었으며, 핸드폰 이외에도 초소형 액션카메라 고프로 GoPro 등에 활용되고 있다.

최근에도 NASA의 우주기술은 민간으로 활발하게 스핀오프 되어 우리 일상생활에서도 많이 사용되고 있는데 다음은 그 대표적인 사례이다.

* 적외선 귀 체온계

코로나 판데믹 시기에 많이 사용된 체온계로, 항성과 행성이 방출하는 적외선으로 온도를 측정하는 기술을 사용하여 비접촉식으로 귀가 방출하는 열로 체온을 측정한다.

* 라식

우주선 도킹에 사용되는 레이저 레이다LIDAR 기술을 활용하여 안과의사가 시술을 집도할 때 초당 4,000회의 속도로 눈의 움직임을 감지하는 데 사용한다.

* 인공와우

NASA의 전자 계측 담당 엔지니어 아담 키시아Adam Kissiah는 우주신호처리 기술을 활용하여 인공 달팽이관을 개발하여 보청기로도 들을 수 없는 고도 청각 장애인에게 이식하여 들을 수 있도록 하였으며, 1977년 특허를 취득하였다.

* 인공수족

우주 선외활동에 사용되는 로봇 기술과 충격 흡수 기술, 소재 기술은 산업체에서 인공수족을 제작하는 데 사용되고 있었으며, 최근에는 더욱 발전된 우주 로봇용 감지 기능과 구동 장치를 이용한 인공근육 기술을 적용하고 있다.

* 발광 다이오드를 이용한 의료 요법

NASA는 우주에서 식물재배를 위해 개발한 발광 다이오드를 기존의 치료법이 잘 듣지 않는 종양 치료에 사용 중이며 미국 식품의약국FDA의 승인을 받았다.

* 긁힘 방지 렌즈

NASA 우주복의 태양광 차단 선바이저에 사용되는 긁힘 방지 기술을 사용하여 긁힘 방지 선글라스 렌즈를 개발하였다.

* 우주 담요

초기 우주프로그램 중 개발된 우주 담요는 가볍고 적외선을 반사하여 체온을 유지시켜 주는데 종종 응급처치 상황에서 사용한다.

* 3D 식품 프린팅

NASA의 소규모 비즈니스 혁신 연구SBIR 프로그램을 지원받은 비헥스BeeHex 사는 피자, 디저트 등을 제조하는 3D 프린팅 시스템을 개발하였다.

* 고성능 래디얼 타이어

1970년대 화성착륙선에 사용된 고장력 낙하산 섬유 소재를 사용하여 굿이어 Goodyear사는 기존 래디얼 타이어보다 주행거리가 16,000km 더 긴 래디얼 타이어를 개발하였다.

* 지뢰 제거

티오콜Thiokol사는 NASA 마셜 연구소와 협력하여 사용하고 남은 고체로켓 연료를 이용하여 야외에 묻혀 있는 지뢰를 제거하는 기술을 개발하였다. 고체연료는 전기신호로 점화되어 화염을 형성한 후 지뢰 케이스의 구멍으로 화염이 침투하면 폭약을 폭발시키지 않고 연소시켜 지뢰를 무력화시킨다.

* 메모리 폼

템퍼Tempur 폼은 NASA 에임즈 연구소가 항공기의 추락시 충격흡수용으로 개발한 패딩으로 메모리 폼memory form이라고도 불린다. 매트리스, 베게, 군/민수용 항공기, 자동차와 오토바이, 스포츠 안전 장비, 놀이기구, 말안장, 화살과 녁, 가구, 인간과 동물 의수족에 광범위하게 사용된다.

* 농축 이유식

상업적인 유아용 조제분유에는 우주여행 시 NASA가 연구한 빵 곰팡이에서 발견한 영양 강화 성분이 있다. 오메가-3와 오메가-6 지방산인데, 주로 미세조류에서 추출하며 미국과 여러 국가에서 유아용 조제분유 90%에 함유되어 있다.

* 공기 정화기

NASA 마샬 연구소는 우주에서 식물을 키울 때 주위에 축적되는 에틸렌을 제거하는 방법을 찾았는데 빛에 의한 산화가 그 방법이다. 자외선이 산화 티타늄에 닿으면 자유 전자가 발생하는데, 산소와 습기를 전하를 띤 입자로 바꾸고, 공기 중 공해물질을 산화시켜 이산화탄소와 물로 바꾼다. 이 공기 정화기는 공기 중 유기 물질을 제거하고 박테리아, 곰팡이와 바이러스를 무력화 시킬 수 있다. 이 공기 정화기는 미국 30개 메이저 리그 야구단이 사용하는 공기, 장비 표면과 옷을 정화시키는 데 사용하고 있다.

아르테미스 유인 달탐사 이전의 시도 I : 컨스텔레이션 계획

아폴로 프로그램 이후 경제적, 정치적인 이유 등으로 주춤했던 달탐사 및 우주개발은 1980년대 들어서면서 세계 경제가 회복되고, 1991년 구소련 체제의 붕괴로 냉전이 종식됨으로써 정치적으로도 안정됨에 따라 다시 꿈틀거리기 시작한다. 그리고 다른 분야에서와 마찬가지로 우주개발에서도 언제나 주도권을 갖고 싶어 하는 미국 정부가 2000년대 들어서며 다시 유인 달탐사를 계획하면서 본격적으로 불이 붙는다.

이때 계획된 유인 달탐사 프로그램은 컨스텔레이션 계획Constellation Program이다. 조지 W. 부시 대통령 시기인 2004년부터 2010년까지 지속되었던 프로그램으로, 2019년 달에 우주인을 보낼 계획이었다. 2005년 미 의회에서 관련 법률(NASA Authorization Act of 2005)이 통과되어 공식적으로 시작되었으며, NASA는 '달에서 우주인이 지속적으로 체류해야 하며 여기에는 확고한 과학, 탐사와 상업적 그리고 미국의 우위를 위한 사전 프로그램이 포함되며, 향후 화성과 다른 천체 탐사에 디딤돌이 되어야 한다'는 목표를 가지고 추진했다.

컨스텔레이션 계획의 중요한 목표 중 하나는 이미 노후화되고 사고 발생의 경력도 가진 우주왕복선을 대체하는 새로운 우주선과 발사체의 개발이었다. 우주왕복선의 고비용 원인이 사람과 화물을 동일 발사체로 운송하였기 때문인데, 이번에는 승무원 탑승용의 오리온Orion 모듈, 이를 수송하는 아레스Ares-1 발사체, 그리고 화물 운송용 아레스-5 발사체, 알테어Altair 달착륙선을 따로 개발하기로 했다.

오리온 우주선은 록히드마틴사가 개발을 담당했다. 아폴로 우주선과 닮은 꼴이지만 부피가 50%가 더 커서 직경 5.02m, 길이 3.3m, 무게는 10.4톤이었으며, 4~6명의 승무원이 탑승하여 단독 비행 시 우주정거장에 도킹하면 6개월간 우주에 체류가 가능했다. 또한 최대 10회까지 우주비행에 재사용할 수 있도록 설계되었다.

승무원 수송용 아레스-1 발사체는 미국 NASA에 의해 개발됐다. 길이 94m, 직경 5.5m로 25톤을 지구저궤도에 올릴 수 있도록 만들어졌고, 1단 엔진은 우주왕복선의 고체부스터Solid Rocket Booster, SRB이다. 추력은 1,530톤으로 150초간 연소한다. 2단에는 J-2X 엔진 1기가 사용되는데, 액체 산소와 수소를 사용하며 이는 아폴로 프로그램 새턴-5 발사체의 2단 엔진 S-II를 개조한 것이었다. 미국은 안전을 위해 그동안 고체엔진을 유인 발사에 주 엔진으로 한 번도 사용하지 않았는데 아레스-1 발사체는 고체엔진을 유인 발사에 주 엔진으로 사용한 첫 번째 사례가 되었다. 이러한 아레스-1 발사체는 아쉽게도 2009년 10월 한 번 발사하고 퇴장하고 만다.

화물 수송용 아레스-5 발사체는 초대형 발사체로 우주왕복선을 대체하고 달탐사 화물 수송 용도로 쓰기 위해 개발되었다. 무려 188톤을 지구저궤도에 올릴 수 있고, 달까지 71톤의 화물을 보낼 수 있도록 설계됐다. 이 성능은 지금까지 개발된 모든 발사체 가운데 가장 뛰어나다. 높이 116m, 직경 10m로 1단 로켓은 우주왕복선의 주 엔진으로 사용되었던 4개의 RS-25 엔진이 사용되었는데 연료로는 액체 산소와 수소를 사용하며 지상 총추력은 850톤에 달한다. 지상 발사시 추력 증강을 위해 역시 우주왕복선에 사용되었던 2개의 고체부스터 (추력, 1,200톤)도 같이 사용했다. 1970년대 아폴로 계획에 사용되었던 새턴-5 발사체가 지구저궤도에 141톤을, 달까지는 52톤을 보낼 수 있었다는 것을 감안하면 그동안 얼마나 많은 발전이 있었는지 알 수 있다.

알테어 달착륙선은 전체 높이 15m, 본체 높이 9.8m, 부피 32m³로서 아폴로 달착륙선에 비해 5배가 컸다. 70년대 아폴로 달착륙선의 착륙 시 중량이 15.2톤에 불과했던 것에 비해 알테어의 착륙 시 중량은 무려 45.9톤에 달하며, 14.5톤의 화물을 달 표면에 착륙시킬 수 있도록 만들어졌다. 알테어 착륙선 하강 시에는 4개의 대형 RL-10 엔진이 작동하는데, 이 추력은 11.2톤에 달하며 액체 산소와 수소를 사용한다. 이러한 알테어 달착륙선은 우주공간에서 최대 210일간 체류할 수 있다.

그러나 컨스텔레이션 계획은 2009년 오바마 대통령이 취임하면서 내리막길을 걷게 된다. 그 이유 역시 과거의 우주개발 중지 이유와 별반 다르지 않게 과다한 예산이 문제였다. 컨스텔레이션 계획의 예산은 총 2,300억 달러로 예상됐다. 사실 아레스 발사체의 엔진들은 컨스텔레이션 계획을 위해 별도로 개발된 것이 아니라 기존의 우주왕복선 엔진들을 개

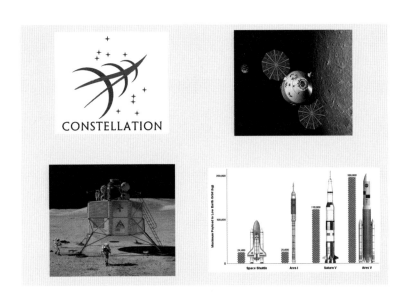

✦ 그림3_3. 컨스텔레이션 계획 로고와 오리온 우주선(상),
알테어 달착륙선과 아레스 발사체(하)

량해서 쓰는 것이었다. 일종의 중고품 활용이라거나 돌려막기식 개발이
라는 비판이 있었지만 미국조차도 새로운 신상(Brand New) 로켓 엔진
개발에 들어가는 시간과 돈이 부담이었기에 비용절감 등의 이유로 선택
한 방법이었을 것이다. 그럼에도 컨스텔레이션 계획은 시작부터 과도한
예산으로 논란이 있었다. 또 한편으로 미국 우주개발의 최종 목표는 유인
화성탐사이므로 유인 달탐사에 대한 회의적인 시각이 많았다. 1970년대
이미 달에 6회나 성공적으로 착륙하여 12명의 우주인이 달 표면을 밟았
고 370kg에 달하는 암석과 토양 샘플을 가져왔는데 또다시 달 착륙을 해
야 하는지에 대한 의문이 지속된 것이다.

결국 미국 의회는 과도한 예산지출을 문제 삼아 제동을 걸었고, 부시
대통령 이후 새롭게 취임한 오바마 대통령은 2010년 1월 사업의 중지를

명령하게 된다. 그렇다고 컨스텔레이션 계획이 의미가 없었던 것은 아니다. 계획은 취소되었지만, 아레스 발사체의 엔진은 차기 유인 달탐사 SLSSpace Launch System 발사체에 대부분 사용되며, 오리온 승무원 모듈 또한 추후 아르테미스 계획에서도 그대로 사용되기 때문이다.

결국 우주개발처럼 국가의 모든 역량이 집중되어야만 하는 거대한 프로젝트의 성공은 단 한 번의 계획과 개발 시도가 아닌 지속적인 계획과 개발, 여러 번의 시도 등으로 축적된 과거의 유산이 얼마나 되느냐에 달려있다고 볼 수 있다. 과거의 계획과 개발로 이룩한 성과가 많고 높을수록 새로운 계획과 개발의 튼튼한 토대를 만들어 성공으로 이르게 만드는 것이다. 그러므로 우주개발에 있어, 모든 실패한 우주개발과 중단된 우주개발은 의미가 없는 것이 아니라 후대의 우주개발에 이어져 의미를 갖는다. 우리가 실패나 중단을 두려워하지 말고 하루라도 빨리, 그리고 지속적으로 우주개발을 해야 하는 이유다.

아르테미스 유인 달탐사 이전의 시도 II :
소행성 포획 계획

미국의 우주개발을 한 문장으로 이야기하자면 '중단할지언정 결코 멈추지 않는다'가 아닐까 싶다. 유인 달탐사 계획이 정권에 따라 부침을 겪긴 했지만 그 어떤 정권도 우주개발 계획을 전부 중단한 적은 없으며, 항상 우주개발의 어떤 부분은 지속적으로 연구되고, 개방되었기 때문이다.

조지 W. 부시 대통령에 이어 당선된 오바마 대통령의 정권 시절도 마찬가지다. 오바마 정권이 2010년 취임하자마자 컨스텔레이션 계획을 취소했지만, 한편으로는 NASA에게 소행성 포획 임무Asteroid Redirection Mission, ARM를 수행할 것을 지시함으로서 우주개발은 멈추지 않았다.

소행성 포획 임무란 지구 근처에 있는 소행성을 포획한 뒤, 태양전기추력기Solar Electric Propulsion, SEP를 이용하여 소행성을 달궤도로 옮긴 후에 소행성 탐사를 수행하는 계획이었다. 미국 민주당 정권은 전통적으로 비용이 많이 드는 우주계획에 소극적이었기에 예산이 많이 드는 컨스텔레이션 계획을 중단시키고 비교적 비용이 적게 드는 소행성 포획 임무를 선택한 것이다.

물론 유인 달탐사를 선호하는 NASA는 소행성 포획 계획을 유인 달탐사에 비해 시시한 것으로 여겼고, 달가워하지 않았다. 당시 NASA 과학자와 엔지니어를 만났을 때, 불만 섞인 소리를 하는 것을 직접 들은 적이 있다. 외부인에게도 불만을 드러낼 정도였으니 NASA가 얼마나 소행성 포획 계획을 탐탁치 않아했는지 미루어 짐작 가능하다.

새롭게 시작된 소행성 포획 계획의 목적은 소행성에 대한 유인 탐사로서, 지구 근처 소행성의 위협에 대처하며 장기적으로는 소행성의 자원을 경제적으로 이용하기 위한 방안을 찾는 것이 목적이었다. 이 계획은 궁극적으로는 유인 화성탐사를 준비하는 과정에 속한다. 이를 위해 고성능 태양전기 추진시스템과 로봇 시스템을 개발하는 것이다. 실제로 NASA는 2013년 로봇 우주선으로 소행성을 포획해 지구 반대편으로 끌고 간 다음 우주기지로 활용하는 계획을 추진 중이라고 공식 발표했다. 찰스 볼든 Charles Bolden 당시 NASA 국장은 "이번 소행성 포획 계획은 유례없는 기술적 성과를 보여줄 것이며 이를 토대로 지구를 보호할 새로운 과학적 발견과 기술 능력이 탄생할 것"이라고 공언했다. 2021년부터 NASA 국장을 맡은 빌 넬슨 Bill Nelson 당시 상원 과학·우주소위원장 역시 화성탐사 때 가까운 곳에 있는 소행성을 포획해 이를 거점으로 삼는 구상을 공개하기도 했다.

물론 화성까지 단번에 진출할 수는 없다. 먼저 가까운 달에서 계획이 실행될 가능성이 높다. 직경 10m 이내의 소행성(최대 무게 1000톤)을 포획하거나, 소행성 표면에서 길이 4m 정도의 암석(최대 무게 100톤)을 떼어내어 달궤도로 옮긴 후 소행성을 탐사, 연구하고 나아가 소행성의 자원

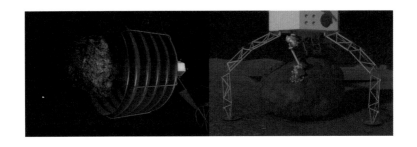

✦ 그림3_4. 컨테이너를 이용한 1,000톤 무게 소행성 포획(좌)와
착륙선 집게발을 이용한 100톤 암석 포획(우)

을 채취하여 활용하거나 소행성을 달탐사를 위한 우주기지로 활용할 것
이다. 그리고 이 경험을 바탕으로 화성으로 나아가리라 예측되었다.

이 임무를 수행하기 위해서는 고출력의 고효율 태양 전기추력기(홀 효
과 이온엔진)가 필요한데, 이는 향후 유인 화성탐사 화물 수송에 핵심적
인 기술이다. 기존의 화학엔진에 비해 추력은 매우 작지만 몇 년간 지속
적으로 가속할 수 있는 이온엔진은 화성과 같은 심우주 탐사 화물 수송에
적합하기 때문이다. 첨단 이온엔진의 추진제propellant는 기존의 화학 로
켓에 비해 10%에 불과하며, 기존 이온엔진과 비교하면 추력이 3배이고
효율도 기존 30%에서 50%로 높다고 한다. 또한, 고효율 태양광 패널로부
터 50kW의 전기를 생산하며, 각 추진기는 30~50kW의 출력을 내는데 이
를 여러 개로 묶어 최대 300kW 출력을 낼 수 있다. 만약 화성까지 화물
수송을 한다면 100kW, 그리고 승무원 수송에는 150~300kW가 필요한
것으로 알려져 있으므로 인류가 달을 넘어 화성까지 진출할 계획을 가지
고 있는 한 첨단 이온엔진의 연구와 개발은 중요한 것이다. 참고로 현재
사용되고 있는 이온엔진은 소형으로 1~5kW의 출력을 가지고 있다.

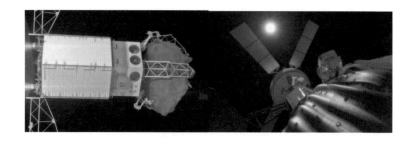

✦ 그림3_5. 이온엔진 화물 수송선을 이용한 소행성/바위 수송(좌)와
달궤도로 운송 후 자원 활용을 위한 탐사(우)

 이러한 소행성 포획 계획은 소행성 궤도 변경 계획과도 연결된다.
2014년 NASA는 소행성 포획 계획의 연구를 기반으로 소행성 궤도 변경
계획도 시작하는데, 이는 지구에 충돌할 가능성이 있는 소행성을 머나먼
우주공간에서 포획, 또는 충돌시켜 지구에 충돌하지 않도록 궤도를 바꾸
는 계획이다. 소행성의 크기가 지름 10m 이하로 작다면 우주선에 장착된
원통형 포획망으로 소행성을 포획하고 다른 장소에 풀어 놓아 궤도를 바
꾸게 하고, 지름이 100~500m에 이르는 거대한 소행성이라면 로봇 팔이
장착된 우주선을 이용하여 거대 소행성의 일부를 떼어내 거대 소행성 주
변에 공전시킴으로서 거대 소행성과 떼어낸 암석 사이에 발생하는 중력
을 이용하여 거대 소행성의 궤도를 바꾸는 것이다. 무인 우주선의 충돌
로 소행성의 궤도를 바꿀 수도 있다. 이 계획들이 실현화되고 성공한다면
SF영화에서 자주 등장하고, 현실에서 벌어질 가능성도 있는 소행성 충돌
로 인한 지구 멸망이라는 재앙의 해결책이 열리는 시작점이 될 것이기에
소행성 궤도 변경 계획을 위한 실험을 혹자는 지구방어실험이라고도 부
른다.

그리고 마침내 2022년 9월 26일 NASA는 소행성 궤도 변경 실험을 위해 지구에서 약 1,120만㎞ 떨어져있는 지름 160m의 축구장 크기를 가진 소행성 다이모르포스Dimorphos에 자판기 크기의 우주선을 초속 6.25㎞ (시속 2만 2,530㎞) 속도로 충돌시킨다. NASA는 이 실험을 '쌍소행성 궤도수정 실험Double Asteroid Redirection Test, DART'이라고 명했다. 우주선이 충돌한 후 소행성 다이모르포스의 궤도는 바뀌었고, 공전 주기는 11시간 55분에서 11시간 23분으로 32분이나 단축됐다. 인류 역사상 처음으로 천체의 움직임을 인간의 의도대로 바꾸는 데 성공한 것이다. 빌 넬슨 NASA 국장은 2022년 10월 11일 공식 기자회견을 통해 이를 밝히며, "이것은 행성 방어에 있어서 중대한 분기점이자 인류에게도 분수령의 순간"이라고 말했다. 또한 "영화와 같다고 느껴지겠지만 할리우드에서 만들어진 것이 아니다"라고 말하기도 했다.

물론 소행성 다이모르포스가 지구에 직접 충돌할 위험은 없었다. 하지만 지구에서 4,800만㎞ 이내로 접근하는 지구 근접 물체near-Earth object, NEO로 분류되어 있고, 그 크기가 지구에 위협이 될 수 있는 소행성과 비슷하다는 점에서 이 실험의 성공이 인류에게 던져주는 희망은 결코 작지 않다. 더구나 소행성 다이모르포스 크기의 소행성이 실제로 지구와 충돌하면 엄청난 파괴가 일어날 가능성이 크다는 점에서 더욱 그렇다. DART 프로그램에 참여한 과학자 톰 스타틀러Tom Statler의 말처럼 한 소행성에 대한 단 한차례 실험으로 다른 소행성에서도 비슷하게 작용할 것이라고 단정할 수 없지만, "이번 실험이 각각의 상황에서 충격 시 작용 가능성을 알려주는 기준점이 될 수 있다"고 받아들일 수 있을 것이다.

소행성 포획 계획은 애초에는 2017년에 처음 시도될 예정이었다. 그러나 2017년 트럼프가 대선에 승리하고 미국 대통령이 되면서 예산을 배정하지 않아 폐기처분됐다. 트럼프 정부가 오바마 정부와는 반대로 지구와 가까운 소행성에 관한 문제보다는 장거리 우주 탐사를 위한 기술 개발에 무게를 뒀기 때문이다.

하지만 NASA가 소행성 포획 계획을 영원히 포기했다는 생각은 들지 않는다. 소행성 궤도 변경 계획이 소행성 포획 계획의 연구를 바탕으로 시작되기도 했거니와 지구와 근접해 있는 '근지구소행성'에는 백금, 희토류 등의 희귀광물이 다량 매장되어 있을 것으로 추정되기 때문이다. 우주에서의 경제활동이 매우 중요해질 미래를 생각하면 이를 미국이 포기할 리는 없다.

소행성 궤도 변경 계획 역시 지속될 것이 분명한데, 소행성 궤도 변경은 지구를 방어하는 방법이 될 수도 있지만 소행성을 이용한 무기화의 우려 역시 일부에서 제기되기 때문이다. 미국의 인류 최초의 소행성 궤도 변경이 있은지 얼마 지나지 않아 중국의 국가항천국이 2025~26년 사이에 미국과 비슷한 실험을 실시하겠다는 방침을 밝히고, 겉으로는 소행성 충돌 예방을 위한 '지구 방위 프로젝트'라고 했지만 이것이 소행성을 활용한 치명적인 무기 개발일 수 있다는 의혹을 받고 있다. 미국 역시 두 번째 소행성 궤도 변경 실험을 이미 예고하고 있으므로 소행성을 둔 국가 간의 경쟁은 이미 시작된 셈이다.

이렇게 다양한 우주 분야에서 연구 개발되고, 앞다투어 앞서나가려고 경쟁 중인 지금, 우리나라도 미래 우주 경제와 국가 안보에 핵심적인 기술개발과 우주탐사임무 수행에는 국가적인 역량을 집중해야 할 것이다.
이를 위해 국가 우주개발계획에는 2020년대에 소행성 탐사의 기반이 되
는 랑데뷰/도킹 기술을 개발하고 이를 이용하여 2030년대에는 소행성 근
접비행과 샘플 리턴임무 수행을 하도록 되어 있다.

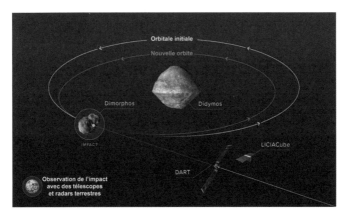

✦ 그림3_6. 다이모르포스 소행성 궤도 변경을 위한 충돌 시험 궤적 모습

아르테미스 유인 달탐사 계획의 시작

트럼프 대통령은 2017년에 취임한 후 NASA의 소행성 포획 임무를 취소시키고 다시 달탐사 계획을 부활시켰다. 그것이 바로 2019년 발표된 유인 달탐사 아르테미스Artemis 계획이다. 아르테미스 계획은 2025년까지 최초로 여성이 달에 착륙하고, 달에 영구적인 거주 모듈을 비롯한 달탐사기지를 건설하는 것을 목표로 하는 NASA 주도의 유인 달탐사 프로그램이다. 이 프로그램의 이름이 그리스 달의 여신 아르테미스의 이름을 따서 명명되었기 때문에 이번 계획의 첫 번째 달 착륙 우주인은 여성으로 결정되었고, 두 번째 우주인은 유색인종인 아시아 혹은 흑인 남성이 될 것으로 알려졌다. 이에 따라 2017년 NASA 우주인으로 선발된 한국계 조니 킴Jonny Kim이 2025년 두 번째 달 착륙 우주인으로 선정될 가능성이 크다고 알려져 국내외에서 관심이 커지고 있다.

아폴로 우주선의 달 착륙 이후 실로 오래간만에 추진되는 유인 달착륙 계획인 아르테미스 프로그램은 그동안 과학기술이 발전한 만큼 이전 유인 달착륙 때보다 훨씬 미래지향적이고 다양한 임무를 수행하게 된다. 대표적으로 달에서 지속 가능한 인간 거주기술 개발, 달궤도 정거장 건설,

화성에 대한 미래 미션 준비 등 여러 가지 목표가 있다. 또한 이 프로그램은 앞으로 우주과학자, 엔지니어 그리고 우주비행사를 꿈꾸는 젊은이들에게 영감을 주기 위한 것이기도 하다.

아르테미스 프로그램에는 몇 가지 주요 구성 요소가 있는데, 첫 번째 가장 중요한 구성 요소는 오리온Orion 우주선과 페이로드를 우주로 발사하기 위하여 사용될 강력한 로켓인 SLSSpace Launch System이다. SLS는 오리온 우주선과 달 착륙선Human Landing System, HLS을 포함하여 40여 톤에 달하는 대형 페이로드를 달까지 운반할 수 있다.

	아폴로 새턴 5형 로켓	우주왕복선	아르테미스 SLS 로켓
높이, 직경	110.6m, 10.1m	56.1m, 8.7m	111m, 8.4m
발사 무게	2,965톤	2,030톤	2,650톤
최대 추력	3,520톤	3,600톤	4,180톤
저궤도 운반 능력	140톤	27.5톤	130톤

✦ 표 3-2. 아르테미스 SLS 로켓, 우주왕복선과 아폴로 새턴 5형 로켓 크기와 성능 비교

두 번째 구성 요소는 우주비행사가 달에 오가는 데 사용될 오리온 우주선이다. 오리온 우주선은 최대 4명의 우주비행사를 태울 수 있도록 설계되었으며, 최대 21일 동안 지속되는 임무를 지원할 수 있다. 록히드 마틴Lockheed Martin사가 개발했으며, 2022년 11월 첫 번째 시험비행을 했는데 25일간 인체모사 마네킹을 싣고 달궤도를 선회하고 재진입하여 태평양에 무사히 착수했다.

세 번째 구성 요소는 달궤도 정거장Lunar Gateway에서 달 표면으로 우주

✦ 그림3_7. 아르테미스 유인 달착륙선 후보, ALPACA 착륙선(다이네틱스),
스타쉽 착륙선(스페이스X)과 블루 문 착륙선(블루 오리진)

비행사를 수송하는 데 사용될 유인 달착륙선(HLS)이다. 달 착륙선은 미
국의 민간 산업체에 의해 개발되고 있는데 복잡한 우여곡절을 겪고 있다.
처음 NASA는 다이네틱스Dynetics, 스페이스X와 블루 오리진 이렇게 3개
사의 설계안을 달착륙선 개발 후보 모델로 선정했다. 그러나 2021년 4월
예산 부족과 촉박한 개발 일정을 이유로 스페이스X의 스타쉽 달착륙선
Starship HLS을 선정하게 된다.

 이게 문제가 되었는데 그 이면을 조금 살펴보면 아이러니하게도 스타
쉽 달착륙선이 획기적이고 대담한 설계를 선보였다는 데 있다. 스타쉽 달
착륙선은 착륙하강 모듈과 이륙상승 모듈이 분리되지 않고 1,300톤에 달
하는 거대한 착륙선이 통째로 착륙해서 100톤의 화물을 내려놓고 다시
이륙하는 설계를 가졌다. 설계를 본 많은 전문가들은 블루 오리진과 다이
네틱스 설계가 더 현실성이 있고 유력하다고 예상했다. 그러나 예상과 달
리 아마존의 자회사인 블루 오리진사가 개발 중이던 블루 문Blue Moon 착

류과 다이네틱스 착륙선은 탈락했고, 이에 블루 오리진이 소송을 제기한 것이다. 심지어 블루 오리진은 NASA가 연구비를 제공하지 않더라도 아마존이 개발비 전체를 부담하겠다고 제안했지만 거부당했다. 당연히 유인 달착륙선 선정을 놓고 잡음이 생겼지만 NASA의 입장은 바뀌지 않았다. 아르테미스 유인 착륙선 계획에 1차로 선정되지는 못했지만 블루 오리진 역시 미래를 생각하며 상업적 목적을 위해 달착륙선 개발을 지속하였다. 지성이면 감천이라고 할까, 블루 오리진사는 오매불망하던 NASA의 달 착륙선 2차 선발 공모에 2023년 5월에 드디어 선정되었다.

네 번째 구성 요소는 달궤도를 도는 달궤도 정거장인 루나 게이트웨이 Lunar Gateway이다. 게이트웨이는 달과 화성탐사 임무를 위한 집결지와 출발지 역할을 할 것이며, 우주 승무원을 위한 거주지와 필요한 장비 및 자원을 제공하게 된다. 달과 화성 그리고 심우주탐사를 지원하는 것이 중요 임무이다.

이러한 달궤도 정거장에는 정거장에 전력과 통신, 궤도유지 추력을 제공하는 전력&추진 모듈Power & Propulsion Element, PPE, 승무원들을 위한 주거공간과 보급품과 장비보관 공간, 도킹 장치가 설치된 주거와 보급 모듈Habitation and Logistics Outpost, HALO, 유럽 우주청과 일본 우주청JAXA이 제공하는 승무원 추가 생활공간과 과학연구 국제협력이 이루어지는 국제 주거모듈International Habitation, I-HAB, 승무원 우주유영 지원과 방문 우주선의 장비와 재료를 옮기는 연결구, 그리고 연구장비를 갖춘 과학모듈science module이 갖춰져 있다. 지구에서 출발한 오리온 우주선이 도킹하여 우주인들이 달착륙선으로 옮겨 타고, 미세중력 환경에서 실험을 수행

✦ 그림3_8. 달궤도 게이트웨이와 오리온 우주선의 도킹 개념도

하고 달 환경에 대한 상세한 연구를 수행할 수 있도록 하는 달과학연구의 허브 역할을 한다고 보면 된다.

아르테미스 계획의 예정된 진행 순서는 첫 번째로 우주선의 무인 비행을 수행하는 것이다. 이는 2022년 11월 아르테미스 1호가 오리온 우주선에 우주 의학 연구용 마네킹 큐브 위성들을 싣고 달전이궤도에 무사히 투입되며 성공적으로 완수되었다. 이후 2024년 11월 승무원이 탑승하여 달 주변을 선회하는 임무를 수행하게 된다. 이와 같은 초기 임무를 통해 SLS 발사체, 오리온 우주선 및 프로그램의 기타 구성 요소의 기능을 테스트하는 것이다. 그리고 초기 임무가 완료되면 비로소 달 표면에 대한 유인 달 착륙 임무를 시작하게 되는데, 여성 우주인과 아시아-아프리카 우주인이 착륙하는 첫 번째 유인 달 착륙 임무는 2025년으로 예정되어 있으며 얼음이 감지된 달의 남극 근처에 착륙하는 것이 목표다. 얼음은 물로 환원될 수 있는 만큼 달표면에서 지속적인 임무 수행과 달에 인간이 거주할 경우 생존에 매우 중요한 자원이기 때문에 탐사를 통해 반드시 매장 위치와 규모를 알아내야 한다.

　이상의 아르테미스 계획이 성공한다면 1972년 아폴로 17호 이래 53년 만에 인류가 달에 다시 발을 딛게 되는 것이니 역사적 의미가 크다. 그리고 세월이 흐른 만큼 아르테미스 계획의 달 착륙은 이후 우주개발 전체에 영향이 크고, 우주개발의 전 분야를 촉진하는 계기가 될 것이 분명해 보인다. 중요한 것은 이 역사적인 이벤트에 우리나라도 참여하여 이후 우주개발에 있어 다른 국가에 뒤처지거나 선점할 수 있는 기회에서 밀려나면 안 된다는 것이다.

　다행히 아르테미스 계획은 미국의 주도로 이루어지긴 하지만 여러 국가 및 조직과의 국제협력도 매우 중요하게 비중을 차지하고 있다. 캐나다, 유럽, 일본, 러시아 및 미국의 민간 산업체 파트너와의 협력이 포함되며, 한국도 참여의사를 밝힌 10번째 나라로서 참여 방안을 수립 중에 있다. 에너지, 로봇과 통신 분야 등 우리나라가 참여하고 크게 기여할 방법이 분명히 있는 만큼 국내 우주산업을 확대하고 미래세대에 비전과 도전의식을 심어주기 위하여 우주 선진국의 일원으로 참여하여 역할을 담당해야 할 것이다.

아르테미스 유인 달탐사 계획의 목적과 전망

NASA가 주도하는 글로벌 규모의 국제공동 유인 달탐사 계획 '아르테미스'에는 2021년부터 첫 번째 우주인이 달에 착륙하는 2025년까지 930억 달러(112조 원)이 투자된다. 이는 아폴로 달탐사 이후 최대 규모의 우주개발 사업이라고 할 수 있다. 여러 나라가 참여하는 만큼 경제적, 정치적, 안보적으로 얽혀있는 다면적 우주탐사 계획이기도 하다.

그만큼 여러 면에서 부담감이 적지 않은데, 그럼에도 아르테미스 계획을 추진하는 목적은 우주라는 미지의 공간이 지닌 무한한 이익이 이제는 공상이 아닌 현실로 다가오고 있기 때문이다. 인류의 새로운 터전으로서의 우주, 고갈되어가는 지구의 자원을 대체할 자원개발과 미래 에너지 보충지로서의 우주, 우주 통신과 우주관광 등 산업으로서의 우주, 우주 공장을 가동함으로써 지구 환경오염의 해결책으로서의 우주 등 우주의 활용가치는 연구가 진행될수록 더욱 늘어날 전망이다. 과학기술의 발달 속도를 감안하면 이 모든 것이 불가능이 아니라 곧 일어날 일이기에 아르테미스 계획 등 우주개발은 선택이 아닌 필수이다. 미국을 비롯한 여러 나라들은 이 모든 일이 일어날 우주에서 우위를 차지하기 위해 국가 역량을 집중하고 있는 것이다. 아르테미스 계획은 아마도 앞으로 일어날 우주에서 이익을 두고 벌일 각국의 보이지 않는 전쟁의 신호탄이 될 가능성이 크다.

실제로 미국은 우주의 중요성, 특히 미국이 세계 최강의 군사대국이라는 위치를 유지하기 위해서는 우주를 간과해서는 안 된다는 것을 일찌감치 간파했다. 앞서 등장했던 「럼즈펠드 보고서」가 2001년 발간되었다는 것을 기억해보자. 이러한 미국의 우주전략 아래 아르테미스 프로그램이 실행되고 있다는 것은, 아르테미스 계획이 현 미국 행정부의 핵심적인 국가적 우주개발 계획으로 미국에 중요한 정치적 영향을 미치고 있으며, 그 목적이 전 세계의 우주 탐사에서 미국의 리더십을 보여주는 데에 있다는 사실을 알게 해준다.

여기서 질문이 하나 생긴다. 그렇다면 왜 미국은 독자적으로 아르테미스 계획을 추진하지 않고 여러 국가를 참여시키는 글로벌 프로젝트로 진행하게 됐을까?

우주를 독점, 선점하고 싶은 미국의 욕심과 의지와는 다르게 최근 들어 세계 여러 나라들은 적극적으로 우주개발을 추진하고 있다. 그중에서도 특히 중국은 1950년대부터 지속적으로 우주에 투자를 해왔고, 경제 대국으로 떠오른 후에는 급속한 경제 성장을 바탕으로 막대한 투자를 하고 있다. 특히 달탐사에 집중한 이후로는 2007년부터 2020년까지 4대의 달궤도선과 3대의 달착륙선 및 로버를 성공적으로 달 표면에 착륙시켜 운영했다.

이처럼 우주개발에서도 빠른 성장세를 보이고 있는 중국은 2035년까지 유인운영까지 염두에 둔 국제공동 달 연구기지International Lunar Research Station, ILRS를 건설하려고 한다. 전문가들은 계획 진척도에 따라 중국이 달에 우주인을 보내 기지를 운영하는 것도 추진할 것이라고 예상하고 있다. 이러한 중국의 적극적인 달탐사 행보가 미국을 긴장시키는 것은 당연하다.

중국은 물론이고 유럽, 러시아, 일본, 인도, 한국 등이 달탐사에 나서면서 점점 더 경쟁이 치열해지는 상황에서 미국은 국제적인 리더십과 지배력을 유지하기 위해 아르테미스 계획을 출범시킨 것이다. 우주 탐사를 선도함으로써 세계 초강대국으로서의 지위를 유지하고 기술 혁신의 최전선에 서기를 희망하는 미국이기 때문이다. 또 한편으로는 중국의 우주를 향한 저돌적인 행보에 국제적으로 많은 나라들이 중국과 협력 및 투자로 중국 주도의 글로벌 우주 계획이 실행될 수 있기 때문에 아르테미스 계획은 미국만의 우주계획이 아닌 미국 주도의 글로벌 프로젝트가 될 수밖에 없었다. 한마디로 각국이 중국에 줄을 서는 것을 미국이 막기 위해서도 아르테미스 계획은 글로벌 프로젝트가 될 수밖에 없다는 정치적 판단을 내렸던 것으로 추측된다.

이유와 배경이야 어찌 되었든 글로벌 프로젝트로 추진되는 아르테미스 계획은 미국과 참여국들에게 광범위한 경제적 이익과 다방면에 걸쳐 간접적인 영향을 미칠 것이다. 과거 아폴로 계획 때와 마찬가지로 아르테미스 계획은 과학 및 기술을 포함한 다양한 분야에서 상당한 고용 기회를 창출할 수 있는 잠재력을 가지고 있다. NASA는 아르테미스 계획이 미국에서 400,000개 이상의 일자리를 창출할 것으로 추정하고 있다. 그

럴 수밖에 없는 것이 아르테미스 계획은 우주 승무원 선발, 우주의학, 생명 환경 유지 기술, 우주자원 개발, 우주화물 수송, 달착륙선, 달 주거시설, 심우주통신, 에너지기술 등 다양한 분야에 걸쳐있기 때문이다. 한국도 10년간 1조원 정도를 투자한다면 2,000명 정도의 고용창출 효과가 있을 것으로 예상된다.

우리는 혁신적인 민간 우주기업의 탄생과 성장을 염두에 두어야 한다. 인간이 달을 탐사하고 거주할 수 있도록 새로운 기술과 시스템을 개발한다는 것은 이에 따른 기술 혁신은 물론이고 우주 프로그램을 넘어서서 새로운 산업을 창출하고 경제 성장에 기여하는 것이다. 또한 상업적인 우주 시장의 성장도 기대되는데, NASA가 민간 기업과 협력하여 달탐사를 위한 새로운 기술 및 운송 시스템을 개발할 계획이므로 아르테미스 계획은 민간 상업 우주산업의 성장에도 큰 자극이 될 것이다. 따라서 이 협력은 새로운 비즈니스 기회를 창출하고 경제 성장을 창출할 수 있는 잠재력을 가지고 있다.

또한 달탐사는 지구에 부족한 자원 탐사의 개척지가 될 수 있다. 달에는 물, 헬륨-3 및 희토류 원소와 같은 귀중한 자원이 포함되어 있다고 지금까지의 탐사결과 확인되었다. 아르테미스 계획은 이러한 자원의 탐색 및 활용을 가능하게 하는 목표도 가지고 있는데, 그 결과를 생각하면 아르테미스 계획은 단순히 과학적 발견과 우주기술 혁신이라는 열매만 있는 것이 아니라 우주에 지구의 공장을 이전하는 민간 우주기업의 탄생을 예고하고 있음을 알 수 있다. 어느 나라의 어느 기업이 우주기업으로 빠르게 진출하고, 성장할 것인가 역시 아르테미스 계획이 내포하고 있는 미래적 가치이다.

아르테미스 계획은 군사적 목적으로 사용될 수 있는 기술 개발을 포함하므로 국방에도 크게 영향을 미칠 것으로 예상된다. 달까지의 항행과 달 착륙, 화물 수송, 태양광과 원자력 에너지, 통신 그리고 달 표면에서의 활동은 우주에서 작전할 수 있는 능력을 크게 향상시킬 것이며 지구에서의 군사 작전을 지원하는 데 사용될 수 있다. 예를 들어 달의 앞면은 상시 지구를 보게 되므로 여기에 고성능 지구 관측 장비를 설치하면 24시간 지구와 주변 우주를 관측할 수 있게 되어 군사적 정찰이 가능해진다. 소행성 충돌과 같은 잠재적인 위협을 감지하고 대응하는 데도 사용할 수 있다. 또한 달궤도에서 이루어지는 우주선 간의 랑데부 도킹기술은 적성국 위성을 궤도에서 포획하는 민군 겸용 기술이 된다.

눈에 직접 보이지 않는 성과에도 주목할 필요가 있다. 아르테미스 계획은 개발비용과 기술적 위험을 분담하기 위해 다른 국가와의 파트너십을 포함하기 때문에 미국을 비롯한 캐나다, 일본, 유럽, 한국과 같은 참여국 사이에 협력이 불가피하다. 그 과정에서 서로의 이익을 위한 긴장과 불화가 생기기도 하겠지만 결국엔 조정되고 참여국 간의 외교 관계는 강화될 것이다. 과학적 협력 및 인적 교류의 장이 되면서 이후에도 이어질 가능성도 높다. 이처럼 국가 간의 외교력 향상과 민간 차원의 학술 및 기술적 교류 등은 실물로 손에 잡히지는 않지만 그 가치를 따질 수 없는 지속적인 성과로 남을 것이다.

이렇게 정치적, 경제적, 국방, 국민안전, 외교적, 학술적, 과학적 의미를 가진 아르테미스 계획은 여러 국가가 참여하는 만큼 원활한 수행을 위해 우주 탐사 및 활용 분야에서 국제협력 및 협력을 위한 프레임워크를 수립하는 일련의 원칙과 지침이 있다. 일명 '아르테미스 약정Artemis Accords'이라고 하는데, 이 약정은 2020년 미국에 의해 처음 제안되었으며 한국도 2021년 세계에서 10번째로 과학기술정보통신부와 NASA가 체결했다. 지금까지 약정에 서명한 국가는 한국을 비롯하여 미국, 영국, 일본, 이탈리아, 호주, 캐나다, 룩셈부르크. UAE, 우크라이나 등을 포함한 총 29개국이다. 참여국이 동의한 10개 원칙과 지침을 수립함으로써 아르테미스 계획에 참여하는 국가 간의 투명성, 상호 운용성 및 협력을 촉진하는 것을 목표로 한다. 중국과 러시아는 약정에 서명하지 않았는데, 일방적으로 미국에 유리한 내용이며 미국이 우주에서 지배력을 행사하는 도구로 사용될 가능성에 대해 우려를 표명했기 때문이다.

(1) 평화로운 우주 탐사 및 이용 : 모든 당사자는 평화로운 방식으로 우주 탐사 및 이용을 수행하고 우주의 분쟁 또는 군사화로 이어질 수 있는 활동에 참여하지 않는다.

(2) 투명성 및 열린 의사소통 : 모든 당사자는 과학적 데이터, 궤도 정보 및 기타 관련 데이터를 포함하여 투명하고 개방적인 방식으로 우주 탐사 및 활용과 관련된 정보 및 데이터를 공유한다.

(3) 상호 운용성 및 호환성 : 모든 당사자는 우주 시스템 간의 상호 운용성 및 호환성을 촉진하고 우주에서 협력 및 협업을 가능하게 하는 공통 기술 표준 및 프로토콜을 개발한다.

(4) 긴급 지원 : 모든 당사자는 구조 및 복구 작업을 포함하여 우주 탐사 및 활용과 관련된 긴급 상황 발생 시 상호 지원을 제공한다.

(5) 유적지 보호: 모든 당사자는 아폴로 착륙지 및 기타 중요한 문화적 또는 역사적 중요성을 지닌 장소를 포함하여 우주에서 역사적으로 중요한 장소와 인공물을 보호하고 보존한다.

(6) 유해한 간섭 방지 : 모든 당사자는 다른 우주 시스템과의 유해한 간섭을 방지하고 발생하는 간섭의 영향을 완화하기 위한 조치를 취한다.

(7) 우주 자원의 지속 가능한 사용 : 모든 당사자는 우주 탐사 및 활용의 환경적 영향을 최소화하는 기술 개발을 포함하여 우주 자원의 지속 가능한 사용을 촉진한다.

(8) 우주 쓰레기 완화 : 모든 당사자는 우주 쓰레기의 생성 및 축적을 완화하고 우주 쓰레기의 안전하고 책임 있는 처리를 촉진하기 위한 조치를 취한다.

(9) 비차별 : 모든 당사자는 우주 탐사 및 활용에 있어 다양성과 포용성을 촉진하고 국적, 성별 또는 기타 요인에 따른 차별을 금지한다.

(10) 국제법 준수 : 모든 당사자는 우주 탐사 및 이용과 관련된 우주 조약 및 기타 관련 조약 및 협정을 포함한 국제법을 준수한다.

아르테미스 계획의 주요 구성요소 들여다보기

아르테미스 계획은 달 표면상에 위치한 베이스캠프와 달궤도에 위치한 우주정거장 게이트웨이를 통해 유인 달탐사와 달 과학임무 수행을 지속가능하게 하는 것을 목표로 한다. 달 표면과 궤도상에서 달 임무를 지속가능하도록 운영하기 위해서는 다양한 유인 및 화물 우주선과 우주 구조물 등의 시스템이 요구되는데, 이것은 크게 ①사람을 지구에서 달궤도로 수송하고 달궤도에서 지구로 귀환시키기 위한 유인우주선과 ②이를 지구상에서 달궤도로 수송을 위한 심우주용 발사체, ③달 표면으로 사람과 시스템의 착륙을 위한 착륙선, ④달표면에서 장기간 체류하고 활동하기 위한 주거모듈, 그리고 ⑤준직선형 후광 달궤도Near-Rectilinear Halo Orbit*상에서 임무 운영을 위한 소형 우주정거장 등으로 구성된다. 이번에는 이 구성 요소들이 우주에서 어떠한 일을 하는지를 보다 구체적으로 살펴봄으로서 아르테미스 계획을 이해해보고자 한다.

---

* 달에 가까운 북극 근지점은 3,000km, 달 남극에서 먼 원지점은 70,000km에 달하는 남북 고타원 궤도로서 지구와 항상 통신이 가능하며, 특히 달의 남극 지역에 착륙한 우주인들과 장시간 통신이 가능한 장점이 있다.

NASA의 차세대 유인우주선 오리온

- 화성과 달의 심우주 탐사를 위해 설계된 오리온 우주선은 기본적으로 우주인(사람)을 달궤도 정거장까지 수송하기 위한 시스템이다. 승무원은 4명까지 탑승이 가능하고 임무 기간은 약 21일로 설계되어 있다. 기본적으로 우주를 여행하는 동안 우주환경으로부터 우주인을 안전히 보호하고, 임무 완료 후 지구로 재돌입할 때는 강한 속도에 의한 열환경으로부터 안전한 귀환을 제공하며, 발사 시 긴급 상황이 발생하는 경우에는 우주인이 탈출 가능하도록 하는 것이 오리온 유인 우주선이 갖추고 있는 주요 기능이다.

이러한 전체 오리온 우주선 시스템은 약 20.4m 높이이며, 그중 메인 우주선 모듈인 승무원 모듈과 서비스 모듈이 약 8m 높이의 크기를 가지고 나머지는 발사중단 시스템으로 구성된다. 전체 우주선의 무게는 약 32.6~35.3톤에 이른다. 그리고 오리온 우주선 상단으로부터 발사중단시스템launch abort system, 메인시스템인 승무원 모듈crew module, 서비스모듈service module로 구성된다.

- 발사중단시스템은 작은 결함에도 큰 사고로 이어지는 발사체 로켓의 발사과정을 중단해야 하는 비상사태가 발생할 경우, 우주인이 탑승하고 있는 모듈과 발사체를 빠르게 분리시켜 탑승한 우주인(승무원)을 보호하는 기능을 가진다. 또한 분리된 모듈이 낙하산을 이용하여 지상으로 안전하게 착륙하도록 하는 자세 제어 기능을 갖추고 있다.

우리는 다시 달에 간다

승무원 모듈 맨 위 타워에 위치하고 있으며, 타워 형태로 승무원 모듈을 감싸는 캡슐을 포함하여 높이는 약 15.2m에 직경이 0.9~5.1m, 중량은 6.9톤에 이른다.

- 승무원 모듈은 4명의 승무원을 달로 수송하는 동안 실제 승무원이 머무르는 공간으로 발사부터 귀환할 때까지 우주인의 안전한 거주를 제공하여 승무원이 임무 기간 동안 생활하고 일할 수 있는 공간이다. 발사 중량은 10.4톤이고, 지구로 귀환 시에는 100kg의 탐사 샘플을 가지고 9.3톤의 무게로 지구로 착륙하게 된다. 캡슐 형태의 이 모듈에는 생명유지장치environment control & life support system, 디지털 조종장치, 소형 화장실과 재진입 열보호시스템 등이 포함되어 있다. 약 3.4m 높이에 직경이 약 5m이며 그중 가압모듈pressurized module의 크기는 약 19.5m³이고, 실제 승무원 거주 모듈은 약 9.0m³다.

- 서비스 모듈European Service Module, ESM은 승무원 모듈과 연결되어 승무원 모듈에 에너지와 생명지원 기능을 제공하는 시스템으로, 유럽우주청에 의해 개발되었다. 이 모듈은 추진 시스템, 전력 시스템, 열제어 시스템, 자세제어 시스템을 갖추고 있고, 4명의 우주인이 21일 동안 거주할 수 있도록 승무원 모듈에 제공할 공기(산소 90kg, 질소 30kg)와 물 240L를 탑재한다. 태양전지판을 이용하여 11kW의 전력을 생산하고, 추진 및 자세제어를 위해서는 26.6kN의 메인엔진 1개, 약 490N의 보조엔진 8개, 약 220N의 자세제어 엔진 24개를 장착하

고 있다. 서비스 모듈의 높이는 약 4.8m, 직경 약 5m, 발사 중량은 15.5톤이다.

NASA의 심우주발사체 SLS

- 미국 NASA의 심우주 탐사를 위한 로켓으로, 지구궤도를 넘어 달과 같은 심우주 유인 탐사 및 인류 거주 범위 확장을 이룰 수 있는 강력한 추력과 수송능력을 가진 로켓이다. 현재 개발되어 있는 SLS는 SLS Block1으로, 이후 Block1B와 Block2까지의 개발이 계획되어 있다. 아르테미스 계획에서 NASA의 오리온 유인우주선과 우주인, 화물(보급물자) 등을 달에 수송하는 역할뿐만 아니라 향후 화성 유인탐사와 다른 태양계 행성의 로보틱 임무를 지원한다.

SLS Block1 모델은 높이가 약 98m이고, 무게는 2,610톤 규모로, 최대 추력이 4,000톤, 달에 수송 가능한 탑재체 무게는 27톤에 달한다. 4개의 RS-25 액체 추진 엔진으로 구성된 주 엔진과 2개의 고체 로켓 부스터를 이용하여 이러한 추력을 얻는다. 1단 로켓에 의해 지구저궤도에 도착 후에는 상단 극저온(액체 산소와 액체 수소) 엔진을 이용해 오리온 우주선을 달로 보낸다. 상단 극저온 엔진을 가진 Block1 모델 로켓은 아르테미스 계획의 처음 3번의 임무에서 사용될 예정이고, 점차 성능을 향상시켜 Block2 모델에서는 43톤 규모의 탑재체를 달궤도에 수송할 계획이다.

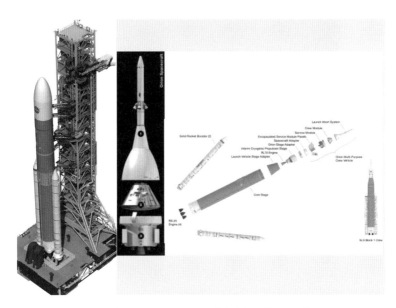

✦ 그림3_9. SLS Block1 Crew 발사체와 오리온 우주선

게이트웨이

- 아르테미스 계획을 구성하는 주요 시스템 중 하나인 게이트웨이는
  달의 준직선 후광궤도에 소형 우주정거장을 구축하여 유인 달탐사를
  위한 전초기지로 활용하고, 나아가 화성과 심우주 탐사를 위한 발판
  을 마련하기 위한 것이다. 전체 계획은 미국의 주도하에 국제우주정
  거장 참여국가(미국, 유럽, 캐나다, 일본)의 우주개발 전문기관과 미
  국의 민간업체가 주요 파트너로 참여하여 전력/추진모듈, 거주 모듈,
  에어락, 로봇팔, 보급모듈 등 여러 개의 모듈로 구성된 소형 우주정거
  장을 구축하여, 4명의 우주인이 30일 동안 임무 수행이 가능하도록
  하는 것이다.

✦ 그림3_10. 오리온 우주선과 게이트웨이의 도킹 개념도

그러나 게이트웨이의 이 모든 구성 요소를 완전히 개발하기에는 시간
적인 문제가 있어 현재는 2020년대 중반에 이루어질 유인 달 착륙을
지원하기 위해서 우선적으로 가장 필수적인 모듈인 전력/추진 모듈
PPEPower & Propulsion Element, 거주 모듈 HALOHabitation and Logistics
Outpost, 보급 모듈 GLSGateway Logistics Services만을 빠르게 구축하는
것을 목표로 하고 있다.

- PPE는 막사 테크놀로지스Maxar Technologies에서 개발 중이다. 태양 전
  지판을 이용하여 60kW의 전력 생산이 가능하고, 12.5kW의 전기 추
  력과 통신, 그리고 자세제어 등 게이트웨이의 기본적인 서비스 모듈
  의 역할을 담당한다.

- HALO는 미국의 노스롭 그루먼Northrop Grumman사에서 개발 중으로,
  지구에서 오리온 우주선을 통해 도착한 우주인이 머무르면서 달 착륙
  을 준비하는 우주인이 거주하는 공간이다. 우주인이 살 수 있도록 환

경제어 및 생명유지시스템, 열제어, 에너지 저장, 커멘드/데이터 처리, 통신 등 기본적인 우주시스템의 기능을 제공한다. 그리고 오리온 유인 우주선, 달착륙선, 화물선 등의 도킹이 가능한 포트를 갖추고 있다.

- GLS는 우주인의 달 착륙을 위한 화물/시스템, 실험장치, 보급품 등을 공급하는 서비스로써 미국 NASA에서는 2020년 민간 우주산업체 스페이스X를 서비스의 계약자로 선정했다.

- 현재로서는 PPE와 HALO를 지상에서 함께 조립하여 2024년경 발사할 계획이다. 이렇게 초기 게이트웨이 모델이 개발된 후, 추가적인 거주모듈, 연료공급 모듈, 화물공급선, 로봇팔 등은 유럽, 일본, 캐나다 우주개발기관에 의해 개발되어 추가적으로 건설될 예정이다.

유인 착륙선 HLS

- 미국 NASA는 아르테미스 계획의 효율적인 실행을 위해 유인 착륙선의 경우에는 민간 회사를 참여시키고자 했다. 이에 2020년에 3개 업체인 블루 오리진, 다이넥티스, 스페이스X를 선정하여 유인 착륙선에 대한 초기설계 연구를 수행했고, 2021년에는 스페이스X의 스타쉽 유인 달착륙선을 2024년 이후(2025년 또는 2026년) 아르테미스3 임무 수행업체로 선정했다.

- 스타쉽 우주선은 지구에서 달궤도로 발사되어 게이트웨이 또는 오리온 우주선과 도킹한 후, 오리온 우주선을 통해 도착한 우주인 중 2명을 태우고 100~200톤 규모의 착륙선으로 달 표면으로 착륙하게 된다. 그리고 우주인은 달 표면에서 임무 수행 후 다시 착륙선을 통해 게이트웨이로 도킹하고, 이미 도킹되어 있던 오리온 우주선을 통해 지구로 귀환하게 된다.

- 스타쉽 착륙선은 재사용이 가능하도록 설계되었으며, 스페이스X 팰컨9 발사체로 지구저궤도에서 다른 발사체로 발사된 연료 보급선과 도킹을 통해 연료를 채우고 달궤도의 게이트웨이에 도킹하게 된다. 이 착륙선은 비교적 넓은 승무원 공간과 두 개의 기밀식 출입구airlocks로 구성되고, 오리온 우주선 및 게이트웨이와 호환 및 도킹이 가능하다. 현재 스타쉽 착륙선은 개발을 위해 다양한 시험을 진행 중에 있다.

✦ 그림3_11. 스페이스X 스타쉽 유인달착륙선 상상도

우주과학자가 선택한, 이런 SF영화 어때? :
문 (Moon)

최기혁

영화 < 문Moon >은 던컨 존스Duncan Jones가 감독한 2009년 SF영화로서 표면적인 재미는 물론이고 심층적인 의미도 지니고 있는 영화다. 할리우드 톱스타가 나오지 않고 화려한 CG도 없으며 옛날 방식인 모형 촬영을 고집하여 제작비가 500만$에 불과한 저예산 영화지만 완성도가 높아 2009년 개봉당시 미국과 영국의 평론가로부터 칭찬과 지지를 받았다. 신인 샘 록웰Sam Rockwell이 주인공 샘 벨Sam Bell 역을 맡았고, 연기파 배우로 유명한 케빈 스페이시Kevin Spacey가 로봇 '거티GERTY'의 목소리 연기를 했다.

우리나라에서도 2009년 11월에 개봉했는데, 개봉 당시 감독 던컨 존스가 데이비드 보위의 아들이라는 사실이 화제가 되기도 했다. 이런 화제성이 흥행과 이어지지는 못했지만 우리나라에서도 마니아층과 평론가들에게는 열렬한 환영을 받았다.

<문>이 과학자에게 매력적인 여러 가지 이유 중 하나는 과학적으로 매우 타당한 주세를 가지고 있다는 점이다. 달에서 헬륨-3(He3)를 채굴하는 기지가

영화의 무대인데, 이는 현재 인류가 미래의 궁극적인 에너지 해결책으로 주목하며 국제 공동으로 연구하고 있는 핵융합의 원료가 헬륨-3이라는 점에서 매우 사실적이다. 많은 전문가들은 대략 30년 후면 이 연구가 실용화될 것으로 예측하고 있고, 실용화 후에는 핵융합 발전 원료인 헬륨-3가 더욱 필요해질 것인데, 대기가 없는 달에는 수십억 년 전부터 태양에서 날아온 헬륨-3가 표면 토양에 풍부하게 축적되어 있어 헬륨-3를 채굴하는 최적의 장소로 꼽히고 있다.

대부분의 SF영화처럼 <문>도 배경이 되는 시기가 언제인지 명확히 알려주지는 않지만, 달에서 헬륨-3를 채굴하는 지금으로부터 대략 30년 후가 배경일 것으로 예상하며 보니 흥미도 배가 되었다. 따라서 영화의 장면들도 30년 후면 현실화될 가능성이 매우 크다고 생각되기 때문에 SF지만 미래의 이야기 같으면서도 현실적이라 생각할 면들이 많아진다.

간단히 줄거리를 소개하자면 이 영화는 3년 계약으로 달에 거주하며 '루나'라는 회사에서 일하는 달기지 승무원 '샘 벨'의 이야기다. 계약 만료가 다가옴에 따라 샘은 이상한 환각을 경험하기 시작하고, 회사와 자신의 정체성에 대한 놀라운 진실을 발견하게 된다. 헬륨-3 채굴 작업장에서 작업 장비 충돌사고로 정신을 잃은 샘이 기지에서 깨어나면서 지구에 있는 본사와 로봇 '거티'의 통화를 엿듣게 되고 자신의 정체성에 의문을 가지게 되는 것이다.

의문은 샘을 움직이게 만든다. 핑계를 대고 거티를 속인 샘은 사고 현장으로 달려가고, 부서진 달차량 속에서 자신과 똑같이 생긴 부상당한 클론 샘을 발견하고 기지로 데려오게 된다. 그리고 거티와의 대화를 통해 자신들이 모두 샘의 클론 복제인간인 것을 알게 되고 만다. 아내와 딸에 대한 기억조차 기억 이식을 통해 심어졌다는 충격적인 사실과 함께 동면 중인 수백 명의 샘을 기지 내 비

✦ 그림3_12. 〈문〉 영화 포스터

밀창고에서 발견하게 되는 샘. 자신들은 루나사가 비용 절감을 위하여 만든 클론이며, 수명은 3년밖에 되지 않고, 임무를 마치고 지구로 가기 위해 동면에 드는 것이 아니라 수명이 다해 소각 후 버려질 운명이었다.

부상당했던 샘은 자신의 수명이 얼마 남지 않았음을 깨닫는다. 이에 진실을 알리기 위해 샘 벨을 헬륨-3 수송선에 탑승시켜 지구로 보내고, 자신은 달에 남아 죽음을 기다린다. 그리고 지구에 도착한 샘의 증언으로 루나사의 비윤리적인 달 개발 비즈니스가 폭로된다.

영화의 심층적인 의미는 인간과 클론 복제인간의 관계에서 발생한다. 로봇인간(휴머노이드)이나 합성인간(안드로이드)은 먼 미래의 이야기이지만 줄기세포 복제인간(클론)은 현재에도 기술적으로 가능하다. 자신과 똑같은 유전자를 가지고 심지어 기억도 이식이 되어 있다면 과연 누가 진짜 나인가라는 어려운 질문이 발생한다. 영화 속에서도 주인공 샘과 부상자 샘이 서로 자신이 진짜라고 싸우는 장면이 등장한다. 돈에 눈이 어두워 비인간적인 행위를 일삼는 지구상의 인간들(루나 경영진)보다도, 비록 복제인간이지만 샘을 살리기 위해 기꺼이 희생하는 부상자 샘이 오히려 더 인간답다는 생각을 하게 된다.

이러한 샘 벨의 여정은 끊임없이 변화하고 불확실한 세상에서 목적과 연결을 찾기 위한 우리 자신의 투쟁을 반영한다. 또한, 인간적이라는 의미에 대한 우리의 탐색이 근본적으로 타인과의 관계 및 우리 주변 세계와 맺는 연결과 연결되어 있음을 시사한다. 영화 내내 샘은 자신이 처한 현실과 자신의 정체성과 씨름한다. 자신의 상황에 대한 진실을 밝히기 시작하면서 그는 자신이 생각하는 자신이 아닐 수도 있고 자신의 인생 전체가 거짓말이었을 수도 있다는 사실에 직면하게 된다. 이러한 깨달음은 자아감의 취약성과 주변 세계에 의해 우리의 정체성이 형성되는 방식에 대한 문제를 제기하는 것이다.

결국 이 영화는 인간 조건과 인간의 의미 그리고 상호 연결에 대한 명상이다. 샘 벨이라는 캐릭터를 통해 영화는 우주 탐험에서 올 수 있는 외로움과 고립, 점점 더 단절되고 파편화되는 세상에서 정체성과 목적의식, 주변과 연결을 유지해야 하는 상호관계의 어려움을 이야기하고 있다. 종종 공허하고 무의미하다고 느낄 수 있는 세상에서 정체성과 의미를 찾는 영화이기도 하다.

이처럼 근 미래에 현실이 될 배경 설정에 철학적인 질문과 탐구까지 담고 있는 영화 <문>은 이외에도 관객을 긴장하게 만드는 요소까지 갖춘 매력적인 공상 과학 스릴러이기도 하다. 비록 저예산 영화이지만 시각 효과는 놀랍고, 긴장감과 서스펜스까지 전문적으로 녹아있을 뿐 아니라, 서정적인 분위기까지 갖춰 꼭 깊이 있는 영화를 좋아하는 관객뿐만 아니라 재미를 추구하는 관객까지 만족시킬 요소가 충분하기에 SF 장르 팬이라면 꼭 봐야 할 영화로 생각한다.

마지막으로 영화 <문>을 보면서 한국인이라면 깜짝 놀라게 되는 장면이 있는데, 바로 한글의 등장이다. 달기지 이름이 '사랑Sarang'이라는 영어표기 한국어이며, 달기지 외부 벽과 주인공이 입은 근무복에는 사랑이란 글자가 한글로 확실하게 표시되어 있다. 이 역시 영화 감상 후 많은 사람들에게 화제가 되었는데, 던컨 존스 감독이 영화 촬영 당시 사귀던 여자친구가 한국계이고, 한국 문화에 대한 관심과 이해도가 높아 여자친구와 한국에 대한 경의를 표하기 위해 '사랑'을 기지 이름으로 사용했다고 알려지기도 했다. 박찬욱 감독의 열렬한 팬으로, 박찬욱 감독에 대한 경의로 한글을 사용했다는 말도 있다.

영화를 보고 개인적으로 든 생각은 아마도 한글로 사랑이 등장한 궁극적인 이유는 영화 속에서 오직 인간의 이익만을 위하여 외부와 철저하게 고립되고 단절된 샘이 외로운 달기지에서 처연하게 갈망한 것이 오직 인간 사이의 진정한 사랑이었기 때문은 아니었을까 여겨진다. 그런 의미에서 기지 이름이 사랑이라는 것은 매우 적절하다고 여겨진다.

이외에도 악덕 기업으로 나오지만 루나 인더스트리 역시 한국과 미국의 합작회사로 설정되어 있는데, 2009년에 만들어진 영화에 현재 한국의 국제적인 문화적 위상이 예견되어 있는 것 같아 신기하다. 또한, 우리나라가 앞으로 달을 비롯한 우주개발 분야에서도 선진국이 되어야 한다는 생각을 가진 입장에서는 그렇게 될 것이라는 긍정의 신호인 것 같아 반갑고, 희망차다. 어쨌든 최근 달 탐사를 시작한 한국 국민으로서는 묘한 친밀감이 가는 영화임에는 분명하다.

우리는 다시 달에 간다

CHAPTER 04
아르테미스 유인 달탐사 계획과
대한민국

아르테미스 유인 달탐사 계획의 시나리오

··

아르테미스 유인 달탐사 계획은 이미 시작되어 진행 중이다. 계획의
1단계는 2025년*까지 미국의 우주인이 달에 착륙하는 것인데, 이를 위해
2022년 11월 각종 센서를 부착한 마네킹이 인간 대신 탑승한 오리온 탐
사선이 신형 우주발사체 SLS로 발사되어 달을 선회했다. 이후 2024년에
는 4명의 우주인이 탑승하여 달을 선회하고, 2025년이 되면 4명의 우주
인이 달 주위 우주정거장 게이트웨이에 도착하여 유인달착륙선 HLS로
갈아탄 후 여성과 아시아/아프리카계 우주인 2명이 달에 착륙하여 1주일
간 활동하게 된다. 이 1단계에서는 달궤도 유인우주선, 유인 달착륙선, 비
가압식 월면차, 선외활동용 우주복, 소형 무인 달착륙선 기술과 시스템이
개발되어 활용될 것이다.

아르테미스 계획의 목표는 여기에서 그치지 않는다. 총 3단계까지 계획
되어 있는데 전체적인 계획의 주요 목표는 유인 착륙과 이륙, 달과 게이트

---

* 달착륙선과 달우주복의 개발 지연으로 달 착륙이 연기될 수 있다는 보도가 NASA와 미의회회계감
시국에서 나왔다('23.11.30).

웨이까지의 화물 수송, 달 표면에서 차량을 이용한 장거리 이동, 달 표면 주거 모듈에서 1개월 이상 장기 체류, 달 표면에서 자원 채굴과 활용, 인류의 우주 장기체류를 위한 인체 활동과 우주의학 연구, 달 표면 장기체류를 위한 거주모듈 및 인프라 구축, 달 표면에서의 과학 활동, 국민 대중의 참여, 산업체의 상업 활동 활성화와 글로벌한 국제협력이 포함된다.

이를 정리하면 다음과 같다.

- 4명에 대한 유인 이착륙 실증.
- 화물 수송 실증은 단기 유인 미션에서 1~2톤, 유인착륙선은 9톤 규모.
- 선외활동Extra-vehicular activity, EVA 재사용성, 달 먼지 대응과 기동성 검증.
- 누적 10,000km 장거리 이동능력 실증.
- 누적 500일 장기거주 시설의 신뢰성 및 운용절차 검증.
- 무중력과 우주방사선 환경 장기체류 시 인체 건강 및 활동능력 검증으로 화성탐사에 대비.
- 현지자원활용In situ resource utilization, ISRU 실증으로 연간 50톤의 연료 생산.
- 300kW 전력생산과 1GPS 통신 등 인프라 구축.
- 과학연구 성과 창출.
- 대중/청소년 참여 소통 증진을 통해 전 국민 30% 이상의 동의.
- 민간참여/상업 증진.
- 국제협력 및 참여 기회 확대로 전 세계 100여 개국 이상 참여 목표.

그리고 총 3단계로 구성된 계획은 각 단계마다 시나리오가 있고, 그에 따른 임무와 하드웨어 구성요소들이 있는데 이를 한번 살펴보자.

* 1단계 (~2025) : 월면 유인 착륙

- 1단계에서는 총 세 차례의 달탐사용 SLS 발사체를 발사하여 50여 년 지나서 다시 인류가 달에 착륙하게 하고자 한다. 아르테미스가 '달의 여신'이라는 점을 감안하여 2025년 달에 첫발을 딛는 우주인은 여성 으로 결정되었으며, 두 번째 착륙 우주인은 유색인일 가능성이 큰데 그중에서도 아프리카계 흑인이나 아시아계가 될 가능성이 높다. 첫 번째 이후 두 번째 착륙부터는 달 정거장 게이트웨이, 달 화물 수송, 유인 달 착륙, 달기지 건설 등에 미국 NASA와 대규모로 긴밀하게 협력하고 있는 캐나다, 유럽, 일본 우주인이 착륙할 가능성이 높다. 참고로 아르테미스 계획 초기에는 러시아도 유력한 협력 대상 국가였지만 2022년 초 러시아가 우크라이나를 침공하면서 모든 미국 주도 국제협력 우주탐사 프로그램에서 배제될 것으로 예상된다.

1단계 아르테미스 계획은 초기 유인 달탐사에 필요한 다양한 임무를 수행한다. 임무의 가장 핵심이 되는 것은 앞서 언급했듯 2025년까지 우주인을 달에 착륙시키는 것이고, 그 외에도 유럽 및 캐나다, 일본을 착륙 임무에 참여시키는 것과 초기 월면 탐사를 위해 하드웨어를 개발하는 임무가 있다. 이런 하드웨어로는 유인 달착륙선, 선외활동 우주복, 비가압식 월면차량, 소형무인 착륙선과 로버 등이 이에 속한다. 이 하드웨어들을 정리해 보면 다음과 같다.

달궤도 유인우주선 : 지구-달궤도 게이트웨이 간 우주인 수송 역할을 수행하며, 오리온 우주선의 경우 4명이 21일간 탑승 가능.

유인 달착륙선 : 달궤도 게이트웨이에서 달 표면으로 우주인 수송. 초기 2인, 최대 4명이 8일간 탑승.

비가압식 월면차 : 선외활동을 위하여 우주복을 입은 우주인 2명과 화물을 탑재하여 최소 2km를 주행하고 무인 원격조종도 가능.

선외활동(EVA)용 우주복 : 달 표면에서 최대 8시간 활동 지원.

소형 무인 달착륙선 : 10~100kg 화물을 달 표면으로 수송, 과학 및 기술시연도 수행.

지구-달궤도 정거장 간 유인 수송선 오리온 (Orion)

달궤도 정거장-달표면 유인 재사용 착륙선   소형 비가압식 월면차

✦ 그림 4_1. 아르테미스 1단계 구성 주요 하드웨어

* 2단계 (~2040) : 월면 탐사 활동 및 인프라 확대

- 2단계의 목표는 우주인의 장기체류, 탐사활동과 화성탐사를 지원하는 인프라를 구축하는 것이며, 세부적으로는 2A 단계와 2B 단계로 나뉘게 된다.

• **2A 단계 (2025~2030) : 달탐사 활동 및 이동 최소 역량 확보**
- 달에서 탐사 활동 및 이동을 위한 최소 역량을 확보하는 단계로서, 달 궤도 무인 수송선, 유인 활동 지원 등을 위한 물자 보급용 중형 무인 달착륙선, 다용도 로버, 가압식 월면차를 운용하고, 통신 중계 및 전력 인프라, ISRU 검증 플랜트 등을 설치하게 된다. 특히 우리가 주목해야 할 것은 일본 JAXA가 자국의 자동차 생산업체인 토요타사와 협력하여 가압식 월면차량을 2028년*에 운용할 계획이 있다는 것이다. 우리나라도 현대자동차라는 세계적인 자동차 기업이 있는 만큼 눈여겨 봐야 할 것 같다.

2A 단계에는 네 가지의 시나리오가 있다. 첫 번째로 유인 수송선/착륙선 및 보급용 무인 수송선/착륙선을 주기적으로 발사하고, 두 번째로 월면차를 이용하여 달의 남극 지역에 대한 단기 탐사를 수행하며, 세 번째로 월면차의 성능을 향상시키고 운용 대수를 늘려가며 탐사 영역 및 기간을 단계적으로 확장하게 된다. 네 번째는 남극 이외의 관심 지역 탐사 및 달에서 밤 기간(14일) 동안의 생존능력을 확보하는

---

* 전반적인 아르테미스 계획의 지연으로 가압식 월면차량 운행은 2030년대로 지연될 가능성이 크다.

것이다. 이를 위해 아래와 같은 하드웨어를 개발하고 운용하게 된다.

가압식 월면차 : 2명의 우주인이 최대 42일간 탑승하면서 600km 이동.

달궤도 무인 수송선 : 지구-달궤도 게이트웨이 구간 2~3.4톤 화물 수송.

중형 무인 달착륙선 : 달 표면까지 1~2톤의 화물 수송.

통신 중계 인프라 : 지구-달궤도 게이트웨이-달 표면 간 통신제공. 게이트웨이를 중계노드로 사용하고, S, X, Ka 밴드와 광통신 사용.

전력 인프라 : 달 표면에서 전력생산과 저장장치로 17kW 전력 제공.

다용도 로버 : 과학탐사와 ISRU를 위해 25~250kg의 화물을 싣고 2,000Km 이동.

ISRU 검증 플랜트 : 실용급 ISRU 시설의 백 분의 일 규모의 연료생산(연간 50kg).

• **2B 단계 (2031 ~ 2040) : 화성탐사 준비 및 장기 체류 ISRU 역량 확보**
- 2B 단계는 달탐사 이후 이어질 화성탐사를 위해 우주인 장기체류와
  현지자원 활용 역량을 갖추는 단계이다. 유인거주시설, 재사용 유인
  이착륙선, 원자력 전력원, 실용급 ISRU 시설과 같은 하드웨어를 개발
  하여 설치하게 된다.
  2B 단계의 임무 시나리오는 첫 째로 달 남극 지역에서 장기 체류 및
  ISRU 활동 집중 수행이다. 이를 위해 우주에서의 장기적 인체건강 및
  활동능력 검증, 현지에서의 식량/식물 재배 역량 등을 확보, ISRU 실
  증을 위한 파일럿 시설 구축 및 이를 운용하기 위한 전력원을 확보하

게 된다. 또한 핵심 하드웨어의 경우 상이한 방식으로 작동하는 여분의 시스템을 백업 차원에서 확보한다. 그리고 두 번째로는 화성 유인 탐사에 필요한 역량 및 기술들을 달에서 사전 검증을 수행한다.

아래는 2B 단계에서 개발 운용될 하드웨어다.

장기거주 시설 : 4명의 우주인이 최대 60일간 생활 가능한 거주 시설.

재사용 달궤도 유인 이착륙선 : 달궤도정거장 게이트웨이-달 표면 간 4명이 탑승 가능한 이착륙선으로 이륙선은 재사용, 연료는 달 표면에서 생산.

원자력 전력원 : 모듈화된 전력 시스템으로 달의 밤 기간 14일 동안 10Kw의 전력 생산.

실용급 ISRU 시설 : 달의 얼음을 전기분해하여 연간 50톤의 연료 생산, 유인 이착륙선에 연료 제공. 채굴과 저장 시설이 포함됨.

* **3단계(2040~) : 월면 지속 체류 및 활용**

- 3단계는 아르테미스 유인 달탐사의 최종단계로서 달에 설치된 인프라를 이용하여 본격적인 달 환경을 활용하고 경제적 이익을 창출하는 달 산업화와 달 경제moon economy를 실현하는 단계이다. 임무 목표와 시나리오는 크게 두 가지로 구성된다. 먼저 지속적이고 활발한 달탐사 활동을 통해 '월면 경제'를 실현하는 것인데 이를 위해 달에서의 기

달표면 장기체류 주거모듈

가압식 월면차

달표면 현지자원활용 (ISRU) 시설

✦ 그림 4_2. 아르테미스 2단계 구성 주요 하드웨어

술 검증, 인프라 투자, 정부-산업체-학계 간 파트너십 확대와 유인 거
주시설의 장기 운영, 달 전역으로 자유로운 이동성 확보, ISRU 시설
실용화, 통신/전력 인프라 확대를 목표로 한다. 두 번째는 달탐사에
대한 접근성 향상 및 비용 감소로, 각국 정부는 화성 등 태양계 내 다
른 천체의 탐사활동으로 투자를 전환하게 된다. 그리고 3단계에서 개
발되는 대표적인 하드웨어는 달 표면의 착륙지 간 장거 (1,000km 이
상 왕복) 이동용 비행시스템인 유인 호퍼hopper 개발이다.

착륙지간 이동용 유인 호퍼 : 달 표면 착륙지간 이동용 개방형 재사용.
월면 이착륙선으로 4명이 탑승, 최대 1,000km 왕복 가능.

이상 아르테미스 유인 달 착륙 계획의 3단계 시나리오와 이에 필요한 하드웨어에 대해 보다 구체적으로 살펴보았다. 언급된 하드웨어 중 1A 단계의 유인달착륙선과 우주복, 2B 단계의 장기 주거시설과 원자력 발전 모듈은 핵심요소로서 다른 해외 파트너에 맡기지 않고 NASA가 독자적으로 개발하는 것으로 되어 있으며, 각 단계에서 누적된 역량은 궁극적으로 유인 화성탐사라는 인류와 미국의 장기목표 달성에 도움이 될 것으로 기대된다.

아르테미스 유인 달탐사 계획의 여정과 임무수행

아르테미스 유인 달탐사 계획의 3단계 시나리오에서 알 수 있는 것은 미국과 NASA가 궁극적으로는 화성 진출의 발판이 될 이 계획을 실현시키기 위해 심혈을 기울이고 있다는 점이다. 실제로 미국은 아르테미스 유인 달탐사 계획의 성공을 위해 초당적으로 협력하고 있으며, NASA는 물론 우주 산업체와 해외 협력 파트너 국가들을 지속적으로 참여시키고 있다. 이미 유럽과 일본, 캐나다가 참여할 예정이지만 다른 국가들에게도 문호를 개방하여 보다 글로벌한 국제협력이 되도록 할 계획이다. 누리호 발사 성공으로 우주 선진국에 진입한 우리나라도 적극적으로 참여를 검토하고 있다.

이러한 아르테미스 유인 달탐사 계획은 이전의 달탐사 및 우주개발 계획과 몇 가지 다른 점이 있는데, 먼저 그 목표가 달에 그치지 않고 화성을 바라보고 있다는 점이다. 인류의 미래를 위한 매우 장기적인 안목을 가지고 준비되는 계획인 만큼, 단순 탐사에 머무르지 않고 산업체가 중심이 되어 지속 가능한 달 경제 생태계를 구축하고, 일회성 탐사가 아닌 지속적인 탐사를 위해 달 정거장을 개발하는 것도 이전과 확실히 다른 모습이다. 또한 국제협력을 계속하기 위해 아르테미스 전체 구성 요소들의 경우 국제적으로 상호 운용 표준을 설정하여 재사용이 가능함은 물론 호환성을 갖도록 개발하는 것도 특이점이다.

이상의 몇 가지만으로도 아르테미스 유인 달탐사 계획이 기존의 달탐사 및 우주개발과 얼마나 차이가 나는지 알 수 있다. 정찰과 탐색이 이전의 탐사와 개발의 주목적이라면 아르테미스 유인 달탐사 계획은 우주개발의 본격적인 시작이며, 따라서 매우 다양하고 복잡한 임무 수행이 이루어지게 된다. 앞에서 살펴보았듯 큰 틀에서는 3단계 시나리오를 가지고 있고, 매 단계마다 보다 구체적인 임무가 이루어지도록 설계되어 있는 것이다. 1단계에서는 세 번의 우주선이 발사되며 각각 아르테미스-1 무인 궤도선, 아르테미스-2 유인 궤도선, 아르테미스-3 착륙선 임무를, 2단계에서는 아르테미스 4~8까지 대부분의 아르테미스 임무가 발사된다.

이러한 각각의 임무는 결국 달을 통과해 화성으로 향하는 인류의 길을 열어줄 것이다. 그런 의미에서 이번엔 지금까지 발사일정과 임무가 알려진 아르테미스-1부터 아르테미스-8까지의 유인 달 착륙 계획의 여정을 따라가 보기로 한다.

* **아르테미스-1의 임무**

- 아르테미스-1의 임무는 액체 수소 연료주입 과정 중 발생한 누출문제로 몇 차례의 연기 끝에 2022년 11월 6일 드디어 발사되면서 시작됐다. 아르테미스-1은 무인 발사였고, 임무에 따라 발사 후 3주간 달을 2회 돌고 달 뒷면 6,400km까지 나아간 후 총 25일 11시간 동안 209만

km를 비행했다.

- 지구귀환 과정에서는 대기권 재진입을 통하여 캘리포니아 주 앞바다에 착수하고 회수하는 전 과정을 점검하고 기술적 데이터를 확보할 수 있었다. 오리온 우주선은 귀환 과정에서 음속의 32배인 시속 40,000km로 대기권에 재진입하며 섭씨 2,800℃에 달하는 열을 감당해야만 하는데 이를 우주선의 열보호시스템이 잘 견디는지 철저히 점검하는 것 역시 임무였다.

- 오리온 우주선 내부에는 인간 신체를 모사한 세 개의 마네킹이 탑승했는데, 이는 실제 우주비행 시 우주인들이 받는 우주방사선 총량을 측정하기 위함이었다. 이외에도 여러 국가에서 제작한 10기의 초소형위성을 달궤도에 진입시켜 심우주 방사선 환경, 태양입자 측정, 자기장 변화, 달 표면 유기화합물 관측 등 달궤도에서 우주환경을 측정하는 임무도 수행했다.

* 아르테미스-2의 임무

- 2024년으로 예정되어 있는 아르테미스-2의 임무에서 SLS 발사체와 오리온 우주선은 50여 년 만에 4명의 우주인들을 달궤도로 보내는 10일간의 우주비행을 수행하게 된다. 이는 인류 최초로 달궤도에 진입하여 달을 방문한 아폴로 8호의 성과와도 견줄 수 있는 있을 것이다.

- 아르테미스-2 임무에 탑승하는 우주인 4명은 2023년 4월 NASA 청장인 빌 넬슨에 의해 발표되었다. 사령관은 미국 NASA 우주인 레이드 와이즈만Reid Wiseman, 조종사는 미국 NASA 우주인 빅터 글러버

아르테미스 오리온 우주선

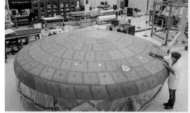

오리온 우주선 배면 열보호시스템

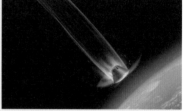

오리온 우주선 지구 대기권 재진입

✦ 그림 4_3. 아르테미스 오리온 다목적 우주선과 열보호시스템

Victor Glover, 비행 엔지니어는 미국 NASA 여성 우주인 크리스티나 코흐Christina Koch, 그리고 임무 전문가인 캐나다 우주인 제레미 한센 Jeremy Hansen이다.

- 발사 직후 오리온 우주선은 90분 동안 지구 주위 184km×2,900km 타원궤도를 한 번 돌고, 2단 로켓인 초저온 중간 추진단Interim Cryogenic Propulsion Stage 엔진을 18분 동안 작동하여 320km×94,000km의 고지구 궤도High Earth Orbit, HEO에서 42시간 비행한 후 2단 로켓을 분리하는데, 오리온 우주인들은 이 분리된 2단 로켓을 대상으로 아르테미스-3 임무에서 필요한 랑데부/도킹 및 회전기동과 같은 근접비행 연습을 하게 된다. 그리고 고지구 타원궤도 원지점apogee에서 오리온 우주선은 자체 엔진을 추가로 작동하여 고도 9만km를 40만km로 높

✦ 그림4_4. 아르테미스-2의 우주인과 달궤도를 선회하는 오리온 우주선 상상도

여 달궤도에 진입하는 기동Trans Lunar Injection, TLI을 수행한다.

- 승무원들은 고지구 궤도에서 최신 환경생명유지시스템Environment Control and Life Support System, ECLSS의 성능을 점검할 것이다. 이 시스템을 이용하여 우주인들의 호흡과 대사활동으로 발생한 수증기와 이산화탄소를 효율적으로 제거하게 된다.

- 우주인들은 오리온 우주선의 심우주 통신과 항법장비의 성능 역시 검증하게 된다. 오리온 우주선이 고지구 궤도에 있는 동안 통신과 항법은 NASA의 심우주 통신네트워크Deep Space Network, DSN에 전적으로 의존해야 하기 때문이다. 지구와 레이저 광통신 시험도 수행하게 되는데 - 오리온 우주선이 달 뒷면 1만km 지점을 통과하게 되면 네 명의 우주인들은 바쁜 일정을 마무리하고 지구로 귀환 준비를 하게 된다. 아르테미스-1 때와 마찬가지로 우주선이 음속의 32배인 속도로 대기권에 재진입하고 고도 50~80km 근처로 하강하게 되면 2,800℃의 고열이 발생하게 될 텐데, 이 고열은 탄소섬유와 페놀수지

로 이루어진 AVCOAT 열보호시스템*이 막아줄 것이다. 열보호시스템은 비중이 0.51 정도고, 예상 외로 가벼워 물에 뜨며, 두께도 4cm 정도밖에 되지 않지만 오리온 우주선 아랫부분에 타일 형태로 부착되어 있다가 재진입 과정에서 20% 정도가 타서 날아가면서 열을 빼앗아 오리온 우주선을 고온으로부터 보호해준다. 이후 고도 50km에 이르면 대기밀도가 증가하면서 우주선의 속도가 급속히 감소하게 되는데, 시속 450km까지 떨어진다. 이때 소형 저항 낙하산이 펴져 속도를 더 줄이게 되고, 1,700m 고도에서 주 낙하산이 펴져 최종적으로 시속 32km로 바다에 착수하게 된다.

*아르테미스-3의 달 착륙 임무

- 아르테미스-3 임무는 이전 아르테미스-1과 아르테미스-2 임무에서 달과 주변을 320만km에 걸쳐 비행하며 쌓은 기술과 경험을 모두 활용하는 종합 결정판으로, 1972년 아폴로 17호 이후 50여 년만에 수행되는 가장 의미 있는 우주탐사 임무가 될 것이다. 아르테미스 계획 1단계의 마무리이자 알려진 바와 같이 여성 우주인과 유색인 남성 우주인이 2025년 하반기에 달에 착륙할 예정이기 때문이다. 2025년은 달 정거장이 아직 완공되지 못할 시기라 4명의 우주인들은 오리온 우주선으로 발사되고 달궤도에서 달착륙선인 스타쉽 HLS와 도킹하여

---

* AVCOAT 열보호시스템은 재진입중 소재가 고온에서 증발하면서 우주선을 보호하는 삭마형 열보호시스템의 하나로, 유리섬유로 된 벌집형 구조에 에폭시 페놀수지를 채운 뒤 가열건조 과정으로 경화시킨 것이다. 아폴로 우주선에도 쓰인 적이 있다.

옮겨탄 후 달 표면에 착륙하게 된다.

- 스타쉽 달착륙선은 완전하게 재사용이 가능한 시스템으로 달은 물론 화성착륙 용도로 개발됐다. 스페이스X사의 슈퍼헤비 로켓으로 발사되며 달로 향하기 전 지구궤도에서 연료를 공급받게 된다. 높이가 50m에 달하기 때문에 착륙 후 우주인들은 엘리베이터를 타고 달 표면으로 내려오게 된다. 이런 거대한 착륙선이 달에 착륙한 모습, 우주인들이 엘리베이터를 타고 하강하는 모습은 그야말로 장관일 것으로 기대가 된다.

- 아르테미스-3 임무의 달 착륙과 귀환 궤적은 209페이지와 같이 매우 복잡하게 구성되어 있다. 지구에서 SLS 로켓으로 발사된 오리온 우주선은 달의 근사 직선형 후광궤도Near Rectilinear Halo Orbit, NRHO에 들어가게 된다. NRHO 궤도는 달의 극 지역을 고타원으로 도는 궤도인데 달 북극은 고도 3,000km로 낮게, 남극은 70,000km로 높게 7일의 주기로 돌게 된다. 쉽게 설명하자면 달을 한 귀퉁이에 두고 매우 극단적인 타원형을 그리는 궤도라고 보면 이해하기 쉬울 것이다. 2024년에 건설을 시작하여 2031년에 완성되는 달 정거장 게이트웨이가 이 궤도를 이용하게 된다. 이 궤도의 큰 장점은 우주선이 달의 뒷면으로 숨지 않기 때문에 항상 지구와 통신이 가능하다는 점이다. 달의 적도 궤도를 돌았던 아폴로 우주선들은 주기가 2시간으로 짧아 1시간 통신 후 1시간 통신이 두절되는 것이 반복되었던 불편함이 있었다. 그러나 아르테미스-3 임무의 궤도는 우주인이 착륙하는 달의 남극지역에서도 1주일 동안 2시간 정도의 짧은 시간을 제외하고는

대부분 통신이 가능하게 된다. 달의 고타원에 들어간 오리온 우주선은 미리 연료를 채우고 대기하고 있는 스타쉽 달착륙선과 도킹하여 2명의 우주인들이 옮겨타 달에 착륙하고, 1주일간의 임무를 수행한 후 이륙하여 다시 달 후광궤도에 진입해 오리온 우주선에 옮겨탄 후 지구로 귀환하게 된다.

- 따라서 우주인이 도착하기 전 무인 탐사선과 무인 로버를 보내 사전 조사를 통해 정확한 얼음의 위치와 양을 파악하는 것이 필요하다. 이를 위해 NASA는 8개의 상업적인 달착륙선Commercial Lunar Payload Service, CLPS을 선정했고, 이 무인 착륙선들이 2023년부터 달표면 환경 연구 센서들을 싣고 달에 착륙하여 얼음을 포함한 달 표면의 자원 종류와 분포를 관측하게 된다. 2024년에는 무인 로버인 VIPERVolatile Investigating Polar Exploration를 달의 남극지역에 착륙시킨 후 달 표면을 실제 드릴로 굴착하여 직접 물을 찾는 탐사를 수행할 예정이다.

- 이렇게 사전 조사 후 도착하는 아르테미스-3 임무의 우주인들은 달 표면에 체류하는 일주일 동안 착륙선의 상승모듈에서 생활하게 된다. 달 표면에 착륙한 두 명의 우주인들이 가장 먼저 하는 일은 우주복을 입고 착륙선 에어록에서 감압한 후 착륙선 밖으로 나가 비상시 착륙선으로 대피하기 위한 준비와 당일 임무 수행을 위한 도구와 장비 풀기에 1.5시간을 보내는 것이다. 특히 먼지 청소 장비를 미리 배치하여 착륙선 내부로 유입되는 달 먼지 양을 최소화시킨다.

- 체류기간 동안 우주인들은 4회의 선외활동인 문워크moon walk를 수행하도록 계획되어 있다. 문워크는 착륙 후 1일, 2일, 4일, 5일에 이루

어지는데, 대부분 과학기술 임무이며 5일차 임무에는 현장 청소와 다음 탐사를 위한 고정 장비들을 설치하게 된다. 이때 문워크의 탐사 범위는 유사시 착륙선으로 돌아갈 수 있는 거리 안쪽으로 제한되는데 우주인이 달에 착륙하기 전에 소형 차량Lunar Terrain Vehicle, LTV이 배치된다면 문워크에서 이동하는 거리는 1km에서 10km규모로 크게 증가할 것이다. 그리고 선외활동을 하지 않는 3일차에는 착륙선 내부에서 휴식과 과학 활동을 하며 지구에 있는 대중과 방송 연결을 통한 달탐사 홍보 활동도 할 계획이다.

아르테미스 유인 달탐사 임무에서 수행할 과학연구 분야와 기대되는 대표적인 역할은 아래와 같다.

✦ 그림4_5. 아르테미스 우주인 달 표면 탐사 활동

1) 달의 형성 과정에 대한 연구

2) 달의 휘발성 물질(물/얼음, 화산성 개스 등)의 순환 사이클과 달 ISRU 가능성 연구

3) 달-지구 시스템의 상호 영향 역사

4) 우주, 지리공간 그리고 지구를 연구하는 플랫폼 역할

5) 고대 태양활동 기록 연구

6) 달 환경에서 과학실험을 위한 플랫폼 역할

이렇게 달 표면에서 일주일 간의 활동을 마치 우주인들은 채취한 샘플을 휴대하고 착륙선에 탑승하여 이륙한 후 달궤도에서 오리온 우주선과 도킹, 오리온 우주선에 남아 달궤도를 돌고 있던 2명의 동료 우주인들과 만난다. 반가운 해후를 한 그들은 이후 지구로 귀환하는 3일간의 비행에 들어간다.

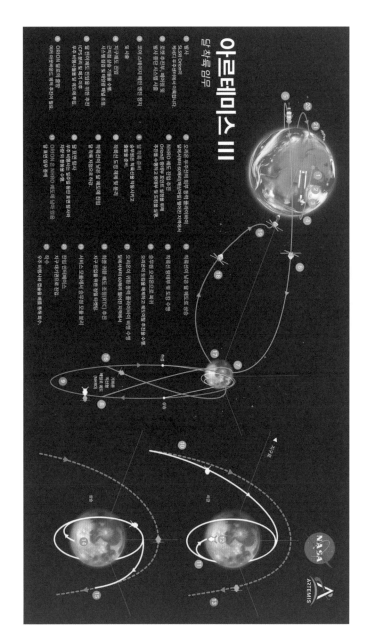

✦ 그림4_6. 아르테미스-3 임무. 달까지 우주항행 및 달 착륙과 귀환 여정

* 아르테미스-4&5 달 착륙 임무

- 아르테미스-4 임무는 2027년 달 착륙과 함께 달 정거장을 조립하는 것이다. 성능이 향상된 새로운 2단 로켓을 사용하게 되고, 그 결과 달 궤도에 27톤을 투입하던 능력을 42톤으로 늘려 오리온 우주선과 함께 달 정거장 게이트웨이 모듈도 수송할 수 있게 된다. 향상된 성능을 활용하여 유럽우주청과 일본 우주기관이 개발한 국제주거모듈 I-Hab을 운송하여 이미 달궤도에 있는 전력추진 모듈 및 주거보급모듈과 도킹하게 되는 것이다. 국제주거모듈은 2020년 탈레스 알레니아Thales Alenia사가 선정되어 개발을 진행 중인데 예산은 3억 2,700만 유로(4천 580억 원)에 달한다.

- 우주인들은 게이트웨이에 I-Hab 모듈 설치 임무 후, 게이트웨이에 도킹되어 있는 스타쉽 착륙선으로 옮겨 타고 달 표면에 착륙하여 게 된다. 이때 아르테미스-4 임무에는 최초로 유럽 우주인들이 탑승한다.

- 아르테미스-5 임무는 2029년으로 예정되어 있고, 아르테미스 유인 달탐사 계획의 세 번째 달 착륙이자 블루문 달착륙선의 첫 번째 유인 달 착륙 임무가 될 것이다. 4명의 우주인이 오리온 우주선으로 게이트웨이에 도착한 후 이미 도킹해 있는 블루문 달착륙선으로 2명의 우주인이 옮겨타고 달 표면으로 내려가게 된다. 이와 함께 달 정거장을 위해 유럽우주청이 개발한 ESPRIT과 캐나다 우주청이 개발한 로봇팔 캐나다암Canadarm-3, 그리고 블루문 착륙선이 달 표면에서 사용할 비가압형 달 지형차량도 실어 달 표면에 전달하게 된다. 이후 2명의 우주인은 1주일간 머물면서 10km정도 거리를 이동하며 탐사

활동을 하게 되는데 이는 1972년 아폴로 17호 이후 최초로 비가압형 달 차량을 다시 운행하는 것이 된다.

- 유럽우주청은 ESPRIT 개발사로 역시 탈레스 알레니아 사를 2020년 선정했다. ESPRIT은 전력추진 모듈의 이온엔진, 하이드라진 엔진에 사용할 크세논 가스와 하이드라진 연료를 저장하고, 달과 주변 우주선과 통신을 중계하는 S밴드와 K밴드 통신장비를 갖춘다. 전체 무게는 10톤에 달하며 길이는 6.4m 직경은 4.6m이며, 급유통신 모듈에는 도킹 포트도 있어 이곳을 통해 오리온 우주선의 우주인과 화물이 옮겨지게 된다.

스페이스X사 Starship 달착륙선

아마존 Blue Origin사 Blue Moon 달착륙선

✦ 그림 4_7. 아르테미스 계획에 선정된 달착륙선 Starship과 Blue Moon

- 아르테미스-5 임무의 궤도를 살펴보면 발사에서 달 착륙 그리고 귀환 여정까지 매우 복잡한 궤적과 과정을 그리게 되는데, 먼저 SLS 로켓으로 발사된 오리온 우주선이 달 후광궤도로 진입하여 이미 달궤도를 돌고 있는 게이트웨이에 도킹하게 된다. 도킹 후에 2명의 우주인과 비가압형 달차량이 블루문 달착륙선으로 옮겨타고 달 표면에 착륙하여 1주일간 탐사 작업을 수행하며, 달 표면 활동을 마친 후에는 다시 블루문 착륙선으로 이륙하여 달 후광궤도를 돌고 있는 게이트웨이에 또 한 번 도킹한다. 그리고 달 정거장에 남아 있던 2명의 동료 우주인과 함께 오리온 우주선으로 옮겨 타고 지구로 귀환하게 된다. 지금까지 발사일정과 임무내용이 알려진 아르테미스 임무를 정리하면 아래와 같다.

아르테미스 임무 번호	발사일	승무원	발사체	수행업무	게이트웨이 건설	임무기간
아르테미스-1	'22.11.16	무인 임무, 인체모사 마네킹 3기 탑재	SLS 블록 1	• SLS 로켓, 오리온 우주선, 케네디 센터 발사 시스템 종합 무인 비행 시험 • 오리온 우주선 재진입열보호 시스템 성능검증 • 오리온 우주선 탑재체를 이용한 과학활동과 초소형위성 달궤도 투입		25.5일
아르테미스-2	'24.11	미국 3인, 캐나다 1인	SLS 블록 1	• SLS 로켓, 오리온 우주선, 케네디 센터 발사 시스템 종합 유인 비행 시험 • 오리온 우주선 생명유지장치 검증 • 달궤도, 달 비행중, 재진입과 해상착륙시 인체 데이터 수집		~10일
아르테미스-3	'25.12	미국인 4인 (여성, 유색인 남성 2인 착륙)	SLS 블록 1	• HLS는 사전 발사되어 지구 저궤도에서 연료를 급유받고 NRHO로 진입 • 4명의 우주인이 SLS 발사체를 이용 달궤도 진입 • 오리온 우주선이 HLS와 직접 도킹하여 착륙임무 수행 • 2명의 우주인 달착륙, 과학 데이터 수집 • 액시엄사의 새로운 우주복, 달 표면 탐사와 샘플 채취 시스템 검증		~30일

아르테미스 임무 번호	발사일	승무원	발사체	수행업무	게이트웨이 건설	임무기 간
아르테미스-4	'28.9	미국 우주인 3인 유럽 우주인 1인	SLS 블록 1B, 팰콘 헤비	• 승무원 4명과 국제 주거모듈 (I-HAB) 발사 • 달궤도에서 게이트웨이 모듈 조립 • 게이트웨이를 통하여 승무원이 오리온 우주선에서 달착륙선으 로 옮겨감 • 스타십 착륙선으로 달착륙 30 일간 임무 수행	• 달궤도에 주거 & 보 급 모듈(HALO) 발사 (팰콘 헤비 발사체) • 달궤도 태양전력 & 추진(PPE) 발사 (팰콘 헤비 발사체) • 주거 & 보급 모듈 (HALO), 전력 & 추 진 모듈(PPE)과 국제 주거모듈(I-HAB) 조 립	~30일
아르테미스-5	'29.9	미국 우주인 3인 일본 우주인 1인 예상	SLS 블록 1B	• 블루문 착륙선이 사전 발사되 어 달궤도에서 재급유 받고 대 기함 • 신형 RS-25 엔진 탑재 SLS 로 켓으로 오리온 우주선과 유 럽 ESA 재급유 모듈 ESPRIT와 캐나다 로봇암 3 발사 • 블루문 착륙선으로 승무원 2 명 착륙 • 달험지 차량 개방형 LTV 운용	• 유럽 ESA 재급유 & 통신 모듈 ESPRIT와 로봇팔 캐나다암 3 조립	~30일
아르테미스-6	'30.9	미국 우주인 3인 캐나다 우주인 1인 예상	SLS 블록 1B	• 달표면에서 개방형 차량 LTV 운용	• 에어록 설치, 게이트 웨이 완성	~30일
아르테미스-7	'31.9	미국 우주인 3인 일본/유럽 1인 예상	SLS 블록 1B	• 달표면에서 개방형 & 여압형 차량 운용 • 기압형 달 차량은 일본 도요타 사에서 개발중 (승무원 2인 30일 운용가능, 1,000Km 이동)		~30일
아르테미스-8	'32.9	미국 우주인 3인 한국/중동 1인 예상	SLS 블록 1B	• 달표면에서 개방형 & 여압형 차량 운용		~30일

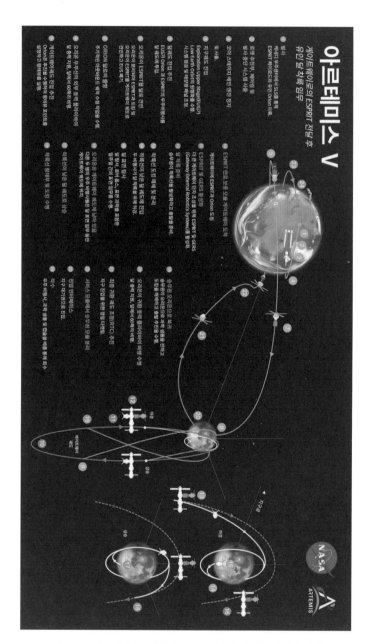

✦ 그림4_8. 아르테미스-5 임무 달까지 우주항행, 달 착륙과 귀환 여정

아르테미스 유인 달탐사 계획의 주도국과 참여국의 행보

아르테미스 유인 달탐사 계획은 기본적으로 미국 NASA를 중심으로 하여 유럽, 일본, 캐나다 등의 선진국 우주개발기관과 민간 우주 산업체가 참여하는 방식으로 수행되고 있다. 특히 지구저궤도LEO에서의 우주 개발과 운영은 점점 더 민간으로 이양되고 있는 추세이다. 이런 점을 인지하고 아르테미스 유인 달탐사 계획의 우주기관과 산업체가 어떤 분야에 참여하고 경쟁하고 있는지 살펴보기로 한다. 다른 국가와 그들의 산업체들이 어떻게 움직이고 있는지 파악하면 그 속에서 앞으로 우리나라와 기업들이 나아갈 바를 알게 될 것이라 생각한다. 앞의 내용들과 다소 중복되는 것이 있겠지만 아르테미스 유인 달탐사 계획의 주요 부분에 참여하는 국가들과 산업체의 행보를 정리하는 것으로 이해해 주면 좋겠다.

아르테미스 유인 달탐사 임무를 구성하는 주요 시스템은 Chapter 3의 '아르테미스 계획의 주요 구성요소'에서 들여다본 바와 같이 심우주 발사체 SLS와 오리온 유인우주선, 게이트웨이 달궤도 우주정거장, 달 유인 착륙선 HLS 등이 있으며, 이와 더불어 이러한 시스템의 발사와 운용을 지원하는 지상 시스템과 추후 달 표면에 달 유인기지를 구축하기 위한 각종 과학적 임무 및 실험, 달 표면에 행해질 설비구축 등을 포함한다. 이상은 매우 큰 줄기만을 언급한 것이고 이것만으로도 아르테미스 유인 달탐사가 얼마나 거대한 프로젝트이며 이를 위해 필요한 자본과 기술의 어마어마한 규모를 상상할 수 있을 것이다. 이제 이 거대한 줄기의 개발에 대해 다시 한번 들여다보도록 하자.

먼저 오리온 우주선의 경우 두 가지 주요 모듈인 승무원 모듈과 서비스 모듈이 있는데, 승무원 모듈은 4명의 우주인이 거주하는 공간으로 지구로 귀환 시 서비스 모듈은 분리되고 이 승무원 모듈만 지구로 귀환하게 된다. 서비스 모듈은 유럽우주청 ESA가 개발하고 있으며, 이름 또한 유럽 서비스 모듈(ESM)이다. 유럽의 에어버스Airbus사에서 개발하고 있다. 이 서비스 모듈은 ESA와 NASA가 처음으로 협력하는 유인 우주선으로 미국 NASA의 승무원 모듈과 같이 조립되어 발사체에 탑재된다. 그리고 이러한 오리온 우주선을 지상에서 지구궤도와 달궤도까지 올릴 수 있는 발사체인 SLS의 개발은 역시 미국 NASA에서 담당하고 있는데 미국의 에어로젯 로켓다인Aerojet Rocketdyne, 노스롭 그루먼, 보잉Boeing과 ULAUnited Launch Alliance 등의 회사가 개발에 참여하였다.

게이트웨이 달궤도 우주정거장의 경우에는 다양한 우주기관과 산업체가 참여하고 있다. 특히 게이트웨이의 초기 건설에서 필수적인 모듈인 PPE와 HALO, GLS 모두가 민간업체를 통해 개발 및 서비스가 제공되고 있는데, PPE는 NASA 글렌연구센터의 관리하에 막사 테크놀로지스사에서 개발 중이고, HALO는 NASA 존슨우주기지 관리하에 노스롭 그루먼

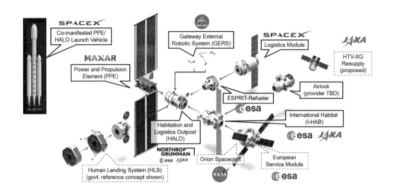

✦ 그림4_9. Gateway 모듈 및 개발기관 (출처: NASA)

사에서 설계하고 이탈리아의 탈레스 알레니아사에서 제작 중이다. 그리고 GLS는 스페이스X사가 현재 지구저궤도에서의 운행이 검증된 유무인 우주선인 드래곤Dragon을 이용하여 게이트웨이에 필요한 장치, 실험장비, 소모품 등의 수송을 담당하고 있다. 또한 PPE와 HALO의 달궤도 수송 또한 스페이스X사의 팔콘헤비Falcon Heavy 발사체를 이용하는 것으로 되어 있다.

이처럼 아르테미스 유인 달탐사 계획에는 예전과 달리 우주 탐사 및 개발에 민간업체도 많은 관심을 가지고 있으며 참여가 확대되고 있다. 게이트웨이는 초기 건설 단계에서는 주요 모듈과 시스템만을 건설하는 전략을 취하고 있는데, 이는 2020년대 중반에 아르테미스-3 임무인 달 유인 착륙을 최대한 빠른 시간에 완수하기 위해서이고, 이것도 민간업체를 적극적으로 참여시키는 이유 중 하나로 여겨진다.

초기 건설 단계 이후의 게이트웨이는 소형 우주정거장 수준으로 건설하는 것이 목표다. 이를 위해 미국 NASA와 유럽, 일본, 캐나다에서 게이트웨이 건설 참여에 대한 협정이 이뤄졌다. 그에 따라 또 다른 우주인 거주모듈인 국제 거주모듈 I-HAB 개발은 유럽과 일본우주청 JAXA에서 기여하는 것으로 되어 있으며, 통신 및 연료 보급 모듈 ESPRIT은 ESA가, 화물선 HTV-XG는 일본이 기여하기로 했다. 캐나다우주청은 게이트웨이 외부에 로봇팔 시스템을 기여하여 게이트웨이 프로그램에 참여하는 것으로 되어 있다. 이밖에도 지구저궤도의 국제우주정거장과 같이 국제협력을 통해 게이트웨이 건설을 추진 중이며, 국제우주정거장의 참여기관 대부분이 게이트웨이 건설을 주도하고 있다.

유인착륙선 스타쉽 HLS는 2021년 4월 NASA와의 계약에 의해 스페이스X에서 개발 중이다. 계획에 의하면 2024년에 무인 착륙을 통한 검증을 마치고 다음 해인 2025년에는 실제 유인우주선이 달에 착륙하여 6~7일 동안 임무를 수행하는 것을 목표로 하고 있다. 또한 2023년 4월 NASA는 스페이스X 착륙선과 더불어 아마존 블루 오리진의 블루문 착륙선을 2차로 선정하였는데, 블루문은 2029년 예정된 아르테미스-5 달착륙을 수행하게 될 것이다.

2020년 중반 우주인의 달 착륙과 더불어 이후 달 유인 탐사의 지속 가능성을 지원하기 위한 여러 달 과학 및 현지자원활용(ISRU) 관련 임무도 계획되고 있다. 이를 위해 미국 NASA는 극지역 탐사를 위한 무인 로버 VIPER 임무와 CLPSCommercial Lunar Payload Services를 운영 중에 있다. ESA 또한 프로스펙트Prospect 임무에서 드릴과 샘플 분석 장비를 이용하여 달 극지역의 산소, 물 탐지실험을 계획 중이다. 또한 유럽우주청 ESA는 아르테미스 1단계(아르테미스 1~3호) 임무 이후 다음 단계의 아르테미스 임무 수행을 위해 로버, 장비, 물품, 연료 등 화물을 달 표면으로 운반하고 지구로 샘플 귀환이 가능한 헤라클레스Human-Enhanced Robotic Architecture and Capability for Lunar Exploration and Science 화물 착륙선을 2030년대 실행을 목표로 연구 개발 중에 있다. JAXA와 인도우주청 ISRO의 경우에는 달의 극지역에서 루펙스Lunar Polar Exploration Mission, Lupex 착륙선 및 로버 임무를 수행할 계획 중인데, 일본은 최근 달 표면에서 가압식 월면차인 루나 크루저Lunar Cruiser를 향후 아르테미스 2단계에서 기여하기 위해 개발 중이기도 하다.

예전 아폴로 계획과 아르테미스 계획의 다른 점은 아르테미스 계획이 한 번의 달 착륙과 탐사를 목적으로 한 것이 아니라 지속 가능한 달탐사를 위해 경제적이고 생산성을 갖춘 영구적인 달 기지를 건설하고, 달 기지를 기반으로 유인 화성탐사까지 확대를 하는 것으로 목표로 하고 있다는 것이다. 그렇기에 아르테미스 계획은 국제적이고 민간까지 합류한 프로젝트가 되었고, 여기에 참여하는 많은 국가와 민간에서는 달탐사의 과학적인 의미뿐만 경제적인 타당성까지 고려한 연구와 탐사를 수행하기 위해 고심하고 있다.

우주탐사에서도 경제적 타당성이 점점 중요해지고 있다. 현실적으로 달탐사는 한 국가가 감당하기에는 많은 비용이 발생하므로 경제적 부담을 분담한다는 측면이 있고 또 다른 면으로는 국가와 기업 모두 달탐사에서 얻을 수 있는 커다란 이익을 놓칠 수 없었다는 인식이 자리 잡고 있다. 그리고 한국 역시 혼자서 달탐사 계획을 수행하는 것은 경제적으로 너무 큰 부담이기 때문에 국제협력을 통해 기여할 수 있는 부분을 찾아야 한

✦ 그림4_10. 달 기지의 개념적 그림 (출처: NASA)

다. 예를 들어 아르테미스 프로그램에서 게이트웨이의 모듈 같은 수준을 개발하면 좋겠지만, 수천억 원에서 수조 원의 비용이 들어가므로 바로 그 정도 규모의 예산 확보가 힘들다면 하위 레벨의 탑재체, 장비, 장치 등의 기여를 통해 아르테미스 프로그램에 참여하면서 향후 참여도를 확대하는 것이 적절한 방법일 수 있다.

국내 우주개발 계획과 아르테미스 유인 달탐사 계획

지구의 자원부족, 식량부족, 환경오염 등으로 인류가 결국은 우주로 나아가게 될 것이라는 이야기는 새로운 이야기는 아니다. 하지만 지금까지 그 이야기를 들어도 실감하는 사람은 많지 않을 것이다. 인류의 우주 진출은 아직은 SF영화나 소설에서나 볼 수 있고, 몇몇 과학자들만 열심히 떠들어대는 너무 먼 미래의 실현가능성이 낮은 이야기로 치부되고 있었던 것이다. 특히 우리나라의 경우 이런 현상은 더욱 심했는데, 이는 우리나라가 불과 몇 년 전에서야 선진국에 진입했고 따라서 당연히 달탐사 같은 우주탐사는 미국과 같은 선진국들의 남의 나라 이야기로 여겨왔던 것이다.

그러나 2022년 누리호 발사 성공 이후 이런 양상이 조금씩 바뀌고 있다. 지난 2006년 진행된 대한민국 최초의 우주인 선발대회 때 일시적으로 TV와 각종 언론, 그리고 전 국민이 관심이 우주개발에 쏠린 적은 있지만 일회성 이벤트처럼 금방 잊혀진 후 처음으로 다시 방송, 언론, 국민들의 뉴스거리로 우주가 등장하기 시작한 것이다. 그것도 이전과 다르게 지속가능성이 보이니 고무적이다. 축제의 불꽃놀이처럼 화려하고 폭발적이었지만 연기처럼 사그라진 우주인 선발대회 때와 다르다고 생각하는 것은 과학자로서의 바람도 있지만 그 어느 때보다 많이 쏟아지는 누리호 발사 관련 기사 및 국내 및 해외의 우주개발에 대한 소식이 가십 수준에 그치지 않고 진지하며, 국내 우주개발에 대한 관심이 보이기 때문이다.

이러한 변화는 많은 나라가 참가하고 우주개발의 새 역사를 쓸 아르테미스 계획의 진행과 맞물린 점도 있지만 무엇보다 과거와 달리 누리호 발사 성공 등 국내 우주개발이 크게 발전하여 대한민국의 달탐사와 우주개발이 더 이상 허황된 꿈이 아니라 가까운 미래에 이루어질 수 있는 현실적인 꿈으로 인식하는 사람들이 점차 늘어났기 때문이다. 이제 궁금해진다. 현재 국내 우주개발은 어떻게 이루어지며, 얼마나 진척되었고, 앞으로 어떤 방향으로 나아가 성과를 이루어낼 것인가. 일반인들은 잘 모르는 국내 우주개발의 계획 수립 방법과 방향의 기본 틀을 지금부터 알아보자.

우리나라는 5년마다 국가우주개발 계획을 수립한다. 여기에는 우리나라 우주개발의 전략과 목표가 담겨있어 이를 근거로 국내 모든 우주개발이 이루어지기 때문에 매우 중요한 계획이다. 우주 관련 분야에 종사하는 사람들에게는 금과옥조 같은 문서로서 국내 모든 우주개발은 이 문서에 근거해야 한다.

2023년 시점에서 진행되고 있는 국가우주개발 계획은 제4차 계획으로 2018년 2월 3차 계획에 이어 2022년 12월에 발표됐다. 정식 명칭은 '4차 우주개발 진흥기본계획'이다. 지난 3차 계획의 전략적 목표는 '도전적이고 신뢰성 있는 우주개발로 국민의 안전과 삶의 질 향상에 기여'하는 것이었는데 위성기술의 선진국 수준 진입과 순수 국산 발사체 개발 성공 즉, 우주 인프라 구축에 타겟이 맞추어져 있었다. 이에 비해 4차 계획은 이미 완성된 인공위성과 발사체를 이용하여 국가와 국민 경제에 실질적인 도움을 주는 '2045년 우주경제 글로벌 강국 실현'이라는 전략적인 목표를 제시하고 있다.

우주경제란 민간 우주산업 활동에 더하여 국가가 투자하여 국민에게 간접적으로 이익을 주는 공공활동까지 포함하는 새로운 개념이다. 다른 분야에 비해 우주의 투자는 과거로부터 지금까지 국가의 투자가 큰 비중을 차지하였지만, 최근에는 우주개발로 이익을 창출하는 산업체의 투자 역시 활발해지고 있는 추세이며, 이에 우주개발에 국가와 산업체가 협력하는 일들이 많아짐으로서 이러한 개념이 정립된 것이다.

우리나라의 경우 이번 4차 우주개발 진흥기본계획을 보면 2045년까지 글로벌 우주시장에서 10%의 시장을 차지하고, 이와 관련된 산업 역시 국내 10대 산업으로 키운다는 목표를 가지고 있다. 2040년경 전 세계 우주시장은 최소 1조 달러에 이를 것으로 예상되므로 한국은 여기에서 10%인 1,000억 달러의 국내외 시장을 차지한다는 계획인 셈이다. 이 계획을 성공시키려면 현재의 10배인 약 10만 명 정도의 우주 인력이 필요하므로 앞으로 우주개발은 명실상부한 국내의 중요한 고부가 가치 산업이자 고용 창출의 효자가 될 전망이다.

또한 이번 4차 계획에서는 달탐사가 크게 강조되고 있다. 맨 먼저 눈에 띄는 것은 2032년에 무게 1.8톤 규모의 달착륙선을 차세대 한국형 발사체로 발사한다는 계획이다. 이는 예산이 5천억 원에 이르는 대규모 사업으로, '장기적으로 국제 달탐사 프로그램과 연계하며 달궤도정거장 및 달 표면 임무 수행'과 '글로벌 시장 진출을 위하여 아르테미스 프로그램 등

무인 달착륙선(2032) 및
무인 화성착륙선 발사(2045)

한국 우주인의 달궤도 정거장 및 달표면 임무수행

유인 달기지 건설 참여 및 현지자원활용(ISRU) 활동

✦ 그림 4_11. 대한민국의 4차 우주개발 진흥기본계획상 달탐사 내용

대형 국제협력 사업에 국내기업의 참여를 적극 지원'하는 것을 기본전략으로 삼고 있다.

이를 위해 구체적으로는 아르테미스 계획 참여를 위한 독자적인 달착륙선을 개발하고, 미국의 상업적 탑재체 달착륙 서비스(CLPS)에 과학탑재체를 실어 달 과학 탐사를 수행하며, 인류의 달탐사 활동에 기여하기 위하여 달 현지에서 전력 생산·공급, 달 현지자원 탐색·추출, 통신·항행, 모빌리티, 물류 수송 등에 대한 기술적 협력이 포함될 수 있다.

국민들의 관심사가 가장 큰 분야는 아무래도 대한민국의 달탐사 전략일 것으로 예상된다. 우리나라가 독자적인 기술로 달탐사에 성공하는 생각만 해도 행복하다. 그날을 기원하며 이에 대해 자세히 살펴보면, 이번 4차 우주개발 진흥기본계획에서 나타난 대한민국의 달탐사 전략은 2022년에 달탐사 궤도선 '다누리'를 발사(2022년 8월 5일 발사)하고, 2032년 발사될 1.8톤 규모의 달착륙선 개발을 추진하는 것이다. 국제협력을 추진하되 우리만의 독자적인 영역을 구축하는 것으로 계획되어 있다. 그 목표를 위해 미국, 유럽, 일본 등 달기지 건설을 추진하는 국가들과 양자 및 다자간 협력체계를 만들 것이다. 그러려면 역시 아르테미스 계획에 참여하는 것이 중요한데, 달궤도 정거장 게이트웨이 참여를 위해서는 과학 장비 탑재, 지구-달 간 물류수송과 한국 우주인 참여 방안 등이 검토되고 있으며, 달 표면 기지 건설 참여에 있어서는 재충전 가능 2차 전지, 수소연료전지와 원자력 전지와 같은 달 표면 전력생산 기술, 달 차량과 로보틱스, 현지자원 탐사 및 채굴과 처리기술, 달 토양을 이용한 건설재료 생산과 건설기술 등에 참여하는 것이 검토되고 있다.

대한민국 우주개발의 규모는 얼마나 커야 할까?

우주개발은 한 국가의 경제규모와 매우 밀접한 관계를 가지고 있다. 그러나 대한민국의 경우 세계 6위의 경제대국이라는 위상에 걸맞는 우주개발이 이루어졌다고 보기에는 조금 미진한 부분이 있었다. 글로벌 프로젝트인 아르테미스 유인 달탐사 계획이 시작되고, 누리호 발사가 성공한 최근 들어 우리나라의 우주개발 규모에 대해 다시 한번 진지한 고민이 시작되었고, 우리가 어디까지 어떠한 규모로 우주개발을 해야 하는가의 문제가 큰 숙제로 다가왔다.

우주개발 규모를 산정할 때 국가 총생산 GDP에 따른 우주개발 규모에 대한 해외사례는 좋은 참고가 될 것이지만 대한민국은 경제규모 외에 우주 강대국인 미국과의 관계, 중국, 일본, 러시아와 같은 우주 강대국들에 둘러싸여 있는 지리학적 위치, 북한의 핵무기와 미사일 위협이 지속되는 상황 등을 고려하면 해외의 유사한 GDP 규모의 국가 사례보다 한 단계 더 많이 우주개발을 해야 할 처지이기도 하다.

이러한 점을 고려할 때 인접 국가이며 유인 우주개발 선진국인 중국, 일본, 러시아, 인도에 너무 뒤쳐지지 않도록 전략기술로서 유인 우주기술을 개발할 필요가 있다. 특히 중국과 일본을 10년 이내의 격차로 추격할 필요가 있는데, 그러기 위해서는 핵심전략 기술 개발 관점에서 대형 추력 시스템, 정밀 심우주 항법, 자세제어, 대기권 재돌입, 심우주 통신과 에너지 기술 개발이 필요하다. 우주개발은 어떻게 보면 '정확하게 멀리 가기 위한 경쟁'이기 때문에 이러한 기술들이 확보되면 유인 우주개발이 가능해지고, 이것은 무인우주기술에서 한 차원 높은 퀀텀 점프를 가능하게 해주기 때문이다. 유인 우주탐사는 국민과 청소년에게 꿈과 도전 정신을 심어주고 우주개발에 대한 관심을 일으키는 데도 매우 효과적이다.

또한 아직 북한과 대치중인 대한민국의 우주개발은 국민안전과 국방안보에 도움이 되는 기술개발이 포함되는 것이 바람직하며, 우주선진국 그룹의 일원이 되기 위해서는 국제적인 협력에 적극적이고 지속적으로 참여하는 것이 우주개발 기술 확보 및 국가 위상을 높이는데도 효과가 클 것이다. 그런 의미에서 2020년대와 2030년대 대규모 국제협력으로 이루어질 유인 달탐사에 한국이 참여하는 것이 매우 중요한데, 다행히 2021년 5월 문재인 대통령의 방미 후속조치로 한국의 과학기술정보통신부와 미국의 NASA가 대한민국의 유인 달탐사 아르테미스 약정 추가 참여를 위하여 서명하였고, 윤석열 대통령은 2023년 4월 방미에서 '한미 우주탐사 협력 공동성명'을 채택하여 신설되는 한국우주항공청(KASA)과 미국 항공우주청 (NASA) 사이의 협력 체계를 바탕으로 아르테미스 프로그램에 한국 참여 범위가 확대될 것으로 전망되고 있다.

결국 대한민국의 우주개발은 이제 선택이 아니라 반드시 해내야 할 국가 과제가 된 셈인데, 아르테미스 프로그램 참여 및 앞으로의 우주개발을 성공적으로 추진하기 위해서는 국가 정책과 국제협력뿐 아니라 이제는 내부적으로 대국민 설득과 예산 확보를 위해 우주탐사 관련 논리와 스토리 개발이 필요할 것이다.

이상의 점들을 고려하면서 국가 총생산(GDP)에 따른 우주개발 규모와 범위에 대한 해외사례를 참고하면 우리나라의 우주개발 규모와 범위를 정하는 데 도움이 되리라 생각하며 우주개발을 추진하는 전 세계 국가들의 국가 총생산과 우주개발 규모와 범위를 살펴보면 다음과 같다.

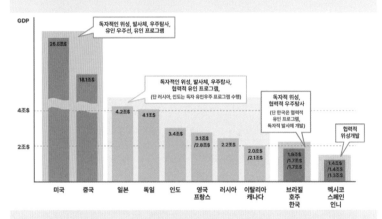

✦ 그림4_12. 국가 총생산(GDP, '22)과 우주개발 규모와 범위

그림에서처럼 우주개발을 실질적으로 추진하는 전 세계 국가들을 GDP 규모에 따라 4개의 그룹으로 나누어 볼 수 있는데, 첫 번째 그룹은 미국과 중국이다. 국가 GDP는 20조 달러와 15조 달러로서 유인과 무인 우주개발에 있어 전 분야에 걸쳐 우주개발을 추진하고 있다.

두 번째 그룹은 일본, 유럽, 인도, 러시아로서 국가 GDP는 2조 달러에서 4조 달러 사이인데 독자적인 위성, 발사체 개발과 우주탐사를 수행하지만 유인 프로그램은 국제협력으로 수행하고 있다. 다만 러시아는 과거 초강대국이었던 만큼 독자적으로 유인 프로그램을 수행하고 있고, 인도도 독자적인 유인 우주선 가가니안Gaganyaan을 2024년 후반기 발사할 계획이다.

세 번째 그룹은 GDP 2조 달러 미만으로 한국, 브라질과 호주가 해당하며, 독자적으로 위성은 개발하지만 발사체, 우주탐사와 유인 우주 프로그램은 국제협력을 통하여 수행하고 있다. 다만 한국은 우주 강대국에 둘러싸인 지정학적 상황을 감안하여 독자적으로 발사체를 개발하였고 국제협력으로 유인 프로그램을 추진할 계획이다.

　　네 번째 그룹은 멕시코, 스페인과 인도네시아이며, 국제협력을 통한 위성개발만 진행하고 있다.

대한민국 우주기술개발 청사진과 기대되는
아르테미스 유인 달탐사 계획의 참여 분야

아르테미스 유인 달탐사 계획을 시작으로 앞으로 세계 각국이 협력하는 우주개발은 지속적으로 이루어질 전망이다. 언제나 우주로 나아가길 꿈꿨던 인류의 소망이 과학기술의 발달로 이제는 실현 가능한 계획이 되었기에 과거와 달리 인류는 우주로 나아가는 길을 포기하거나 중단하지 않을 것이기 때문이다. 후퇴 없는 전진밖에 남지 않은 우주개발에 각국의 화두는 얼마나 빨리 탑승해 자국의 이익을 도모하느냐이다. 우주선진국에 빨리 진입할수록 얻게 될 이익과 미래 국가의 청사진이 달라질 것이 분명한 시점에 놓인 우리나라 역시 발 빠르게 움직일 필요를 절실하게 느끼고 있다.

다행히 대한민국은 4차 우주개발진흥기본계획을 통해 2033년 저궤도에 10톤을 올릴 수 있는 차세대 한국형 발사체, 2032년 무인 달착륙선, 2045년 무인 화성착륙과 유인 우주수송선 개발 등을 주요한 목표로 삼았다. 또한 2030년대까지 이어지는 유인 달탐사 아르테미스 프로그램과 2040년대 유인 화성탐사에 국제공동으로 참여하게 될 것이다.

이를 감안하여 대한민국의 우주탐사 로드맵을 통해 대한민국이 현재 및 앞으로 보유하게 될 우주 기술과 아르테미스 유인 달탐사 계획에서 화성 유인탐사까지 이어질 글로벌 프로젝트에 대한민국이 참여할 수 있는 분야를 유추하는 것은 의미가 크다고 볼 수 있다.

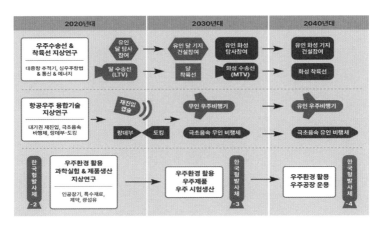

✦ 그림4_13. 대한민국의 장기적인 우주탐사 로드맵

＊20년대 (~2030)

- 20년대에는 우주탐사의 기반이 되는 핵심기술인 대기권 재진입, 심우주항법, 랑데부/도킹, 행성착륙 기술과 현지자원활용(ISRU) 기술을 개발하여 지상과 우주에서 검증하고, 2030년까지 달궤도에 도달하는 기술을 개발한다. 즉, 무인 달궤도선/수송선을 독자적으로 개발하고('22), 우주 산업화를 위하여 지구저궤도 우주정거장에서 우주제품 생산 기초연구를 수행하며, 이를 위해 제2 우주인을 선발 양성하

여 지구저궤도 우주정거장 체류비행을 수행한다('30). 우주실험과 우주생산을 위한 유인 우주수송선의 핵심기술인 재진입 기술을 확보한다. 이를 위해 소형 재진입 위성을 개발하여 한국형발사체을 이용하여 우주에서 검증하게 된다('30).

* 30년대 (~2040)

- 30년대에는 무인 달착륙선('32)을 개발하고, 유인 달기지 등 유인 달 탐사 시스템 개발에 국제공동으로 참여한다. 여기에는 주거 모듈, 소형 달 표면 차량, 달 표면 작업 로봇, 심우주 통신, 심우주 항법, 수소/원자력/태양광 에너지 시스템, 생명/환경유지장치 등이 있다. 그리고 아르테미스 프로그램에 한국 우주인이 참여하여 달 착륙을 수행한다('30년대 중반). 이 외에 우주산업화를 위하여 무인 소형 재진입 우주수송선을 독자 개발한다. 심우주 탐사를 위하여 화성까지 무인 궤도선/수송선을 개발하고, '20년대 달탐사를 위하여 개발된 핵심기술을 업그레이드하여 유인 화성탐사를 위한 핵심기술로 개발한다. 또한 지구저궤도 우주공간에서 우주제품을 시험 생산한다.

* 40년대 (~2050)

- 40년대에는 광복 100주년을 기념하여 화성 무인 착륙선('45)을 독자 개발하고, 우주산업화를 위한 재진입 유인 우주수송선을 국제공동으로 개발한다. 또한 유인 화성기지 건설과 유인화성 착륙선 등 유인 화성탐사에 국제공동으로 참여한다. 여기에는 유인 화성 착륙선, 화성

주거모듈, 원자력/수소/태양광 에너지 시스템, 화성에서 물과 산소/수소를 생산하고 저장하는 현지자원활용(ISRU) 시설 개발이 포함된다. 그리고 한국 우주인이 국제공동 유인 화성탐사에 참여하여 화성에 착륙하며, 지구저궤도와 달 표면에서 산업 활동을 본격적으로 시작하여 지구저궤도와 달 표면에 우주공장을 건설하여 우주제품의 상업적인 생산에 착수한다.

이와 같은 큰 틀의 전략적인 우주탐사 로드맵을 바탕으로 아르테미스 참여를 계획해야 한다. 대한민국은 위성기술과 발사체 기술을 보유하고 있으며 탄탄한 제조업 기술을 보유하고 있어 이를 바탕으로 아르테미스 프로그램에 참여하게 될 것이다. '아르테미스 유인 달탐사 계획의 시나리오'에서 아르테미스 프로그램의 단계별 구성요소로 필요한 하드웨어와 관련 기술들이 소개했는데, 이를 국제협력을 통하거나 한국이 독자적으로 개발하는 방법이 있다. 가장 현명한 방법은 국제협력을 통한 개발과 독자적 개발을 모두 진행해 나가는 것인데 한국의 참여를 위하여 반드시 선행적으로 검토해야 할 중요한 조건과 기준들이 있다.

1) 우주 핵심기술 여부 :

향후 대한민국의 우주탐사와 우주개발에 필요한 핵심적인 기술로서 해외에서 구입이나 이전이 불가능한 기술들이다. 예를 들어 장거리 우주비행 관련 대용량 추력 시스템, 심우주 항법, 정밀 자세제어, 행성 착륙, 대기권 재진입, 랑데부/도킹, 에너지(태양전지, 연료전지, 원자력) 기술 등이다. 미국은 국제무기거래규정International Traffic in Arms Regulations, ITAR 에 근거하여 심우주 탐사에 관련된 대부분의 고성능, 고정밀 기술, 데이 터, 소프트웨어와 제품들에 대한 수출을 금지하고 있다. 예를 들어 정밀 자세제어 자이로, 대용량 추력기와 재진입 관련 기술들이 대표적으로 수 출 금지 품목들이다.

2) 국제협력 & 국제 커뮤니티 기여 가능성 ;

어느 나라나 마찬가지겠지만 한국의 아르테미스 프로그램 참여는 우 주과학기술의 측면에서뿐 아니라 전 세계 인류에 한 주축을 담당하는 나 라로 인류의 역사와 함께한다는 관점에서도 매우 귀중한 기회다. 그러므 로 인류의 달탐사와 달 과학 연구에 기여하되 각국과 지구상의 모든 인류 와의 공조를 위해 다른 국가 프로그램과 중복되지 않도록 달탐사 국제 커 뮤니티와 항상 소통하고 협력해야 한다. 특히 한국의 아르테미스 관련 하 드웨어 시스템 개발과 우주인의 달 착륙 참여는 프로그램을 주도하는 미 국 NASA와 긴밀한 협력이 절대적으로 필요하다.

3) 국내 산업화 기여 가능성

한국의 아르테미스 프로그램 참여는 분야 선정과 규모, 수행 방법이 국 내 우주산업을 확장시키고 고용을 창출하는 방향으로 진행되어야 한다. 이것이 대한민국 우주개발의 가장 중요한 목적이라고 볼 수 있기에, 개발 에 참여한 국내 산업체가 관련 기술을 확보하여 다른 분야에도 활용할 수 있는 분야를 선정하는 것이 바람직하다. 4차 우주개발진흥기본계획의 핵심주제가 세계적인 우주경제 강국을 이루는 것이기 때문이다.

사실 국내 우주 산업체들의 큰 애로사항 중 하나가 국가 우주개발계획의 진행이 간헐적이고 불규칙한 것이다. 우주개발계획처럼 규모가 큰 국가 정책은 한번 세워지면 흔들리지 않고 지속적으로 이루어진다는 확신이 있어야 산업체들도 그 정책 틀 안에서 예측하여 사전준비를 할 수 있고, 인력과 장비, 재원 등도 계획적이고 꾸준히 투입할 수 있는데 지금까지는 그렇지 못한 측면이 있다. 따라서 앞으로는 장기적인 국가 계획과 로드맵을 작성하고 투명하게 공표하여 국내 우주 산업체의 입장에서 예측 가능하고 지속가능하도록 해야 한다.

4) 국민 편익/안전 & 국방 기여 가능성

아르테미스 참여를 위한 임무와 하드웨어 기술은 국민에게 편안함과 이익을 제공하도록 하고, 국방에 기여할 수 있도록 한다. 예를 들어 우주 생명/환경 유지 장치는 집, 건물, 군사적인 벙커와 같이 밀폐된 공간의 미세먼지와 공해물질을 제거할 수 있고, 방사능을 차폐하며, 심우주항법 기술은 유도무기 성능향상에 활용될 수 있다.

장기적으로는 우주공간이 국민과 인류의 안전과 국방안보를 위해 사용될 수 있기 때문에, 이를 위한 능력 배양도 감안해야 한다. 예를 들어 대기권 재진입과 심우주항법 기술은 ICBM 개발 기술과 기본적으로 유사하며 랑데부/도킹 기술은 적성국 위성의 무력화에 활용될 수 있다. 지구궤도와 달 표면에서 소행성 감시기술은 미래에 있을지도 모르는 소행성의 지구 충돌을 사전 예보하는 인류 안전을 위한 기술이기도 하다.

5) 한국형 발사체 사용 가능 여부

한국형 발사체는 국가 우주개발의 중심이고, 국가 우주력의 핵심이 되는 인프라로서 막대한 개발비가 소요된다. 한국형 발사체를 정기적으로 발사하여 성능과 신뢰성을 지속적으로 향상 시키고, 차세대 고성능 발사체의 개발 필요성과 큰 개발비 지출에 대한 국민적 공감대를 얻기 위해 아르테미스 프로그램에 참여할 때에는 가능하면 한국형 발사체를 활용하는 것이 바람직하다.

6) 한국의 경제력과 관련 기술수준에 맞는 개발기간 & 개발비

대한민국의 아르테미스 프로그램 참여는 감당이 가능한 국가적 경제 규모와 산업 및 기술능력 범위 내에서 추진되어야 하는바, 정부 우주개발 예산 규모와 국내 우주 기술수준을 감안하여 방향과 규모가 결정되어야 한다. 4차 우주개발진흥기본계획에 따르면 국내 우주개발 투자 규모는 2021년 7천 3백억 원에서 2027년 1조 5천억 원으로 2배 증가된다. 또한 현재 진행되는 대형 우주개발 사업은 위성이 2천억 원 정도, 발사체는 2조 원 정도의 규모이다.

한국이 강점으로 보유한 기술은 위성 관련 기술이다. 따라서 앞으로 한국이 아르테미스 참여 방향과 규모는 위성기술을 활용하는 방향으로 규모는 1천억 원에서 5천억 원, 개발기간은 5~10년 정도가 바람직할 것이다.

이상과 같은 선정 기준으로 도출된 아르테미스 프로그램 참여 후보들을 분석한 결과, 다음의 목록이 한국이 참여하기에 유망한 후보로 생각된다.

(1) 궤도간 무인 수송선은 대부분 선정 기준에서 적합하며, 특히 다양한 핵심기술이 포함되어 있다. 자중 3톤, 화물 500kg을 수송하며 화학추력기가 일반적이나 최근 절대 추력 값은 작지만 비추력이 큰 전기추력기 사용이 늘고 있다. 이 궤도 간 수송기술과 달 정거장 게이트웨이와의 랑데부/도킹 기술은 향후 화성과 소행성 탐사에서 가장 핵심적인 기술로 활용될 수 있을 것이다. 궤도간 무인 수송선 관련 기술은 다누리 달탐사선 개발과 운용 성공을 통하여 대부분의 필요 기술은 확보된 상태로 볼 수 있으며 개발비는 3천억 원 정도이며 개발기간은 5년 정도가 걸릴 것으로 예상된다.

(2) 소형 무인 달 착륙선은 모든 선정 기준에서 적합하다. 자중 2톤, 화물 300kg을 수송할 수 있다. 레이다/라이다 고도측정기술과 인공지능을 이용한 장애물 회피기술, 대용량 추력기 기술을 개발해야 하며, 향후 화성탐사와 소행성 샘플 리턴 임무에서도 핵심적인 기술로 사용될 것이다. 현재 계획되어 있는 2032년 달 착륙이 이루어지면 대부분의 관련 기술을 확보할 수 있을 것이므로, 화물 수송능력을 늘리도록 개량하면 단시간에 소형 무인 달 착륙 수송선을 개발할 수 있을 것으로 보인다. 개발기간은 10년, 개발비는 5천억 원 정도가 들 것으로 예상된다.

(3) 달 현지자원활용(ISRU) 기술을 이용하면 달 표면에서 얼음을 발굴하고 채취한 뒤 전기분해하여 산소와 수소를 생산하게 된다. 산

소는 우주인 호흡용으로 활용하고, 수소는 고효율 수소연료전지에
활용하여 전력을 생산하여 달 차량과 달 로봇의 동력원과 주거모듈
전력 생산에 사용한다. 또한 산소와 수소는 액화하여 지구로 귀환
하는 로켓의 연료로도 사용할 수 있다. 최종과정에서는 다시 물로
변환되는 이러한 수소 에너지 순환 시스템은 국내 수소에너지 체
계 구축에도 활용이 가능할 것이다. 달 지하에서 물을 탐지하는 저
주파 지중탐사 레이다, 채굴장비, 전기분해장비, 액화장비와 저장
장비, 수소연료전지와 수송 파이프 등으로 구성된 전체 달 에너지
시스템 개발기간은 10년, 개발비는 5천억 원 정도가 필요할 것으로
예상된다.

현지자원 활용 (ISRU)

소형 무인 달착륙선   궤도간 무인 수송선

✦ 그림 4_14. 한국이 참여 가능한 아르테미스 하드웨어 (1)

(4) 소형 달표면 차량은 유인 달탐사의 핵심적인 필수장비이다. 운전석과 좌석이 개방된 비가압형 소형 험지용 차량이다. 무게 1t, 2인승, 탑재중량 500kg, 주행거리 100km의 성능을 갖는다. 동력원은 수소연료전지로 달의 험한 지형을 달릴 수 있도록 하며, 인공지능을 사용하여 보다 안전하고 효율적인 험지주행능력을 갖추게 된다. 이러한 인공지능과 수소연료전지 탑재 달 표면 차량 기술은 민간은 물론 국방안보 기술로도 활용 가능하다. 세계적인 국내 자동차 산업체(현대/기아 등)가 개발하게 될 것이며 개발기간은 5년, 개발비는 2천억 원 정도로 예상된다.

(5) 생명/환경유지 시스템과 우주복은 유인우주선, 주거모듈, 우주공간과 달 표면 외부활동을 위한 핵심기술로서 국민생활에서 미세먼지 제거, 대기 중 오염물질 제거, 물 정화 등에 사용될 수 있고, 산업과 국방에서도 국민의 안전을 위해 폭넓게 활용할 수 있다. 한국은 이미 세계 수준의 공기 정화와 냉난방 기술을 확보하고 있고, 수질 정화 기술도 가지고 있으며, 현재 군에서 잠수함과 화생방 장비에서 사용되고 있다. 따라서 소형 경량의 고도의 신뢰성을 가진 우주 생명/환경 유지 시스템과 우주복을 개발하면 관련 민간 산업, 소방복과 방탄복 등 여러 국방 분야에서 큰 기술 진보가 있을 것으로 기대된다. 특히 외골격과 생명/환경유지장치를 장착한 우주복 기술은 국민과 군 그리고 소방대원들의 생명 보호에 큰 역할을 할 수 있

을 것이다. 아르테미스 프로그램에 관련해서는 미국 NASA가 우주
선과 주거모듈의 생명/환경유지 시스템과 우주복은 직접 개발하기
때문에 한국은 달 표면에서 백업과 비상용으로 사용할 수 있는 휴
대용 장비를 개발하는 것이 바람직하며, 이미 국내에서 대부분의
관련 기술을 보유하고 있어 개발기간 5년에 예산 1천억 원 정도가
필요할 것으로 예상된다.

⑹ 달 표면 발전 시스템은 고효율 태양 발전 패널, 소형 원자력 발전모
듈Small Modular Reactor, SMR, 수소연료전지와 축전 배터리, 중앙제
어모듈과 송배전 케이블로 구성되는데, 관련 기술은 국내 신재생
에너지와 SMR 산업에도 직접 활용할 수 있다. 다만 아르테미스 프
로그램의 핵심기술인 소형 원자력 발전 모듈은 미국 NASA가 직접
개발하기 때문에 한국은 태양광 발전과 수소연료전지 발전 시스템
개발을 담당할 수 있을 것이다. 관련 기술들은 민간 산업은 물론 국
방 기술로도 크게 활용할 수 있고, 태양광발전 시스템과 수소연료
전지 발전 시스템은 대부분의 관련 기술이 국내 확보되어 있어 전
체 시스템 개발은 5년에 2천억 원, 백업용 소형 원자력 발전 모듈을
개발한다면 기간 10년에 3천억 원이 소요될 것이다.

생명/환경 유지 장치(ECLSS)

비가압형 소형 월면차량

달표면 태양광 발전 장비

✦ 그림 4_15. 한국이 참여 가능한 아르테미스 하드웨어 (2)

(7) 달 달궤도 통신위성은 모든 핵심기술을 포함하고 있으며 현재 한
국의 역량으로 국내개발이 가장 용이한 참여분야다. 한국은 이미
2022년 8월 다누리 달탐사 궤도선을 발사하여 성공적으로 운용하
고 있으므로 대부분의 기술은 확보되어있다. 따라서 다른 참여 아
이템보다 현실성이 있고 성공 가능성이 크다고 볼 수 있다. 개발기
간은 5년이고 개발비용은 2천억 원 정도일 것으로 예상된다.

(8) 달 표면 로봇을 이용한 과학/산업 우주실험 수행은 지구 표면과 지
구궤도에서 시행되는 실험에 비해 많은 이점이 있다. 로봇을 이용
한 우주과학 장비의 달 표면 전개와 운용은 우주인이 직접 수행하
는 것보다 훨씬 저렴하고 무엇보다 안전한 장점이 크다. 또한 새롭

게 떠오르고 있는 달표면에서 인간-로봇 협력 시스템Human-Robot Collaboration System 개발에도 직접 활용될 수 있다. 달 표면은 거의 완벽한 초진공 상태이며, 2주간의 밤 기간 동안은 영하 150℃에 달하고, 지진이 거의 없어 극히 안정적일 뿐만 아니라 대기가 없어 우주로부터 오는 모든 주파수의 전자기파들이 그대로 달 표면에 도달한다. 달 표면의 앞면은 항상 지구를 바라보고, 달의 뒷면은 항상 지구를 등지고 있어 지구로부터 모든 전자기파가 차단되는 지구 근처 우주공간에서 유일무이한 독특한 환경인 것이다. 이런 특성을 이용하면 우주생산과 우주과학 관측에 큰 이점이 있다. 예를 들어 달 표면의 초진공, 초저온과 초청정 환경을 이용하면 고성능 반도체를 경제적으로 생산할 수 있어 직접적인 비즈니스가 이루어지고, 화성탐사를 위해 장기적인 우주체류 관련 생명/의학 기초연구를 수행할 수 있다. 막대한 전력을 사용하여 열이 발생하는 초대용량 데이터 센터, 초저온이 필요한 양자 컴퓨터를 설치할 수도 있다. 이 외에도 초진공 환경이 필요한 중력파 탐지기를 저렴하게 설치할 수 있고, 지구에서보다 훨씬 명료한 신호를 감지할 수 있다. 또한 달의 앞면에 망원경을 설치하면 24시간 지구를 관측할 수 있어 지구의 기상, 자연재해를 관측하고 지구를 위협하는 소행성을 조기에 감시할 수 있다. 특별히 달의 뒷면은 지구에서 발생하는 모든 전자기파로부터 완벽하게 차폐되고 대기가 없으므로 광학망원경과 저주파 및 고주파 전파 망원경을 운영하면 지구상에서보다 훨씬 뛰어난 성능을 발휘하여 우주를 관측할 수 있기 때문에 우주의 기원과 은하의 구성에 관한 비밀을 풀 수 있을 것으로 기대된다. 세계적 수준의 로봇기술을 가지고 있는 한국은 무인 로봇을 이용한 지구 관측 망원경과 전파 망원경을 설치하고 운용할 수 있을 것으로 본다. 이를 위한 우주작업 로봇 개발 기간은 10년, 개발비용 2천억 원, 달 표면 망원경 개발기간은 5년, 개발비 1천억 원, 달 표면 전파 망원경 개발기간 5년, 개발비 1천억 원으로 예상된다.

달 통신 중계 위성   달 표면 과학/산업 활동

✦ 그림 4_16. 한국이 참여 가능한 아르테미스 하드웨어 (3)

(9) 달탐사 한국 우주인 양성은 우주탐사와 함께 우주 산업화를 위하여 반드시 필요하다. 새로운 우주시대의 우주생산과 우주관광은 물론, 향후 예상되는 우주안보를 위하여 국가적으로 유인 우주기술을 보유하는 것이 무엇보다 중요한데, 여기에 핵심적인 요소가 한국 우주인의 양성이다. 이미 항공우주연구원은 '06~'08년 기간 중 한국 우주인을 선발, 훈련하고 우주실험 장비를 독자 개발하여 10일 간의 국제우주정거장에 탑승한 경험과 기본적인 유인 우주기술을 확보하고 있다. 즉, 제2 우주인의 선발과 양성 및 우주인이 하게 되는 과학과 산업임무 개발에 필요한 대부분의 기술을 이미 확보하고 있는 것이다. 그만큼 달탐사 한국 우주인 양성은 더욱 절실하고 가능성이 높은데, '20년대 말 국제우주정거장 탑승과' 30년대 초 아르테미스-6에 탑승을 목표로 삼으면 좋을 것이다. 그리고 미국 NASA, 유럽 ESA, 일본 JAXA와 긴밀히 협력하여 한국 우주인 참여가 아르테미스 계획에 공식적으로 포함되도록 하여 국제공동 달탐사에 실질적인 기여가 되도록 하는 것이 매우 중요하다. 물론 한국 제2 우주인 양성에는 반드시 장기적인 국가 계획이 필요하여 우주정거장, 달탐사와 화성탐사까지 아우르는 장기적인 계획이 되어야 한다는 것이 1차 한국 우주인 양성 프로그램의 교훈이다. 마지막으로 우주정거장과 달 착륙에 참여하기 위해서는 10년의 기간과 1천 5백억 원 정도의 비용이 필요하다.

우주과학자가 선택한, 이런 SF영화 어때? :
히든 피겨스(Hidden Figures)

최기혁

<히든 피겨스Hidden Figures>는 미국의 초기 유인 우주 프로그램인 머큐리 계획부터 아폴로 유인 달탐사까지 궤도계산에 공헌한 세 명의 흑인 여성 과학자들에 대한 실화를 바탕으로 한 영화이다. 마고 리 셰터리Margot Lee Shetterly가 쓴 동명의 논픽션 책을 기반으로 테어도르 멜피Theodore Melfi가 감독했다. 책과 영화 속 주인공인 세 흑인 여성은 1960년대 초에 NASA에서 일했으며 우주비행사 존 글렌을 궤도에 진입시키는 데 중추적인 역할을 했지만 그 활약상은 최근에 들어서야 알려지게 되었다.

이 영화의 제목 자체가 숨겨진 인물들이란 뜻으로 영화 전반의 의미를 내포하고 있다. 세 명의 흑인 여성 과학자 캐서린 존슨Katherine Johnson, 도로시 본Dorothy Vaughan, 메리 잭슨Mary Jackson은 우주궤도 계산이라는 어려운 분야에서 크게 기여했음에도 불구하고 과학계와 NASA의 동료들로부터도 간과되었다는 사실을 나타낸다. 그들은 1950~60년대 미국에 만연하였던 흑인 차별의 소용돌이에 있었으며, 동시에 여성이라는 차별도 받을 수밖에 없었다.

✦ 그림 4_17. 〈히든 피겨스〉 영화 포스터

영화를 보는 내내 당시 세계 최고 선진국이었던 미국에서 행해진 인종차별과 여성에 대한 차별의 심각성에 놀라게 된다. 심지어 영화에 나오는 백인 여성들조차 피해자였다.

그러나 그들은 직장과 사회 전반에서 행해진 차별을 자신들의 재능, 인내와 노력으로 극복하고 과학기술 STEMScience Technology Engineering Mathematics(과학, 기술, 엔지니어링과 수학) 분야에서 미래 세대의 여성과 소수 민족을 위한 길을 닦은 선구자들이었다. 캐서린, 도로시, 메리처럼 NASA에서 궤도계산을 전담하는 사람을 부르는 명칭은 전산원Computer으로 원래 컴퓨터란 의미가 계산을 전문적으로 하는 사람이란 뜻이었지만 후에 계산하는 기계로 뜻이 바뀌었다는 것도 흥미롭다.

영화의 배경이 되는 당시 미국 사회를 살펴보면, 대내적으로는 '분리하지만 평등하게Separate But Equal'라는 교묘한 구호 하에 유색인종과 백인이 이용

캐서린 존슨 (1918 ~ 2020)　　　도로시 본 (1910 ~ 2008)　　　매리 잭슨 (1921 ~ 2005)

✦ 그림 4_18. NASA의 수학자 캐서린 존슨, 도로시 본, 타라지 헨슨

할 수 있는 시설을 분리해 유색인종은 지정된 장소만을 사용할 수 있게 하는 차별이 공공연하던 시기였다. 그리고 대외적으로는 40년대 말부터 시작된 냉전이 최고점에 다다른 극성기였고, 그 영향으로 미국과 소련이 우주 프로젝트를 두고 누가 먼저 우주에 대한 지배권을 선점하게 될 것인가로 전쟁을 방불하게 하는 경쟁을 벌이고 있었다. 이에 NASA 역시 유인우주선을 우주로 보내 무사 귀환시키는 것을 최우선 과제로 삼았다. 이런 배경을 알고 보면 영화는 더욱 흥미로워진다.

실존 인물인 주인공들의 삶이 영화 속에서 어떻게 반영되었는지 살펴보는 재미도 있다. 배우 타라지 헨슨Taraji Henson이 연기한 캐서린 존슨은 어려서부터 천부적인 수학실력을 보인 탁월한 수학자로 NASA에서 33년간 근무했다. 그 속에서 초기 컴퓨터가 도입되기 전, 손으로 난해한 유인우주선의 궤도와 재진입 궤적과 착륙지점 예측 계산을 정확하게 풀어낸 것으로 유명하다.

1961년 소련의 가가린이 인류 최초의 우주비행을 성공시키며 최초라는 타이틀을 빼앗긴 NASA는 국민으로부터 비판을 받고 있었고, 초조한 가운데 미국 최초의 우주비행사 앨런 셰퍼드가 탑승한 머큐리 우주선 발사를 준비하고 있었다. 하지만 정확한 탄도비행 궤적과 착수지점 계산에 골머리를 앓고 있었는데, 이때 캐서린 존슨이 어려운 수학 대신 오래었지만 단순한 오일러 공식을 이용하여 근삿값을 계산했다. 컴퓨터가 세상에 나오기 전이었는데 포물선 궤적을 5천 개의 짧은 직선의 연결로 바꾸어 계산한 것이다.

캐서린 존슨의 이 계산 방법은 이후 컴퓨터가 등장하자 그 위력을 발휘하게 된다. 궤도를 수만 개, 수십만 개의 직선으로 바꾸어 보다 정확하게 궤적을 계산할 수 있었으며, 이 방법은 후에 아폴로와 우주왕복선 궤도계산에도 유용하게 사용되었다. 여기에서 우리는 단순한 방법을 이용하여 복잡한 궤도를 계산한 캐서린 존슨의 천재성을 볼 수 있다.

NASA의 컴퓨터 과학자 도로시 본의 역할은 아카데미 여우조연상을 수상한 연기파 배우 옥타비아 스펜서Octavia Spencer가 연기했다. 도로시 본은 당시 처음 도입된 IBM컴퓨터의 유용함을 간파하고 독학으로 계산 언어인 포트란 FORTRAN을 마스터하여 캐서린이 개발한 방법을 적용해 궤도계산을 해냈다.

1960년대 초 컴퓨터가 도입되자 지금까지 손으로만 계산하던 NASA 계산부서 지원들은 당황했다. 사용방법도 전혀 모르는 상황이었고 무엇보다 자신들의 역할이 없어져 일자리를 잃는 것이 아닌가 하고 전전긍긍하고 있었다. 그러자 도로시 본은 동료와 부하 과학자들에게도 손으로 하는 계산의 시대는 끝났다는 것을 알려주고 포트란 언어를 가르쳐 컴퓨터 계산원으로 전환할 수 있게 했다. 그리고 부서원들을 이끌어 캐서린과 함께 미국 최초의 지구궤도 우주비행에 성공한 존 글렌의 머큐리 프렌드쉽-7호의 궤도와 재진입 착수지점을 정확히 계산해냈다. 그 결과 NASA 본부는 그녀의 계산 능력과 컴퓨터 전환 공로를 인정해 유색인종과 여성 최초로 계산부서장이라는 고위급 간부 직책에 임명하여 임무를 수행하게 했다.

매리 잭슨은 NASA 최초의 흑인 여성 엔지니어다. 영화에서는 배우이자 가수인 자넬 모네Janelle Monae가 역을 맡았다. 매리 잭슨은 초음속 풍동을 이용한 연구에서 탁월한 성과를 내었는데, 이를 본 NASA의 상관이 엔지니어가 되는 교육을 받도록 제안하게 된다. 이를 받아들인 매리 잭슨은 1953년부터 온통 백인 남성뿐인 버지니아 대학에서 수학과 물리학 대학원 과정을 이수하였고, 흑인 여성 최초의 엔지니어가 된 것이다. 당시 흑인 여성이 이공계 대학원 수업을 듣는 것은 전례가 없던 일로 학교 측이 난색을 표하자 소송까지 벌였지만 당당하게 판사를 설득하여 승소판결을 받아낸 일화는 유명하다.

영화에서 가장 인상적인 장면은 흑인 전용 화장실을 가기 위해 매일 서너 번씩 800m를 왕복한다는 캐서린의 울분에 찬 항의를 들은 본부장이 흑인용이라는 화장실 표식을 쇠 파이프로 쳐부수는 장면이다. 이 장면은 흑백 차별을 부수는 상징적인 퍼포먼스로 통쾌감을 느끼게 해준다. 또한 메리가 대학원 수업을 듣기 위해 판사에게 항의하며 설득하는 장면도 가슴을 뛰게 한다.

영화의 하이라이트는 마침내 발사되는 미국 최초의 지구 선회 유인우주선 머큐리 프렌드십 7호 발사 당일의 장면이다. 모든 미국인이 숨죽여 발사를 기다리고 있는 시점에 NASA는 IBM 컴퓨터가 계산한 값에서 오류를 발견한다. 이 사실을 전해들은 배우 글렌 파월Glen Powell이 역을 맡은 프렌드십 7호의 우주인 존 글렌은 이렇게 말한다.

"그녀(캐서린)에게 확인을 맡겨 달라. 그녀가 괜찮다고 하면 나도 괜찮다."

우주인의 요구대로 급하게 캐서린 존슨에게 도움을 요청한 NASA. 이에 캐서린 존슨은 발사 직전에 귀환 포인트를 직접 손으로 계산해 무사히 프렌드십-7에 전달할 수 있게 된다.

캐서린 존슨의 확인이 끝난 후 그녀에게 감사의 말을 전해달라고 하며 우주선에 오르는 존 글렌. 이 장면들은 관객들을 뭉클하게 감동시킨다. 그야말로 영화 <히든 피겨스>의 백미라고 할 수 있다.

정확하게 캐서린 존슨이 계산해 낸 지점에 프렌드십 7호가 착륙하고, 이를 지켜보던 NASA의 직원들이 서로 축하하는 가운데 NASA의 본부장 해리슨은 캐서린에게 묻는다.

"우리가 달에 갈 수 있다고 생각하나?"

이 질문에 대해 캐서린 존슨은 이렇게 답한다.

"우린 이미 달에 가 있어요."

그녀의 말처럼 프렌드십 7호의 임무 성공은 소련이 앞서 있던 우주개발 경쟁의 판도를 바꿨으며, 이를 바탕으로 1969년 미국은 소련보다 먼저 아폴로 우주선을 달에 착륙시킨다.

영화의 마지막에는 영화 속에서 보여준 이야기 뒤의 그녀들의 행보가 자막으로 보이는데, 메리 잭슨은 NASA와 미국 최초의 여성 항공 엔지니어가 됐고, 1979년에는 NASA에서 여성 훈련 담당관이 된다. 도로시 본은 흑인 최초로 NASA의 주임이 되며, 컴퓨터용 계산 언어 포트란 전문가이자 전자 컴퓨팅의 선구자로 NASA에서 손꼽히는 인재로 여겨졌다. 그리고 캐서린 존슨은 프렌드십 7호 이후에도 계속 NASA에서 계산을 하며 아폴로 11호의 달 착륙과 우주왕복선 계획에 참여했다. 2016년 NASA는 캐서린 존슨의 업적을 기리기 위해 그녀의 이름을 딴 캐서린 G. 존슨 전산빌딩을 건축한다.

결론적으로 말하자면 <히든 피겨스>는 좋은 영화이면서 재밌는 영화다. 감독의 연출도 좋고, 배우들의 연기 또한 훌륭하다. 지금까지 많이 봐왔던 영웅이 된 우주인이 주인공으로 등장하는 영화가 아닌 우주선을 발사하기까지 대중들에게는 보이지 않는 곳에서 엄청난 열정을 쏟아붓는 사람들의 이야기, NASA 내부의 이야기라는 측면에서는 새롭기까지 하다. 실제로 있었던 사람들의 이야기이기에 역사적이기도 하며, 인종차별, 여성차별이라는 사회적 문제에 대한 문제 의식까지 영화에 담겨있어 재밌지만 단순하게 재미만 추구하는 영화는 아니다.

영화가 끝난 후 여러 가지 생각을 하게 됐는데, 현재 우리는 인종차별과 여성차별 등 이 세계에 만연한 여러 차별에서 자유로운지, 혹시 또 다른 다양한 차별을 만들어 내고 있는 건 아닌지에 대해 스스로와 사회에 대해 고심하게 됐다. 또, 국가와 사회에서 과거의 잘못과 문제를 드러내는 영화가 사회에 미치는 영향과 품고 있는 희망에 대해서도 생각이 미쳤는데, 우리가 우리의 어두운 측면을 숨기지 않고 드러내는 순간 사회는 회복력을 가지며 보다 좋은 방향으로 나아가려는 움직임이 많아지는 게 아닐까 싶다.

마지막으로 영화에서 IBM 컴퓨터가 처음 등장했을 때와 요즘 인공지능과 챗GPT의 등장에 대한 사람들의 반응이 매우 유사하다는 생각도 들었는데, 컴퓨터의 등장 때와 마찬가지로 뛰어난 성능에는 감탄하지만 AI에 의해 변하게 될 사회상과 일자리의 위협 등이 사람들을 매우 혼란하게 만들고 있는 것 같다. 그렇다면 우리 인간은 또다시 펼쳐진 기술 발전 앞에서 이전과 같이 처음에는 저항하지만 결국엔 적응하고, 사용법을 익혀 나가게 되지 않을까?

CHAPTER 05
아르테미스 유인 달탐사 계획
돋보기

달에는 누가 가지? Ⅰ:
NASA의 우주인 선발과 훈련과정

우주개발, 우주 탐사, 우주 산업화 등 인류가 우주로 진출하기 위해서는 우주를 탐험할 수 있는 우주선의 개발 등 기술적인 문제도 해결되어야하지만, 우주인의 능력도 그에 못지않게 중요하다. 인간이 미지의 영역인 우주로 나아갈 때는 아무리 계획을 철저하게 세우고 예행연습과 시뮬레이션을 한다고 해도 예측하지 못한 돌발 상황과 위험이 찾아오기 마련인데 이때 우주인이 얼마나 빠르고 정확한 판단을 내리느냐에 따라 사고가발생하기도 하고, 위기를 극복하기도 하기 때문이다. 아무리 뛰어난 우주선을 개발했다고 해도 결국 그것을 조종하는 것은 우주인이기 때문에 어쩌면 우주인이야말로 우주개발과 탐사의 가장 핵심적인 부분이자, 우주를 향한 인간의 도전을 가능하게 만들어 주는 코어일지도 모른다.

특히 우주인의 경험은 다음 세대 우주인에게 전해진다는 측면에서도 매우 중요하다. 한 사람의 우주인이 가진 지식과 경험은 그 우주인이 속한 국가의 지식과 경험으로 대물림되고, 나아가 전 세계의 재산이 된다. 그만큼 우주인을 선발하고 키워내는 일은 어렵고 비용도 만만치 않지만 우주개발과 탐험에 있어 주축이 되는 일이니만큼 각 나라는 우주인 선발과 훈련에 심혈을 기울이고 있다.

당연히 미국의 NASA 역시 매우 엄격한 기준을 통해 우주인을 선발하고 훈련한다. 일반인들은 잘 모르는 과정과, 어렵고 힘든 과정을 통과해 이번에 아르테미스 유인 달탐사에 탑승하는 우주인들은 과연 누구인지 알아보는 것도 재미있으리라 생각한다. 우리나라도 하루빨리 제2, 제3의 우주인을 탄생시켜야 하는 입장에서 참고가 되면 좋겠다.

먼저 NASA에 우주인으로 지원하고자 하는 자는 인종과 성별, 종교에 상관없이 미국 시민권자로 30~55세여야 한다. 다만 선발된 후 능력과 의학적 기준을 만족하면 60세 이상이어도 우주비행을 수행할 수 있다. 이 말은 지원 당시 나이가 30~55세에 속해 능력을 인정받아 선발된 후에는 비행 능력과 신체 능력이 기준을 충족한다면 60세 이후에도 우주인으로 우주선에 탑승할 수 있다는 말이다. 우주인으로 선발된 후에도 지속적인 자기관리가 필요하고, 자기관리에 따라 우주인으로 일할 수 있는 기간이 달라짐을 알 수 있다.

또한 지원자는 공학, 생물학, 물리 또는 수학이 포함된 STEM 분야에서 공인된 교육기관을 통해 학사학위 이상을 취득해야 한다. 그리고 학위 취득 이후 2~3년간 전문적인 경력을 쌓아야 하는데 석사학위 소유자는 1년, 박사학위 소유자는 3년의 경력으로 인정해 준다. 다른 방법으로는 제트기를 1,000시간 이상 비행한 경험이 있으면 경력으로 인정되는데, 이는 주로 군 출신 지원자들에게 해당한다고 볼 수 있다. 이외에도 미국과 캐나다에서 K-12라고 불리는 대학 이전의 초중고에서 가르친 교사 경험도 동등하게 경력으로 인정해 준다.

의학적 기준으로는 안경이나 렌즈를 낀 교정시력이 1.0 이상이어야 하고, 라식 수술 후 후유증 없이 1년 이상이 경과해야 하며, 앉은 자세에서 혈압이 140/90을 넘지 않아야 한다. 키는 157.5cm(62인치)에서 190.5cm(75인치) 사이여야 한다.

우주인 지원자들은 1주일간의 인터뷰, 의학 검진, 오리엔테이션을 거쳐 우주인 후보로 선발된다. 선발된 우주인 후보들은 개인적으로 통보를 받게 되며 2년간의 훈련에 돌입하게 되는데, 이 기간에는 우주인 후보 astronaut candidate라고 불리며, 훈련을 마친 후에야 정식 우주인astronaut으로 불릴 수 있다.

우주인 후보로 선발된 자들은 첫 한 달 동안 수상 생존과 우주유영을 위해 스쿠버 자격을 취득해야 하는데, 25m 풀을 비행복과 운동화를 신고 시간제한 없이 쉬지 않고 3회를 수영할 수 있어야 하며, 물속에서 비행복을 입고 선 채로 수영하여 10분간 떠 있을 수 있어야 한다. 또한 이 기간 동안에 고압과 저압 비상상황 대처법을 훈련받으며, 무중력 항공기를 탑승하여 20초간 발생하는 무중력 환경을 하루에 40회 경험하는 훈련 역시 받아야 한다. 국제우주정거장 시스템, 우주유영 활동 기술, 로봇 조종 기술, 러시아어, 항공기 조종 준비 훈련도 훈련 내용에 포함되어 있다.

이 중 국제우주정거장 시스템 훈련은 실제로 우주인들이 우주에 나가 국제우주정거장에서 3개월에서 6개월 동안 지속되는 장기 임무를 수행함에 있어 할당된 임무와 관련 시스템에 대한 자세한 지식이 있어야 하기 때문에 2~3년간에 걸쳐 심도 있게 훈련을 받아야 한다. 국제 파트너 국가에서 교육을 받는 것을 포함하여 광범위한 여행을 하면서, 여러 우주선 시스템에 대한 매뉴얼을 읽고 컴퓨터 기반 교육을 받고, 각 시스템을 작동하고 오작동을 인식하고 시정조치를 수행하는 훈련을 받는다.

우주비행 중 경험하는 무중력을 시뮬레이션하기 위해서는 중성부력 풀neutral buoyancy pool에서 훈련을 하게 되는데, 이 중성부력 풀은 우주탐사 프로그램의 설계와 개발과 시험에 필수적인 장비이다. 이 풀에서 우주인은 실제 우주 무중력 환경에서 경험하는 신체의 움직임에 익숙해지게 된다.

또한 우주시스템 실물과 똑같이 만든 모사장비 목업mockup에서 실제 우주시스템에 대한 오리엔테이션과 거주에 대한 교육을 받는데, 식사, 장비 보관, 쓰레기 관리, 카메라 사용과 실험 작업을 연습하게 된다.

비행훈련의 경우에는 T-38 제트훈련기를 매월 15시간씩 비행하며 훈련하는데, 조종사 출신이 아닌 우주인들은 최소 4시간 비행훈련을 받으며 우주비행 환경과 발사 시 받는 중력 가속도와 같은 우주비행 환경에 익숙해지도록 훈련한다.

이 같은 훈련과정을 밟으며 우주인 후보들은 최종 선발을 위해 만족스러운 교육성과를 내야 한다. 성공적으로 통과하면 민간 후보들은 정식 NASA 공무원이 되며, 탈락한 우주인 후보들은 NASA의 다른 부서에 배치된다. 우주인들의 급여는 GS-11에서 GS-14 등급으로 경력과 훈련결과에 따라 정해지며, 우주인은 GS-15등급까지 진급할 수 있다. 참고로 GS-11등급은 연봉 6만 6천 달러, GS-15 등급은 연봉 16만 달러 정도이다.

우주인에 대한 호칭에도 약간의 구별이 있는데, NASA 존슨우주센터의 우주인 사무소astronaut office에서 관리하는 NASA 우주인들은 현직 우주인active astronaut과 더 이상 비행하지 않고 관리 업무를 담당하는 관리 우주인management astronaut으로 나뉜다. 또한 협력하는 우방국 우주인들과 산업체 우주인들은 크게 파트너 우주인으로 부르는데, 우방국 파트너 우주인들은 국제 우주인으로 불리며 주로 캐나다 우주청CSA, ESA, JAXA와 러시아 연방우주청RSA 소속 우주인들이다. 상업 파트너 우주인은 NASA 우주인을 훈련시키고 NASA가 사용할 유인 우주운송 시스템을 개발하고 있는 우주산업체에 소속된 우주인을 뜻한다.

NASA는 3~4년마다 우주인그룹을 10여 명 선발하는데, 가장 최근 진행된 2021년 NASA 우주인그룹 23명 선발 사례를 통해 신청 및 후보자 선발 진행 과정을 정리해보도록 하자. 2020년 3월 2일부터 3월 31일까지 12,000명 이상의 사람이 우주비행사가 되기 위해 신청했다. 보통 한 그룹당 10여 명을 선발하므로 1,000대1 정도가 되는 엄청난 경쟁률을 보인 셈이다. 선발 과정의 시간 스케줄은 아래와 같았다.

- 2020년 3월 2일 ~ 31일 : 우주인 선발 공고 기간
- 2020년 4월~7월 : 우수한 지원자를 선별하기 위해 지원 서류 검토
- 2020년 8월 : 우수한 지원자들의 추천인에게 자격 조사 양식을 보냄
- 2020년 9월~2021년 4월 : 우수한 지원서를 검토하여 인터뷰 대상자를 선별함
- 2021년 5월~7월 : 1차 인터뷰 대상자가 NASA 존슨우주센터로 초

청되어 초기 인터뷰와 활동을 진행. 인터뷰 대상자는 우수한 지원자 그룹 중에서 선정

- 2021년 8월~9월 : 2차 인터뷰 대상자가 NASA 존슨우주센터로 초청되어 추가 인터뷰와 활동을 진행
- 2021년 가을 : 2021년 최종 선정된 우주비행사 후보자 그룹 발표
- 2022년 1월 : 2021년 우주비행사 후보자 그룹 NASA 존슨우주센터에 입소

덧붙이자면 지금까지 미국의 우주인들은 주로 우주왕복선과 국제우주정거장에서의 활동을 염두에 두고 훈련해왔다. 하지만 아르테미스 유인 달탐사 계획이 시작됨에 따라 최근에는 달탐사를 앞둔 상황에 맞게 새로운 우주수송시스템인 오리온 다목적 유인우주선Multi Purpose Crew Vehicle, MPCV에 초점을 맞춰 훈련이 진행될 것으로 보인다. 인간의 심우주 탐사를 위해 설계된 오리온 우주선은 NASA의 50년이 넘는 우주비행 경험을 바탕으로 미국의 미래 유인 우주 탐사 프로그램의 요구를 만족하도록 설계되었고, 그만큼 세부 시스템 및 구성 요소, 설계에 이르기까지 수십 가지의 기술 발전과 혁신이 녹아들어 있기에 우주인들도 그에 적합한 훈련이 필요한 것이다. 무엇보다 오리온 우주선이 혁신적인 발사 중단 시스템을 갖추고 있어 우주인의 안전이 과거 그 어떤 우주선보다 향상되었다는 점이 돋보인다.

달에는 누가 가지? II :
아르테미스 유인 달탐사 계획의 우주인들

2020년 12월 10일, 당시 부통령이었던 미국의 마이크 펜스Michael Pence는 NASA의 아르테미스 유인 달탐사 계획에 참여할 18명의 우주인 그룹을 소개했다. 이들은 매우 다양한 배경과 전문성, 경험을 가지고 있었는데, 그들의 나이, 학력, 전문성 등의 자세한 정보는 기존의 우주인들에 대한 정보와 함께 앞으로 우주인과 우주승무원에 도전하고 싶은 우리나라 학생과 젊은이들에게 도움이 될 것으로 기대하며 따로 표로 정리해 놓았다. (페이지 271~274 참조)

아르테미스 우주인들의 대략적인 정보를 살펴보면, 평균 나이는 42세로 기존의 일반 NASA 우주인들의 평균 나이가 53.1세인 것에 비해 10년이나 젊고 학력, 경력, 체력이 모두 월등하다. 대다수는 미 육해공군에서 수천 시간의 비행경력을 가지고 있으며, 조종사 100명 중 한 명만이 선발된다는 조종사 중에서도 으뜸인 테스트파일럿 출신이 많다. 탁월한 비행경험과 미국의 주립대 이상의 명문대학에서 이공계 석사 이상의 학위를 가진 것을 보면 우주비행에 대한 과학적 기술적 지식과 학습능력이 뛰어

✦ 그림 5_1. 미국 NASA의 아르테미스 프로그램 참여 우주인그룹 18명

난 사람들이 우주인으로 선발된 것을 알 수 있다. 18명 중 절반에 해당하는 9명의 여성도 군 비행 경력자가 많았고, 심지어 미국 럭비 국가 대표도 두 명이나 있다는 것으로 우주인으로 선발된 여성들이 신체적으로도 남성 우주인에 못지않은 강인함을 갖추었다는 것을 알 수 있다.

남녀 우주인들 대부분이 비행경력과 비행조종사 자격증이 있으며, 아마추어 무선, 등산, 스킨 스쿠버를 전문적 수준의 취미를 즐긴다. 선발된 우주인의 대부분이 40대 이상의 기혼자인 것도 눈에 띄는데, 이는 기혼자가 미혼자에 비해 심리적으로 안정되어 있다는 점과 그 나이대가 무중력과 방사능에 대한 신체 저항력이 가장 큰 시기인 것 등이 반영된 것 같다. 또한, 50대의 우주인들이 많았던 기존의 우주인들보다 연령대가 낮은 것은 달착륙 임무 훈련에 걸리는 오랜 시간과 실제 착륙이 이루어질 시기가 5~10년 후인 것을 감안한 것으로 보인다.

그리고 선발된 18명 중에 우리가 조금 더 눈여겨봐야 우주인은 대표적인 남녀 우주인 6명이다. 이들의 학력, 경력, 인생 스토리를 상세하게 알아보는 것은 여러 면에서 흥미로울 것이고, 참고하거나 배울 점도 많기에 소개하기로 한다.

프랭크 루비오 　　　　 자스민 목벨리 　　　　 조니 킴

✦ 그림 5_2. NASA 아르테미스 우주인 프랭크 루비오, 자스민 목벨리, 조니 킴

- 프랭크 루비오Francisco Rubio는 1975년에 출생한 미 육군 중령이자 헬리콥터 조종사이며, 동시에 비행외과 의사이자 NASA의 우주인이다. 로스앤젤레스에서 엘살바도르인 부모 사이에서 태어났고, 6세까지 엘살바도르에서 살았다. 미국 육군사관학교에서 국제관계 학사학위를 받았고, 미 육군 중위로 임관한 후 UH-60 블랙호크 헬기 조종사가 되었다. 미군 최정예 82 공수사단 중대장을 역임했으며, 조종사로서는 보스니아, 이라크, 아프가니스탄에서 600시간의 전투 참전을 포함하여 총 1,100시간을 비행했다. 그 후 미연방보건과학대학Uniformed Services University of the Health Sciences에서 의학박사학위를 받았으며, 포트 베닝 기지에서 가정의학 레지던트 과정을 마쳤고, 레드스톤 기지에서 비행외과의사flight surgeon로 근무했다.

우주인이 된 것은 2017년 NASA 우주인그룹 22에 선발되어 2년간의 훈련을 받으면서이다. 우크라이나-러시아 전쟁 중에도 2022년 9월 21일 러시아 소유즈 우주선으로 우주로 나아가 국제우주정거장에서 6개월 체류 후 2023년 초 귀환할 예정이었으나 소유즈 우주선에 고장이 발생하면서 복무 기간이 6개월이 연장되어 1년간 우주체류 후 2023년 9월에 귀환하였다. 우주정거장 체류 중 총 3회의 우주유영을 수행하였다. 기혼으로 네 명의 자녀를 두었다. 동성무공훈장, 훈공 메달, 육군 성취 메달을 받았으며, 미 육군 수석비행사 배지를 획득했다.

- 자스민 목벨리Jasmin Moghbeli는 미국 해병대 테스트파일럿이며 NASA 우주인이다. 1983년 서독의 바트 나우하임에서 쿠르드계 이란 부모 사이에서 태어났고, 부모가 1979년 이란 혁명 이후 고국을 떠나 미국에 정착했다. MIT 공대와 해군대학원 및 해군 테스트파일럿 학교를 졸업했는데, MIT 공대에서 항공우주공학 분야의 정보공학(IT)으로 학사를 받았으며, 교내 배구와 농구팀에서 활약했다. 2005년 해병대 장교로 임관하였으며 AH-1 코브라 공격헬기 조종사 훈련을 받았다. 캘리포니아의 미 해군대학원에서는 항공우주공학 석사학위를 취득했다. 그 후 메릴랜드의 해군 시험 조종사 학교를 다니면서 헬리콥터 시험 조종사가 되었다. 미 해군 테스트파일럿학교U. S. Naval Test Pilot School를 우등으로 졸업했으며, 아프가니스탄 전쟁 출격을 포함하여 150회 전투 임무와 총 2,000시간의 비행을 수행한 경력이 있다.

2017년 NASA 우주인그룹 22에 선발되어 2년간의 우주인 훈련을 받아 우주인이 되었고, 스페이스X의 크루드래곤Crew Dragon 우주비행선에 탑승하여 국제우주정거장 원정대 69-70의 임무 사령관으로 2023년 8월 26일 첫 번째 우주비행을 시작했다. 항공 훈장 4개, 해군 해병대 표창 메달 1개 및 해군 해병대 공로 메달 3개를 받았다.

- 조니 킴Jonny Kim은 미 해군 소령으로 전직 네이비씰 대원이며 NASA 우주인이다. 1984년 미국 캘리포니아 로스앤젤레스에서 한국인 부모 사이에서 태어났다. 부모는 1980년대 초 미국으로 이민을 간 전형적인 중산층 한국 가정으로, 고등교육을 받지 못한 아버지는 주류 판매점을 운영했고 어머니는 자녀를 키우면서 초등학교 교사로 일했다.

다행히 이러한 비극 속에서도 훌륭한 어머니를 둔 조니 킴은 좌절하지 않고 학업을 마칠 수 있었다. 스스로 자신감이 부족한 조용한 아이였다고 회고하지만, 산타모니카 고등학교에서 수영과 수구에 참여하면서 여러 번 상을 받았고 수업에서도 높은 성적을 받았으며, 16세가 되어 미 해군 특수 부대 네이비씰의 존재에 대하여 알게 된 후에는 강도 높은 훈련을 견디고 대원이 되기 위해 남은 고등학교 시절을 준비하면서 보냈다. 그러나 가정폭력이 심했던 아버지는 가족을 위협하던 중 2002년 경찰의 총에 맞아 숨지는 비극이 발생했다.

인생의 파도에도 그는 미 해군 네이비씰 지원이 꿈 없고 겁많은 소년을 자신을 믿는 사람으로 바꾸어 준 인생 최고의 선택이었다고 말한다. 2002년 미해군 신병으로 입대한 그는 훈련을 마치고 네이비씰 특수전 대원이 되어 중동 지역에 2번 배치되어 전투 의무병, 저격수, 항법사와 최전방 정찰대로 100회가 넘는 전투 임무에 참전했다. 그러던 중 2006년 이라크에서 작전 중 친한 동료 두 명이 전사하는 것을 지켜보면서 그들의 목숨을 구하지 못한 자책감에 의무병이 되기로 결심했으며, 2009년 장교가 되기 위하여 샌디에고 대학에서 수학을 전공, 최우등으로 학사학위를 받은 후 미 해군 의무대에 배속된다. 2016년에는 하버드 의대에 진학하여 의학 박사학위를 받았고, 2017년 메사추세츠 병원과 브리검여성병원 Brigham and Women's Hospital에서 인턴과정을 수료한다.

결혼하여 세 자녀를 두고 있는 조니 킴이 우주인이 될 수 있었던 것은 하버드 의대에서 공부하던 중 NASA 우주인이자 의사인 스콧 파라진스키 Scott Parazynski를 만나 권유를 받고 NASA 우주인 후보에 지원했기 때문이다. 총 18,300명이 지원한 2017년 우주인 선발에서 선발된 12명의 우주인 후보 중 한 명이 되었고, 2020년 아르테미스 달탐사 우주인 18명으로 선발되었다. 2021년 4월 국제우주정거장 원정대 65 임무의 우주인 임무 수행을 관리하고 지상과의 연락을 담당하는 Increment Lead 역할도 했다.

2022년에는 군 조종사 경험이 부족한 해군 출신 NASA 우주인을 위한 조종훈련을 받고 T-6 훈련기로 첫 단독 비행을 마쳤으며, 그 후 T-38 제트 고등훈련기와 헬기조종 훈련을 마치고 드물게 해군 비행외과의 및 해군조종사가 되었다.

드라마틱한 인생 역정만큼이나 군인, 비행외과의사, 비행기 및 헬기 조종사, 우주인이라는 다양한 직업을 가진 조니 킴은 군에서 여러 전공에 대한 훈장을 받았는데 은성 및 동성 무공훈장, 해군 및 해병대 표창 메달과 전투 참여 리본을 받았다. 은성무공훈장은 이라크 전쟁에서 적의 공격으로 부상당한 여러 명의 이라크 병사들을 구출한 공로로 받았다고 한다.

제시카 왓킨스　　　　빅터 글로버　　　　앤 맥클레인

✦ 그림 5_3. NASA 아르테미스 우주인 제시카 왓킨스, 빅터 글로버와 앤 맥클레인

- 제시카 왓킨스Jessica Watkins는 지질학자이면서 NASA 우주인이며, 해양 비행 자격증을 가지고 있다. 특이하게 미국 여자 럭비 대표선수로 뛰기도 했다. 1988년 미국 메릴랜드 주 가이더스버그에서 두 흑인 부모 사이에서 태어났으며, 스탠포드대학에서 화성과 지구의 산사태 메커니즘에 대한 연구로 박사학위를 받았고, 캘리포니아 공과대학에서 박사 후 연구원으로 일했다. 운동광인 제시카 왓킨스는 여자 농구팀의 보조 코치로도 활동하였다. 럭비를 시작한 것은 대학교 1학년 때로 미국 대표선수로 뽑힌 후 공격수로서 2009년 7인제 여자 럭비 국제대회에서 미국이 3위에 입상하는 데 크게 활약하기도 했다.

제시카 왓킨스가 뛰어난 인재라는 것은 학부 때부터 NASA 에임즈 연구센터Ames Research Center에서 인턴으로 화성 피닉스 임무의 화성 지질 연구에 참여한 것으로도 알 수 있다. 2009년에는 화성 사막 연구소에서 수석 지질학자로 일했고, 대학원 시절에는 NASA 제트추진연구소Jet Propulsion Laboratory, JPL에서 지구 근접 소행성 연구와 화성 로버 큐리오시티 계획에도 참여했다. 이외에도 2011년에는 화성 모사환경 연구팀에서 근무했고, Mars 2020 화성 로버 퍼시비어런스 계획 수립에도 참여했다. 계속해서 캘리포니아 공과대학에서는 박사 후 연구원으로 일하면서 화성탐사선의 일일 임무계획 수립에 참여했으며, 화성 궤도 데이터와 영상 데이터를 결합하여 지질학 및 지형학적 연구를 수행했다.

2017년 NASA 우주인그룹 22의 일원으로 선발되어 2년간의 훈련을 마쳤고 2020년 아르테미스 우주인에 선발되었는데, 2025년으로 예정된 아르테미스의 첫번째 달 착륙에 여성 우주인이 첫발을 내리는 것으로 정해진 것을 감안하면 여성이고 지질학자이면서 흑인인 제시카 왓킨스는 아폴로 이후 최초의 달 착륙 우주인이 될 가능성이 큰 우주인 중 한 명이다.

이미 흑인 여성 최초의 우주장기체류 임무를 수행했고, 흑인 여성 최장 우주체류 기록을 갈아치웠는데, 2021년 스페이스X Crew-4 임무에 선정되어 2022년 4월 국제우주정거장에 6개월간 체류하면서 지질학자로서 우주과학, 생물학, 우주장기 체류가 인간에 미치는 영향 그리고 지구의 지질학적 변화를 관찰하고 사진을 촬영했다. 우주비행 전 2019년에는 NEEMO 임무 23에서 대장으로 여성으로 구성된 대원을 이끌고 12일간의 해저 체류 임무를 수행한 경력도 가지고 있다.

아직 미혼인 제시카 왓킨스의 지금까지의 우주비행 경력은 170일이고, 열렬한 운동 애호가답게 취미로 축구, 암벽등반, 스키를 즐기며, 글쓰기 창작활동을 활발하게 하고 있다.

- 빅터 글로버Victor Glover는 미 공군의 시험조종사 학교를 졸업했고, 해군 대위로 F/A-18 전투기 조종사이다. 2013년 NASA의 우주인으로 선발되었으며, 최초의 민간 유인 우주선 스페이스X 크루드래곤을 처음으로 조종한 우주비행 조종사로 국제우주정거장에 6개월간 체류했다.

1976년 캘리포니아 포모나에서 태어났고, 고등학교에서는 미식축구 쿼터백이자 러닝백으로 활약했는데, 1994년 올해의 선수상을 받을 정도로 뛰어난 선수였다. 1999년 캘리포니아 폴리텍에서 일반 공학 학사학위를 받았으며, 군대에 있는 동안 공군대학에서 비행시험공학 석사학위를, 해군대학원에서 시스템 공학과 군사 작전 분야 석사학위를 받았다.

비행경력의 시작은 1999년 미 해군 소위로 임관하고 F/A-18 조종사 훈련을 받으며 시작되었다. 그 후 2003년 항공모함 존 F 케네디호에 배치되어 이라크 자유 작전에 참가하였고, 2007년 미 공군 테스트파일럿학교를 졸업한 후에는 테스트파일럿이 되었다. 해군 조종사로 근무하는 동안 40종류 이상의 항공기에서 3,000 비행시간을 축적했으며, 400회 이상의 항공모함 착륙과 24회의 전투임무를 수행했다.

2013년 NASA 우주인그룹 21에 선발되어, 2015년 2년간의 훈련을 마치며 우주인이 되었고, 2020년 8월 스페이스X사의 상업적 우주선 크루드래곤의 첫 번째 우주비행 임무인 크루-1에 탑승하여 국제우주정거장 원정대 64/65에서 6개월간 체류하면서 임무를 수행하였는데 이 일로 미국 흑인 가운데 최초로 우주에서 장기 체류한 우주인으로 기록됐다. 참고로 지금까지 총 300여 명의 미국 NASA 우주인 중 오직 14명의 흑인 우주인만이 우주비행을 경험했고, 빅터 글로버 전까지의 모든 흑인 우주인은 우주에서 단기체류를 했을 뿐이다.

2020년 12월 아르테미스 우주인 18명에 선발되었을 때도 빅터 글로버는 국제우주정거장에 체류하고 있었는데, 2021년 1월 동료 우주인과 수행한 세 차례의 우주유영에서 고장이 발생한 외부 카메라를 교체했으며, 국제우주정거장 태양전지판 전원공급장치를 업그레이드했다, 총 167일의 우주비행 경력을 갖고 있으며 결혼하여 네 명의 딸을 슬하에 둔 빅터 글로버는 2023년 4월 2024년에 예정된 아르테미스-2의 달 선회임무 우주인 4명 중 한 명으로 선발됐다.

- 앤 맥클레인Anne McClain은 1979년생으로 워싱턴주 스포캔에서 출생했으며, 미 육군 대령이며 NASA 우주인이다. 소문난 운동광으로 영국에 유학할 당시 여성 럭비 프리미어쉽에서 뛰었고, 미국 여자 럭비 국가대표로도 활약했다. 사실 미군은 국제대회에 참여하는 것을 허락하지는 않았지만, 이라크 전투에 참전한 10년간을 제외하고는 럭비 경기를 즐겼다고 한다. 우주인으로 선발된 후 그녀는 NASA 존슨우주센터 유튜브 채널에서 중성부력 풀에서 우주복을 입고 훈련할 때 럭비 훈련을 받은 것이 큰 도움이 되었다고 인터뷰하기도 했다.

다양한 학력도 가졌는데 고향인 스포케인에서 지역 대학을 소프트볼

선수로 뛰며 졸업한 후 곤자가 대학Gonzaga University에서 ROTC에 등록한 후 미 육군사관학교로 옮겨 기계공학 학사를 받고 임관, 2002년 근무를 시작했다. 이후 마샬 장학금을 받고 영국으로 유학을 떠나 바스 대학Bath University에서 항공우주공학 석사, 브리스톨 대학Bristol University에서 국제관계 석사학위를 받았다.

공부를 마친 후에는 OH-58 정찰 헬기의 조종사 자격을 얻었으며, 페르시아만에 배치되어 15개월 동안 이라크 자유 작전의 일환으로 800시간 동안 216회의 전투임무를 수행했다. 참전 후 2009년에는 OH-58 헬기 교관이 되었으며, 2013년 해군 테스트파일럿 학교를 졸업했다. 다양한 헬리콥터를 조종한 앤 맥클레인은 총 2,000시간 이상의 비행시간을 보유하고 있다.

NASA 우주인그룹 21의 일원으로 선발된 것은 2013년으로, 2015년에 훈련을 마쳤다. 2018년 12월에는 국제우주정거장으로 발사되어 6개월간 체류 후 2019년 6월에 지구로 귀환했는데 이때 러시아 우주인 올레그 코노넨코Oleg Kononenko와 함께 귀환했다. 코노넨코 우주인은 2008년에 한국의 우주인 이소연 박사와도 함께 귀환한 적도 있는, 현재 세계에서 가장 긴 736일의 우주비행시간을 보유하고 있는 베테랑 우주인이다. 체류 기간 중에는 국제우주정거장 수리를 위해 두 번의 우주유영을 수행했는데, 배터리 장착을 위한 어댑터를 설치하고 미국의 연결모듈 유니티Unity에 박힌 파편을 제거하기도 했다. 앤 맥클레인의 우주비행 시간은 총 203일이다.

이름	성별, 인종	생년 결혼유무	국적,출생지	학력	산발 전 경력	NASA 우주인 경력
조셉 아카바 (Joseph Acaba)	남성, 백인 프에르토리코계	1967, 미혼	미국, 캘리포니아주 애너하임	지질학 학사, 석사, 교육학 석사	미 해병대 6년 복무, 하사 제대 고등학교 과학 교사 중학교 수학 및 과학 교사	2004년 선발, 우주에서 306일 체류, 우주유영 3회, NASA 수석 우주인
캐일라 배런 (Kayla Barron)	여성, 백인	1987, 기혼	미국, 워싱턴주 리처랜드	해군사관학교 시스템 공학 학사, 핵 공학 석사	미 해군 잠수함 전 투장교, 미 해군 중령	스페이스X 크루-3 탑승 176일 우주체류
라자 차리 (Raja Chari)	남성 인도계 혼혈	1977, 기혼	미국, 위스콘신주 밀워키	공군사관학교 학사, 항공/우주비행 석사	미 공군 전투기조종사, 미 해군 테스트파일럿, 미 공군 준장	2017년 선발, 스페이스X 크루-3 탑승 176일 우주체류
메튜 도미닉 (Matthew Dominick)	남성, 백인	1981, 기혼	미국, 콜로라도주 위트리지	전기공학 학사	미 해군 테스트파일럿, 미 해군 중령	2017년 선발, 2024 스페이스X 크루-8 탑승예정
빅터 글로버 (Victor Glover)	남성, 흑인	1976, 기혼	미국, 캘리포니아주 포모나	공학 학사 비행시험, 시스템 공학, 군사 작전 및 과학 석사	미 해군 전투기조종사, 미 해군 대위 3,000시간 비행	2013 선발, ISS 167일 체류, 흑인 최초 ISS 장기체류, 우주유영 4회, 아르테미스2 탑승 예정
스테파니 윌슨 (Stephanie Wilson)	여성, 흑인	1966, 기혼	미국, 매사추세츠주 보스턴	공학 학사, 항공우주공학 석사	마틴 마리에타사, NASA 제트 추진연구소 갈릴레오 우주선 연구	1996년 선발, 42일 우주비행 (우주왕복선 3회 비행)
워렌 호버그 (Warren Hoburg)	남성, 백인	1985, 미혼	미국, 펜실베니아주 피츠버그	항공/우주공학 학사 전기/컴퓨터 공학 박사	MIT 공대 조교수 요세미티 암벽 구조대 암벽등반 전문가 & 조종사	2017년 선발
조니 킴 (Jonny Kim)	남성, 아시안 (한국계)	1984, 기혼	미국, 펜실베니아주 피츠버그	수학 학사, 의학 박사	미 해군 네이비씰, 미 해군 소령, 은성훈장	2017년 선발
크리스티나 코흐 (Christina Koch)	여성, 백인	1979, 기혼	미국, 미시간주 그랜드래피즈	전기공학 & 물리학 학사, 전기공학 석사	NASA 고다드연구소, 해양대기청 남극기지 근무 3년	2013년 선발, 328일 우주비행, 우주유영 6회 (여성 기록), 아르테미스2 탑승 예정
키엘 린드그렌 (Kjell Lindgren)	남성, 아시안 혼혈 (대만계)	1973, 기혼	미국, 대만 타이페이	생물학 학사, 심혈관 생리학 석사, 의학 박사	NASA 존슨우주센터 우주왕복선/ISS 우주의학 지원	009년 선발, 312일 우주비행 우주유영 2회

CHAPTER 05 : 아르테미스 유인 달 탐사계획 돋보기

이름	성별, 인종	생년 결혼유무	국적,출생지	학력	산발 전 경력	NASA 우주인 경력
니콜 만 (Nicole A. Mann)	여성, 백인 (에스토니아 계)	1977, 기혼	미국, 캘리포니아주 페탈루마	기계공학 학사	미 해군 테스트파일럿, 미 해군 항공모함 조종사, 미 해병대 대령	2013년 선발, 157일 우주비행, 우주유영 2회
앤 맥클레인 (Anne McClain)	여성, 백인	1979, 이혼	미국, 위스콘신주 밀워키미국, 워싱턴주 스포캔	기계/항공공학 학사, 항공우주공학 & 국제관계학 석사	미국 여자 럭비 국가대표, 헬기조종사, 이라크전 참전, 800시간 비행,	2013년 선발, 203일 우주비행, 우주유영 2회
제시카 메이어 (Jessica Meir)	여성, 백인 (이라크- 유대계)	1977, 동거	미국/스웨덴, 메인주 카리부	생물학 학사, 우주 연구 석사, 해양 생물학 박사	록히드 마틴사	2009년 선발, 205일 우주비행, 우주유영 3회
자스민 목벨리 (Jasmin Moghbeli)	여성, 이란계	1983, 미혼	미국, 독일 바트나우하임	항공우주공학 학사, 항공우주공학 석사	미 해병대 테스트 파일럿, 공격헬기 조종사 150회 전투 출격, 미 해병대 중령	2017년 선발, 스페이스X 크루-7 탑승
캐슬린 루빈스 (Kathleen Rubins)	여성, 백인	1978, 미혼	미국, 코네티컷주 파밍턴	분자 생물학 학사, 암 생물학 박사	솔크 생물연구소 HIV 연구, MIT 화이트헤드 생의학 연구소 원숭이두창 바이러스 연구,	2009년 선발, 300일 우주비행 (우주에서 최초로 DNA 시퀀싱), 우주유영 4회
프랭크 루비오 (Frank Rubio)	남성, 백인 (엘사바도르계)	1975, 기혼	미국, 캘리포니아주 로스앤젤레스	국제관계학 학사, 의학 박사	미 육군 헬기 조종사 600시간 전투 참여, 1,100시간 비행, 미 육군 중령	2017년 선발, 180일 우주비행, 우주유영 3회
스코트 팅글 (Scott Tingle)	남성, 백인	1965, 기혼	미국, 메사추세츠주 애틀보로	기계공학 학사 & 석사	미 해군 전투기조종사, 미 해군 테스트파일럿, 록밴드 음악 경력 미 해군 대위	2009년 선발, 168일 우주비행, 우주유영 1회
제시카 왓킨스 (Jessica Watkins)	여성, 흑인	1988, 미혼	미국, 메릴랜드주 게이더스버그	지질학 & 환경과학 학사, 지질학 박사	미국 여자 럭비 국가대표, NASA 에임즈연구센터 화성 지질학 연구	2017년 선발, 170일 우주비행

✦ 표5_1. NASA 아르테미스 우주인

우리는 다시 달에 간다

이름	성별, 인종	생년 결혼유무	국적,출생지	학력	산발 전 경력	NASA 우주인 경력
마이클 바라트 (Michael R. Barratt)	남성, 백인	1959, 기혼	미국, 워싱턴 주 밴쿠버	UW 동물학 학사, 노스웨스턴대 의대, 라이트-패터슨 항공우주의학 과정	시카고 레이크사이드 재향군인 병원 내과의, NASA 존슨우주센터 우주비행 내과의	2000년 선발, 211일 우주비행 우주유영 2회
에릭 보에 (Eric Allen Boe)	남성, 백인	1964, 기혼	미국 프로리다 주, 마이애미	미 공군사관학교 우주공학 학사, 조지아 공대 전기공학 석사	전투기 조종사, F-15 조종사로 이라크전 참전, 6,000시간 비행, 테스트파일럿	2000년 선발, 28일 우주비행
스티브 보웬 (Steve Bowen)	남성, 백인	1964, 기혼	미국 메사추세츠 주 코하셋	해군사관학교 전기공학사, MIT 해양공학 석사	잠수함 엔지니어 장교, 해군 대령	2000년 선발, 우주왕복선 3회, 스페이스X 크루-6 탑승 우주유영 8회 (54시간)
랜돌프 브레스닉 (Randolph Bresnik)	남성, 백인	1967, 기혼	미국 켄터키 주 포트 녹스	시타델 군사대학 수학학사, 테네시 대학 항공시스템 석사, Air War 대학	해병대 전투기 조종사, 해군 탑건 과정 수료, 쿠웨이트, F/A-18 조종사로 이라크 파병	2009년 선발, 149일 우주비행, 우주유영 5회
제나 카드만 (Zena Cardman)	여성, 백인	1987, 미혼	미국 일리노이주 어바나	노스캐롤라이나대 생물학 학사, 생물지질화학 석사	남극대륙 생물환경 연구 그룹, 펜실베니아 주립대 지구지하 생물 연구원,	2017 선발
조쉬 카사다 (Josh Casada)	남성, 백인	1973, 기혼	미국 캘리포니아 주, 샌디에고	알버온대 물리학 학사, 로체스터대 물리학 박사, 소립자 연구	해군장교 임관, P-3 조종사로 이라크 참전, 테스트파일럿	2013년 선발, 157일 우주비행, 우주유영 3회
트레이시 다이슨 (Tracy Dyson)	여성, 백인	1969, 미혼	미국, 캘리포니아 주 아카디아	캘리포니아 대학 플러턴 화학 석사 ('93) 캘리포니아 대학 데이비스 물리화학 박사('97)	캘리포니아 대학 어바인 박사후 연구원/ 우주비행사 밴드 리드 보컬	1998년 선발, 우주왕복선 STS-118 ISS 원정 23/24, 원정 70/71, 우주체류 188일, 우주유영 3회
지넷 엡스 (Jeanette Epps)	여성, 흑인	1970, 미혼	미국 뉴욕 시라큐즈	메릴랜드대 항공우주공학 석사 & 박사	포드 자동차, CIA 기술정보 책임자, 형상기억 합금 연구	2009년 선발, 2017년 ISS 원정 56/57 예정되었으나 교체됨, 보잉 CST-100, 스페이스X 크루-8 탑승 예정
앤드류 퓨스텔 (Andrew Feustel)	남성, 백인	1965, 기혼	미국/캐나다, 펜실베니아주 랭커스타	퍼듀대학 지구물리 석사, 캐나다 퀸즈대학 지진학 박사	엑슨 모빌사, /자동차 수리, 스키, 우주인 밴드 멤버, 시그마 프사이 엡실론 회원	2000년 선발, 우주왕복선 STS-125, STS-134, ISS 원정 55/56, 우주체류 225일, 우주유영 9회, NASA 수석 우주인 대행
마이클 핀케 (Michael Fincke)	남성, 백인	1967, 기혼	미국 펜실베니아주 피치버그	MIT 항공 & 우주 비행 & 대기 및 행성과학 학사, 스텐포드대 항공 및 우주항행학 석사, 휴스턴 크리어 레이크대 행성지질학 석사	미 공군 우주 및 미사일 센터, 미공군 테스트파일럿 학교 수료,	1996년 선발, ISS 원정 9, 원정 18, 우주왕복선 STS-134, 보잉 CST-100 탑승 예정 우주체류 381일, 우주유영 9회

이름	성별, 인종	생년 결혼유무	국적,출생지	학력	산발 전 경력	NASA 우주인 경력
닉 헤이그 (Nicklaus Hague)	남성, 백인	1975, 기혼	미국 캔자스주 벨빌	미공군사관학교 항 공우주공학 학사, 석사, MIT 항공우주공학 박사 미공군 테스트 파일럿 학교	테스트파일럿, 이라크전 참전, 미공군 사관학교 교수, 미우주군, 공군 대령	2015년 선발, ISS 원정 57/58 소 유즈 발사체 고장 으로 비상탈출, ISS 원정 59/60, 우주체류 202일, 우주유영 3회
로버트 하인즈 (Robert Hines)	남성, 백인	1975, 기혼	미국 노스캐롤라이 나 페이엣빌	보스턴 대학 학사, 미 공군사관학교, 알라바마 대학 항 공우주공학 석사, 테스트파일럿 학교 석사	중동작전 수행, 76회 전투임무 참전, 미공군 중령 /아마츄어 무선	2017년 선발, ISS 원정 67/68, 170일 우주체류

✦ 표5_2. NASA 일반 우주인

우주여행 가실래요? - 우주관광의 현재

미국을 선두로 우주선진국들은 우주여행의 현실화와 상업화를 추진하고 있다. 20년 전까지만 해도 우주 전문가들은 우주여행이 현실화될 것으로 상상하지 못했지만, 상업적인 우주여행은 생각보다 빨리 이루어졌다.

최초로 민간 우주여행을 한 사람은 2001년에 국제우주정거장 우주여행을 한 미국의 부호 데니스 티토Dennis Tito였다. 이후 남아공의 사업가 마크 셔틀워스Mark Shuttleworth(2002년), 미국의 사업가 그레그 올슨Gregory Olsen(2005년) 그리고 마이크로소프트 워드와 엑셀을 개발한 엔지니어 찰스 시모니Charles Simonyi(2007)가 뒤를 이어 우주여행을 했다. 이들 모두 러시아의 소유즈 우주선을 이용했으며, 1인당 우주비행 비용은 약 2,000만 달러 정도로 어마어마한 금액이었다.

이처럼 수백억 원을 지불해야 하는 우주여행은 전 세계에서 손꼽히는 부자들만이 이용할 수 있었는데, 이래서는 민간인들에게 우주여행이 현실화되었다고 보기 어려웠다. 우주여행을 개발하고 상업화하는 기업의 측면에서도 시장이 너무 작아 수익 창출의 한계가 분명했다. 그래서 보다 저렴한 우주여행 상품인 준궤도sub-orbital 우주비행이 탄생하게 된다. 준궤도 우주비행의 비용은 수백억 원이 아닌 수억 원 정도로, 고도 100km까지 올라가 십 분 정도의 무중력을 체험하고 지상으로 귀환하는 상품이다.

민간인을 대상으로 한 준궤도 우주비행이 시행된 2021년은 우주여행의 원년으로 기록될 만하다. 영국의 버진 갤럭틱Virgin Galactic사, 아마존의 블루 오리진사가 준궤도 우주여행 상품을 내놨고, 첫 번째 우주여행의 영예를 위하여 치열하게 경쟁했는데, 2021년 7월 11일 버진 갤럭틱의 우주비행기 스페이스쉽투SpaceShipTwo, SS2가 고도 88.5km까지 비행했고, 불과 열흘 후 블루 오리진의 뉴 쉐퍼드New Shepard 우주비행기가 고도 106km까지 비행에 성공했다.

재밌게도 이를 두고 누가 첫 번째 민간인을 위한 상업적 우주여행을 시작한 회사인가에 대한 논쟁이 붙었다. 일반적으로 우주의 경계는 지상 80~100km 사이로 다양한 정의가 있는데, 저명한 항공우주과학자 폰 카르만이 정의한 카르만 선이 대표적이다. 이는 날개를 가진 항공기가 비행할 수 있는 최대의 높이이자 인공위성이 비행할 수 있는 최소 고도인데, 1957년 카르만 박사는 이를 고도 84km로 정의했다.

즉, 카르만 박사의 정의에 따르면 우주의 선이 84km이므로, 이에 의하면 2021년 7월 11일 고도 88.5km까지 비행한 버진 갤럭틱의 우주비행기 스페이스쉽투가 민간인 첫 번째 우주여행에 성공한 셈이다. 그러나 최근 UN과 국제항공연맹FAI은 고도 100km를 우주의 선으로 채택하고 있고, 여기에 따르면 블루 오리진사의 뉴 쉐퍼드 우주비행기가 첫 번째 민간인 우주여행에 성공했다고 볼 수 있다. 2021년 이후에도 블루 오리진사는 수 차례 우주여행을 성공적으로 수행했다.

진정한 우주여행인 지구 궤도 선회 여행 역시 2021년 이루어진다. 2021년 9월 16일, 스페이스X사의 드래곤2 우주선에 탑승한 4명의 승객이 3일 동안 지구 궤도를 선회하고 귀환하여 우주여행의 이정표를 세운 것이다.

✦ 그림 5_4. 우주관광용 준궤도 우주비행기 스페이스쉽(버진 갤럭틱)와
캡슐 로켓 뉴 쉐퍼드(블루 오리진)

흥미롭게도 국내에서도 우주여행을 시도한 적이 있다. 2013년 민간재
단인 예천천문우주센터의 사업가 한 분이 미국의 우주비행기 개발회사인
엑스코 에어로스페이스XCOR Aerospace사와 MOU를 체결하여 우주비행
기 링스Lynx Mk II를 국내로 들여와 예천 비행장에서 우주관광을 수행하
고자 했지만 안타깝게도 2017년 XCOR사가 파산하여 실현되지 못했다.

이처럼 우주관광은 다양한 형태로 진화하고 발전하고 있다. 그중 전통
적인 지구궤도 여행 상품은 3일간 지구저궤도를 여행하는데, 비용은 무
려 5,000만 달러 정도(한화 600억 원)일 것으로 예상된다. 이외에도 대형
풍선기구를 타고 지상 40km까지 비행하는 상품과 달궤도를 돌고 오는
상품 등이 출시되고 있다.

우주여행의 걸림돌이 없는 것은 아니다. 아직까지 안전성을 100% 확
보했다고 보기에는 의문의 여지가 있고, 비용도 너무 크다. 준궤도 여행
의 경우에는 1억 원 전후로 일반인도 부담이 불가능하지는 않지만, 지
구궤도 선회여행의 경우 600억 원, 달궤도까지 다녀오는 여행은 무려
2,100억 원에 달할 것으로 보인다. 누구나 이용할 수 있는 여행이 되기에

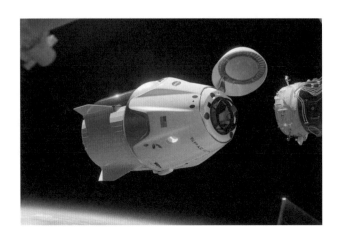

✦ 그림 5_5. 상업용 지구저궤도 유인 우주선 드래곤 2(스페이스X사)

는 경비를 절감할 방법에 대한 많은 고민과 시간이 필요하다.

무엇보다 안정성이 문제다. 버진 갤럭틱사의 스페이스쉽투는 크고 작은 사고가 발생하여 아직도 미국 연방항공국FAA로부터 비행허가를 받지 못하고 있다. 상대적으로 안전하다고 여겨진 블루 오리진의 뉴 쉐퍼드도 2022년 9월 12일 무인 시험비행 중 엔진 이상이 발생해 비상탈출 로켓을 점화하여 지상으로 귀환했다. 이와 같은 사례에서 보듯이 좀 더 안전에 대한 연구와 투자가 이루어져서 정부와 일반 여행 희망자로부터 신뢰가 축적되어야 상업적인 민간 우주여행이 현실화될 것으로 보인다.

다만 확실한 것은 우주여행은 이미 시작되었으며, 우주기술의 개발은 멈추지 않으므로 언젠가는 분명 안전한 우주여행 시대가 올 것이라는 사실이다. 우주여행은 더 이상 꿈이 아니다.

새로운 직업이 될 우주인과 우주승무원

지금까지 달에 직접 갈 수 있는 사람은 소수의 우주인뿐이었다. 그러나 미래에는 어떨까? 이미 시작된 일반인을 대상으로 한 우주관광, 아르테미스 유인 달 착륙 계획 이후 지속될 우주개발과 달 표면 등에서 이루어질 산업체 활동 등을 생각해보면 앞으로 직업적인 우주인의 수는 늘어날 수밖에 없으며, 일반인 중에도 관광의 목적만이 아니라 직장 등 업무적인 일로 우주에 나가는 사람이 많아질 것이다. 당연히 우주승무원의 수가 증가할 수밖에 없다. 일반적으로 우리가 이용하는 비행기에 항공승무원이 있듯이 관광이 목적이든 산업체에 속해 우주로 나가게 되던간에 그들이 이용하는 우주선이나 우주비행기 등의 기체에는 우주승무원이 탑승하게 될 것이 분명하기 때문이다.

여기에서 용어를 정의해보면, 우주인astronaut, cosmonaut이란 국가가 선발한 공적 임무를 수행하는 우주선 조종과 운용 전문가를 뜻하고 우주승무원space crew는 우주인을 포함하여 상업적인 우주인commercial astronaut, 우주관광객 등 우주에서 비즈니스를 수행하는 포괄적인 의미의 모든 우주 탑승자를 뜻한다.

따라서 앞으로 우주인과 우주승무원은 우주 탐사를 위해 국가 단위로 행해지는 우주선 발사에 특화된 직업에 머물지 않고 보다 대중적인 직업이 될 가능성이 높다. 지금까지 우주를 나가본 경험이 있는 우주인과 우주승무원은, 공군비행기 조종사가 항공사의 비행기 파일럿이 되듯 산업체 등에서 띄우는 우주선도 조종하게 될 것이다.

그러나 현재는 전 세계적으로도 우주인의 수가 그리 많지 않다. 1961년 구 소련 우주비행사 유리 가가린이 우주비행을 시작한 이래 60여 년 동안 겨우 600여 명만이 우주비행을 경험하였는데, 이는 지금까지 노벨상 수상자들의 수 870여 명보다도 적을 정도로 극소수인 것이다. 머지않은 미래, 우주 관광 및 우주에서의 산업 활동이 가속화되면 우주인과 우주승무원이 필요한 곳이 많아질 텐데, 지금의 우주인과 우주승무원으로는 수요를 따라갈 수 없으니 변화가 생길게 분명하다.

국가 차원의 우주인 양성에 머무르지 않고 기업 자체에서 우주인과 우주승무원을 양성하고, 우주인과 우주승무원을 양성하는 자체가 산업화되면서 우주인과 우주승무원은 일반인들도 꿈꾸고 도전해 볼 수 있는 새로운 직업으로 부상하게 되지 않을까.

물론 우주라는 특수한 공간을 산정한 직업이기에 체력, 조종술, 위기관리 능력 등이 필요하므로 일반 직장에 취업하는 것과는 요구되는 조건 등이 다르고, 우주인과 우주승무원이 새로운 직업으로 정착할 즈음에는 과학기술 역시 한 단계 더 진보하여 지금보다 안정적인 우주선과 우주선 내부 환경 등이 갖춰져 있어 현재 우주인 선발 기준보다는 완화되는 면도 있을 것이라 내다본다.

아르테미스 유인 달탐사 계획의 이후 :
달에서 화성으로(Moon to Mars)

지금까지 과거 스푸트니크 충격으로부터 시작된 미국과 소련의 전쟁 같았던 유인 달 착륙 경쟁에서부터 현재 진행 중인 글로벌 프로젝트인 아르테미스 유인 달탐사 계획까지, 인간의 우주개발 역사에 대해 다방면에서 살펴봤다. 그 과정에서 아르테미스 유인 달탐사 계획은 결국 화성탐사라는 인류의 보다 위대한 발걸음을 위한 장대한 여정의 첫 단추라는 것을 알 수 있었다. 아르테미스 유인 달탐사 계획의 임무인 달 표면에 안전하게 착륙하고 임무를 수행한 후 이륙하여 달 정거장이나 지구로 귀환하는 것, 달에서의 경제활동을 통해 달 경제 생태계를 조성하는 것, 달 표면에서 지구에서는 수행하기 힘든 우주과학 활동 등의 임무들이 모두 어떤 면에서는 달 이후의 우주개발 스텝인 유인 화성 착륙을 위한 기술개발과 임무 수행 연습인 것이다.

이에 대해 NASA는 이를 M2MMoon To Mars이라고 칭하며 몇 가지 원칙을 정했다. 아르테미스 유인 달탐사를 정리하고, 미래의 화성탐사로 이어지는 길을 예측해보는 차원에서 중요한 지점이기에 이 챕터에서 이야기하기에 적당한 것 같다.

알다시피 화성탐사는 10년 이상의 이후를 바라보는 미래지향적인 동시에 장기적인 목표이다. 따라서 화성탐사가 실제로 이루어지기까지 수행하는 화성탐사를 위한 연습은 오랜 기간의 소요로 인해 자칫 연구 분위기가 해이해지고 목표가 불분명해질 수 있다. 이에 NASA는 M2M이 철저하게 정해진 목표에 대한 연구만을 정확하게 수행하고, 목표를 설정한 후 거꾸로 이를 달성하기 위한 구체적인 요소가 무엇인지를 도출하도록 했다. 또한 목표가 흔들리지 않도록 최고 관리자들이 관리하고 상호간의 소통을 강화하여 관리자와 실무 연구자들이 동일한 목적의식을 가지도록 했다. 이러한 원칙하에 달에서 화성탐사 연습을 위한 전략을 수립했는데, 아르테미스 유인 달탐사 계획의 임무들이 여기에 속한다.

가장 중요한 임무는 역시 우주인이 안전하게 달에 착륙하여 탐사 임무를 수행하고 지구로 귀환하도록 하는 것이다. 이를 위해서는 막대한 비용과 시설, 연구 인력이 필요하고, 이러한 부담을 분산하여 경감시키기 위해 국제협력 및 산업체를 참여시키는 방향이 설정됐다. 그와 함께 운용되는 각종 장비들이 미국을 비롯한 여러 나라에서 개발되는 만큼 공통의 기술과 운용 표준절차를 설정하여 시스템 간, 그리고 시스템과 우주인 간의 상호 운용성을 높이도록 했다. 향후 장기적으로 지속가능하도록, 지구로부터 지원이 거의 없더라도 운용이 가능하도록 유지보수가 쉽고, 부품들은 재사용되도록 하는 조치도 이루어질 것이다. 이를 토대로 전체 시스템 운용의 효율이 높아질 것이며, 그 결과 우주인의 실제 임무 수행시간이 늘어남으로써 최종적으로는 달에서 화성탐사 준비가 성공적으로 이루어지도록 하는 것이다.

그리고 이렇게 완성된 시스템 등을 바탕으로 M2M 활동에서 큰 부분을 차지하는 달에서의 과학탐사 활동 수행이 이루어진다. 과학탐사 활동은 10개의 커다란 목표에 따라 63개의 구체적인 세부 목표를 가지고 있는데, 10개의 커다란 목표를 살펴보면, 아르테미스 유인 달탐사를 정리할 수 있고 아르테미스 달탐사 계획이 왜 필연적으로 화성 유인 탐사로 이어지는지 이해할 수 있으리라 생각한다.

(1) 달과 행성과학Lunar Planetary Science, LPS : 목표는 달 표면과 궤도에서 로봇의 도움으로 우선순위가 높은 행성과학 문제를 해결하는 것인데, 달이 어떻게 형성되었으며 어떻게 진화했고, 태곳적부터 소행성과의 충돌의 역사는 어떠했는지를 연구할 예정이다.

(2) 태양물리 과학Heliophysics Science, HS : 목표는 달, 화성, 심우주에서 인간과 로봇의 조합으로 우선순위의 태양물리 과학과 우주기상 문제를 해결하는 것이다. 달과 화성에서 우주인의 임무수행에는 태양의 폭발로 인한 우주방사선의 증가가 위험요소인데 태양을 면밀히 관찰하여 이러한 위험을 사전에 경고하여 우주탐사의 안전을 향상시키고자 한다.

(3) 인간 & 생물과학Human & Biological Science, HBS : 목표는 안전한 임무수행을 위해 우리 몸과 생명체가 달, 화성 및 심우주에서 어떻게 반응하는가를 이해하는 것이다. 우주인이 달, 화성 및 심우주에서 장기간 임무를 수행할 때 무중력 및 우주방사선 그리고 고립 환경이 주는 신체적 정신적 영향을 연구하게 된다.

(4) 물리 & 물리적 과학Physics & Physical Science, PPS : 목표는 달 환경을 이용하여 우선순위가 높은 물리 문제를 해결하는 것인데, 달 뒤편의 전파 차단 환경에서 우주의 탄생과 진화와 같은 천체물리 및 시간과 공간에 대한 근본적 물리 문제에 대한 해답을 찾으려고 한다.

(5) 과학 활성화Science Enabling, SE : 목표는 우선순위가 높은 과학 질문 해결을 지원하기 위한 인간과 로봇 통합 시스템 및 진보된 기술을 개발하는 것이다. 이를 위해 달과 화성에서 채취한 샘플들을 오염되지 않게 보호하여 안전하게 지구로 운반하는 지원 기술을 개발하게 될 것이다.

(6) 응용과학Applied Science, AS : 목표는 달과 화성에서의 안전한 작업을 위해 인간과 로봇, 첨단 기술을 이용하여 달, 달 주변, 화성, 화성 주변에서 과학 활동이 가능하도록 하는 것이다. 예를 들어 접근 가능한 자원의 존재위치를 파악하고, 데이터 수집과 매장량을 분석하여 현지자원활용(ISRU)을 활성화하는 것이다.

(7) 달 인프라Lunar Infrastructure, LI : 목표는 미국 산업체와 국제 파트너가 달 경제 생태계 구축을 위해 달 표면에서 로봇과 인간의 지속적 체류와 과학목표를 달성하고 다음 화성탐사를 위해 상호운용이 가능한 인프라를 구축하는 것이다. 예를 들어 달 표면에 발전과 배전 시스템을 구축하며 통신 및 위치정보 시스템을 구축하는 것이다.

(8) 화성 인프라Mars Infrastructure, MI : 목표는 초기 유인 화성탐사를 위한 필수 인프라를 구축하는 것인데, 달에서와 마찬가지로 초기 화 성탐사 캠페인을 위한 화성표면 전력, 통신, 위성항법시스템Global Navigation Satellite System, GNSS와 ISRU 시스템을 구축할 것이다.

(9) 운송과 거주Transportation & Habitation : 목표는 지구로 안전하게 귀환시킬 수 있는 유인 이착륙 시스템과 달과 화성 표면에서 임무를 수행하기 위한 우주인-로봇 통합 시스템을 개발하는 것이다.

(10) 운영Operation : 목표는 임무 완료시 지구로 안전하게 귀환하며, 행성 표면에서 거주하고 작업할 수 있는 기술과 운영 시스템을 시연하는 것이다. 외부활동 우주복, 도구 및 차량과 같은 표면 이동 시스템 개발과 수리, 개량과 운용이 포함된다.

달에서 하는 과학 공부 I

이제 이 책을 마무리하며 마지막으로 살펴볼 것은 아르테미스 계획이 성공하고, 인류가 다시 한번 달에 착륙, 이전 우주 탐사와 다르게 달에 우주 기지를 건설하여 화성으로 향하는 다음 우주 탐사의 기틀을 마련했을 때 달에서 행해질 여러 가지 과학 실험과 그 실험에서 얻게 될 성과이다. 어떤 과학적 성과가 기대되기에 우주 탐사 및 개발의 위험과 상상 이상의 비용을 투자하면서도 각국이 달을 향해 나아가는지 과학적인 측면에서 알아보면 아르테미스 계획의 의미를 확실하게 정리할 수 있을 것이다.

먼저 우주관측의 측면에서 인류는 아주 오랜 원시시대부터 우주를 주시해왔다. 1609년 갈릴레오가 자신이 개량한 망원경을 이용하여 최초로 우주를 관측, 목성의 위성들과 달의 충돌구, 태양의 흑점을 발견한 이래 광학 망원경은 발전을 거듭했고, 그 성능도 꾸준하게 향상되었다. 직경이 무려 25.4m에 이르는 거대 마젤란 망원경Giant Magellan Telescope, GMT은 칠레의 건조한 산악 지형에 2029년에 완성을 목표로 하고 있는데, 이 망원경으로는 달 표면의 촛불까지 관측할 수 있다고 한다.

그러나 망원경의 발전과 관계없이 지구라는 환경이 가진 한계가 존재

한다. 지구에서의 우주관측은 대기 교란과 더불어 점점 더 확장되는 대도시의 강력한 불빛으로 인해 정밀한 측정을 방해받고 있다. 특히 최근 들어 스페이스X의 스타링크 등의 통신 중계 서비스용 위성이 4,200기나 군집을 이루어 지구저궤도에 떠있고, 앞으로도 계속 발사되어 위성 1만 2천 기가 운용될 예정이기 때문에 거대 망원경의 더 이상의 성능향상은 불가능하다고 한다.

물리적으로도 지구의 두터운 대기는 전자기파(빛과 전파) 스펙트럼 중 가시광선과 극초단파대와 같이 극히 일부만 통과시키고, 30MHz이하의 저주파 전파나 적외선과 X선은 막아버리기 때문에 지구상에서의 우주관측에는 한계가 분명할 수밖에 없다.

따라서 우주과학자들은 좀 더 나은 관측 장소를 찾아 지상에서 높은 산으로, 지구저궤도에서 정지궤도로, 지구-태양 중력 상쇄점(라그랑주 포인트) L1과 L2으로, 최종적으로는 달 표면으로 이동하고 있다. 미래에는 우주과학과 천문학의 중심이 지구에서 달로 옮겨질 가능성이 큰데, 이것이 아르테미스 프로그램의 중요한 목표이자 이유이기도 하다. 결국 미래의 후배 과학자들은 훌륭한 우주과학 연구를 하려면 달로 가야 할 것이다.

굳이 달까지 갈 필요 없이 하늘에 떠있는 인공위성으로 우주관측을 대신하면 되지 않겠냐는 생각을 할 수도 있다. 실제로 지구상 관측의 한계를 극복하기 위해 1970년대부터 관측 장비를 위성에 실어 지구저궤도에서 관측을 시작했다. 지구상에서 관측이 불가능한 X선 관측위성 우후루 Uhuru(1970)가 최초이며 이후 다양한 우주관측 위성들이 발사되었는데 1990년 발사된 허블망원경Hubble Space Telescope, HST이 그 정점을 찍었다. 대중들은 지상 망원경에 비해 50배나 상세하게 우주를 관찰한 허블 망원경의 처음 보는 선명한 심우주 사진에 환호했다.

그러나 지구저궤도를 도는 우주관측 위성들은 앞에서 언급한 수만 기의 통신위성 등으로 인한 군집 위성들과 우주파편으로 이미 돌이킬 수 없는 지경으로 혼잡하게 되었다. 이외에도 아주 적은 양이지만 먼지와 가스는 빛을 산란시켜 천체 적외선 관측을 흐릿하게 하며, 고속으로 움직이는 위성체가 주위 대기 분자를 자극하여 광학적 잡음을 만들기도 한다. 또한 주기적인 태양 폭발로 지구 고층대기가 부풀어 올라 수시로 궤도를 조정해야 하며, 지구에서 반사되는 빛은 망원경 광학계 속으로 산란되어 관측의 품질을 떨어뜨리는 역할을 한다. 이외에도 다양한 요소들이 지구저궤도 우주관측 위성의 활동을 방해하는데, 예를 들어 지구 자기장은 심우주의 희미한 전파원 관측을 막는 전파 잡음을 발생시킨다. 또한 지구궤도를 돌 때 1시간마다 겪는 영상 150℃에서 영하 150℃의 극단적인 열 변화와 중력의 급격한 변화는 망원경의 크기와 해상도, 감도를 제한하게 된다. 즉, 망원경 렌즈와 전파 수신 안테나를 변형시키고 위성을 안정화시키는 데 많은 시간이 허비되기 때문에 귀중한 관측시간도 제약을 받게 된다.

이러한 지구저궤도의 한계를 극복하기 위해 최근에는 36,000km 높이의 지구 정지궤도나 지구로부터 태양의 반대 방향으로 150만km나 떨어진 지구와 태양 중력 상쇄점(L2)을 찾아 나서기도 한다. 2021년 발사되어 운영 중인 NASA의 제임스 웹 우주 망원경James Webb Space Telescope이 L2 점에 배치된 최초의 우주망원경으로 전 세계 천문학자들은 뛰어난 분해능과 집광력을 이용하여 빅뱅 이후 초기 우주에 대한 정보와 외계 행성의 대기조성도 알아낼 수 있을 것으로 기대하고 있다. 이러한 심우주도 문제점이 있는데, 열에 민감한 적외선 센서를 영하 220℃로 냉각하기 위해 태양, 지구, 심지어 달로부터 오는 빛 차단막을 설치해야 하기 때문이다. 제임스 웹 망원경도 테니스 코트만한 다섯 겹의 차양막을 설치해야만 했다.

반면, 우주과학 플랫폼으로서 달의 장점을 살펴보자면, 역시 환경적인 요소를 들 수 있다. 달 표면은 대기가 없는 초진공 환경으로, 광학장비가 서로 떨어진 물체를 구별할 수 있는 능력인 분해능angular resolution이 지구 표면에 설치된 장비에 비해 최대 10만 배나 되고, 지진 강도가 지구의 1억분의 1로 작아 장비에 대한 간섭이 적다. 특히 달 뒷면은 지구로부터의 빛과 전파가 차단되어 심우주 관측에 천혜의 장소이며, 달의 앞면은 24시간 지구를 보기 때문에 지구와 지구 근처 우주공간을 관측하고 감시하는 데 매우 유리한 장소이다.

그리고 지구의 1/6에 불과한 달의 부분중력 환경은 우주관측 장비 구조물을 무중력 환경보다 쉽게 제작할 수 있게 하는 한편, 달의 표면에는 망원경 제작에 필요한 알루미늄, 세라믹과 같은 재료가 풍부하기에 대형 우주관측 구조물을 쉽게 건축할 수 있다는 점도 중요한 장점이다.

비용 측면에서도 이점이 많다. 우주관측은 관측 장소가 지구에서 멀수록 우주관측의 질이 좋아지지만, 이에 비례하여 관측 장비 운송비용도 증가하게 된다. 대표적으로 지구저궤도에 비해 정지궤도로 관측 장비를 운송하는 데 2.6배의 로켓 연료가 더 필요하다. 이에 비해 달까지는 추가로 50%만 더 필요할 뿐인데도 관측의 질은 크게 증가한다. 지구저궤도 광학 망원경은 같은 구경의 지상 망원경에 비해 50배의 분해능을 갖지만 달표면에서 관측하면 100배 정도로 광학장비의 이론적인 성능을 발휘할 수 있다. 또한, 달에는 영원히 빛이 들지 않는 영구음영지역Permanently Shadowed Region, PSR이 있는데 이곳의 온도는 영하 200℃에 달하기에 헬륨 등의 초저온 냉각제를 이용하여 영하 260℃까지 냉각해야 잡음을 줄일 수 있는 적외선 망원경을 설치할 때에 이상적인 장소로 꼽힌다. 달 표면이 태양계 최적의 우주관측장소로서 기대가 되는 이유다.

더불어 새로운 천문학으로 떠오르고 있는 중력파 관측과 중성미자 관측에 있어서도 달은 매우 유리한 환경으로 평가되고 있어, 우주를 보는 전혀 새로운 창을 인류에게 열어줄 것으로 기대하고 있다. 그렇다면 아르테미스 계획의 과학적 목표는 무엇일까?

우리가 매일 저녁 바라보는 달은 실은 많은 미스테리를 품고 있는 천체이다. 그중 최대의 미스테리는 달의 형성 과정이다. 달은 45억 년 전 태초 지구에 지름 6,000km인 화성 크기의 소행성 '테이아Theia'가 충돌하여 그 충돌 파편들이 지구 근처 궤도에서 모이면서 형성되었다는 것이 일반적인 설명이지만, 그 자세한 과정은 아직도 밝혀지지 않아 과학자들은 많은 의문점들을 가지고 있다. 이런 의문들에 대한 조사를 위해 초기 아르테미스 달탐사는 지질학에 집중될 수밖에 없다. 이 점을 이해하면서 아래의 아르테미스 임무의 7가지 커다란 과학적 목표를 살펴보도록 하자.

(1) 형성 과정의 이해

- 달이 어떻게 형성되었는지는 달 과학에서 가장 큰 숙제다. 또한 달을 연구하는 이유는 지구의 기원과 진화를 더 잘 이해하기 위한 것이다.

지구의 초기 증거는 지질학적 과정과 풍화에 의해 대부분 사라졌지만, 달은 태고적 지질 정보를 대부분 유지하고 있기 때문이다. 달은 45억 년 전에 태양계가 시작된 직후 약 3,000~5,000만 년 후에 형성되었는데, 달의 열적 동력은 탄생 후 첫 15억년 이후 약해졌고 자기장도 크게 감소하였기 때문에 이때 굳은 마그마 바다를 통해 초기 변화 과정을 알 수 있다. 이 지역의 샘플 데이터를 연구하면 우리는 달의 기원과 진화를 알 수 있을 것이다.

(2) 달 극지 휘발성 물질의 특성과 기원 이해

- 달은 많은 부분이 지구에서 떨어져 나와 화학성분과 동위원소 비율이 지구와 거의 동일하다는 것이 아폴로 계획에서 수집한 달 토양과 암석 샘플에서 밝혀졌다. 한 가지 의문은 물을 비롯한 달의 휘발성 물질(아연, 나트륨과 칼슘)이 지구에 비해 매우 적다는 것인데, 최근의 가설은 달 형성 초기에 우주공간으로 흩어진 가벼운 휘발성 물질들을 대부분 지구에게 빼앗겼기 때문이라는 것이다. 그러나 달의 남극에는 영구음영지역이 존재하여 휘발성 퇴적물이 표면과 지하에 차갑게 갇혀 보존될 수 있다. 아르테미스 프로그램에서는 이 지역을 탐사하게 되는데, 이곳의 샘플을 채취하여 분석하면 달과 태양계 휘발성 물질에 대한 이해를 크게 진전시킬 수 있을 것이다.

(3) 지구-달 시스템의 충돌 이력 해석

- 달 표면은 태양계 초기부터 현재까지 충돌 분화구 형성에 대한 귀중

한 기록을 제공한다. 소행성과 운석의 달 충돌 역사는 달의 지질학적 진화를 푸는 것뿐만 아니라 태양계 전체 진화와도 관련이 있다. 지구의 고대 충돌 기록은 풍화, 침식 및 판구조 순환에 의해 대부분 지워졌지만 달은 핵이 식으면서 판구조 순환 운동이 탄생 15억 년만에 중단되어 충돌의 기록을 대부분 그대로 가지고 있다. 이러한 지구와 가까운 달의 충돌 기록은 지구의 충돌 역사와도 유사할 것이기 때문에 달에서 측정한 특정 시기의 충돌 빈도는 지구에서도 거의 동일할 것이다. 따라서 달 충돌구의 나이를 측정하는 것이 중요한데 아르테미스 달탐사에서 달 남극 지역의 충돌구 샘플을 가져오면 나이를 측정할 수 있고, 이것을 아폴로 탐사에서 가져온 적도지역 샘플 분석 결과와 합치면 달의 전 지역에서 충돌구 생성 역사를 더 정확히 알 수 있으리라 본다.

(4) 고대 태양과 천문 환경에 대한 기록 연구

- 공기가 없는 달은 오래된 지각을 가지고 있어 우주에서 일어나는 과정을 기록하는 증거판 역할을 한다. 달 표면의 표토와 태양풍, 우주 방사선, 운석 폭격의 상호 작용은 해당 표토의 동위원소 또는 암석학적 구성을 변화시킨다. 오래된 달 토양과 암석을 연구함으로써 우리 태양계 역사와 진화과정을 알 수 있다. 태양풍의 구성과 흐름을 포함하여 태양의 역사를 이해할 수 있으며, 달 표면에 기록된 태양 에너지 입자, 우주 방사선, 감마선 폭발 및 초신성의 기록을 알 수 있고, 지구로부터 날아온 운석이 오랜 시간에 걸쳐 달 표면에 쏟아진 기록

이 달 표면에 남아있어 초기 지구의 화학적 특성을 밝힐 수 있다. 또한 태양 빛의 장기적인 변동성도 알 수 있다.

(5) 달의 독특한 위치와 환경에서 우주와 지구 근처 우주 환경 관찰

- 달은 지구의 전자기파로부터 멀리 떨어져 있고 특히 뒷면은 완벽히 차단되어, 지구에서는 두꺼운 대기에 차단되어 관측이 어려운 심우주로부터 발생되는 저주파와 적외선 관측이 가능하기 때문에 우주를 보는 새로운 창을 열수 있다. 또한 달은 초진공 환경으로 지구에서와 같이 비싸고 복잡한 진공장치 없이 레이저와 반사경만 설치하면 우주 중력파도 쉽게 관측할 수 있을 것이다. 이외에도 달의 위치가 지구의 자기권에서 벗어나 있어 태양으로부터 날아오는 태양풍을 관측할 수 있으며 달 주변의 플라즈마 등 심우주 환경을 관측할 수 있다. 달의 앞면은 지구를 24시간 바라보는 유리한 위치로 지구 관측의 플랫폼이 될 수 있다.

(6) 달 환경에서 과학실험 수행

- 달의 독특한 환경 특성은 달 표면에서 장기간 지속되는 안정적인 1/6G 부분중력 환경이다. 많은 물리적, 생물학적 시스템은 중력의 크기와 특성에 민감한 것으로 알려져 있기에 아르테미스 계획은 달 표면에서 독특한 실험과 조사를 수행할 수 있다. 대표적으로 달 표면에서 수행할 수 있는 물리 과학 연구에는 생물, 연소과학, 유체역학, 기초 물리학 및 재료 과학이 포함된다.

달 중력에서 근본적인 물리 연구, 달 먼지 거동 연구를 수행하는 이 외에도 달에 장기 체류를 위해 필요한 기초연구들을 수행한다. 그 예로서, 달의 부분중력 환경에서 달의 표토에 생성되는 산소 조사, 달 중력에서 액체가 어는 과정 조사, 달 환경에 장기간 노출된 물질에 대한 영향 연구 및 평가, 달 환경에서 달 콘크리트 샘플 생산 연구, 달 환경에서 물질 가연성 연구, 물-얼음에서 기체 수소 및 산소로의 전환과 추진제 저장을 위한 기체의 액화 방법 연구, 달 식물 성장 시스템 연구, 달 환경에서 액체와 기초 혼합물 흐름 연구 등이다.

(7) 탐사 위험 조사

- 아르테미스 임무를 통한 달탐사는 극한 환경에 대한 하드웨어, 인간 및 동식물의 반응을 조사할 수 있다. 아르테미스 베이스캠프가 최종적으로 설립되면 인간이 장기간 동안 부분중력 환경에 어떻게 반응하는지 연구할 수 있게 될 것이다. 특히 심우주 방사선과 달 중력과의 영향에 관한 중요한 질문이 최종적으로 해결될 수 있다.

이와 함께 달의 물질과 미생물에 의한 오염 문제를 사전 연구할 수 있다. 궁극적으로 이러한 연구는 장기 달탐사, 달에서의 지속적인 생활, 화성탐사 준비를 위한 정보를 제공할 것이다. 그 예는 다음과 같다. 달 환경이 인간의 건강에 미치는 근본적인 생물학적 및 생리학적 영향, 달 환경이 생명체에 미치는 주요 생리적 효과와 약리학적 및 기타 대책의 효과, 달의 중력에 장기간 노출될 경우 인간의 근골격계에 미치는 영향, 생물학적 모델 시스템에 대한 달 방사선의 영향 연구, 생식 및 발달과 유전적 안정성 및 노화에 대한 달 중력의 영향, 달 환경이 단기 및 장기 식물 성장에 미치는 영향, 달 환경에 장기간 노출될 경우 미생물에 미치는 영향을 연구한다.

달 먼지의 거동, 그중에서도 특히 정전기와 관련된 먼지 역학과 이동 메커니즘을 이해하고, 달 표면에 잠재적으로 영향을 미칠 수 있는 유성, 미세 유성 및 기타 우주 파편에 대한 모니터링을 연구하며, 온도, 진동, 집진, 방사선, 지진 활동, 중력과 같은 환경 변수를 측정하기 위한 달 환경모니터링 스테이션을 구축하는 임무도 진행할 수 있다.

✦ 그림 5_6. 달 지질탐사용 가압차량과 탐사 후보지인 달의 남극 지역 새클턴 충돌구
(지름 21km, 깊이 4.2km로로 미국 워싱턴 DC정도의 크기)

구체적인 달 표면 지질탐사는 2030년대에 투입될 가압차량을 이용하여 1,000km정도의 장거리를 이동하면서 수행할 것으로 예상된다. NASA, JAXA와 ESA의 협력하에 이루어질 것이며, 구체적인 연구목표들은 다음과 같다.

(1) 달 지각과 맨틀의 층구조 파악

- 거대충돌로 인한 형성 가설 검증과 충돌 후 마그마 바다 유무를 판단
  하기 위하여 맨틀 단면 노출 지역을 굴착하여 화학조성을 분석한다.
  차량을 이용하여 수십~수백 킬로미터마다 지질탐사를 수행한다.
- 지진파에 의한 달 내부 구조 파악과 지각의 두께와 핵의 크기 추정을
  위하여 아폴로 14호(적도), 15호(북반구 중위도)가 설치한 월진계 근
  처에 새로운 월진계를 설치한다. 예정된 한 지점에서 수백m ~ 수km
  를 이동하며 최적의 장소에 설치한다.

(2) 원시지구 운석 탐색

- 이미 지구에는 지각운동과 풍화작용에 의해 탄생 직후인 40억 년 전
  태고시대 암석이 존재하지 않는다. 그러나 달 표면에는 태고시대 소
  행성 충돌로 지구의 파편이 운석이 되어 달 표면에 낙하했다. 이 지구
  운석들을 예정된 한 지점에서 수km 반경을 정밀탐색하여 찾아낸다.

(3) 화성활동의 다양성과 연대 파악

- 달 탄생 초기 마그마가 지표로 분출하여 식거나 다른 암석 속에 관
  입하는 화성암 형성과정을 연구하면 달의 열적 진화과정과 분화과
  정을 알 수 있다. 이를 위하여 달 표면에서 샘플을 채취하여 오래된
  용암류 연대와 화학조성을 파악하고, 달의 화성활동에 물이 관여했
  는지, 화성활동에 지구와는 다른 점이 있는지를 분석한다. 예정된
  한 지점에서 수km 범위를 이동하여 샘플을 채취한다.

(4) 극지역 물/휘발성 성분 탐사

- 달 극지역에 존재하는 물과 휘발성 성분의 기원과 매장량을 파악한다. 달의 물과 휘발성 물질 성분과 양을 분석하면, 지구에 존재하는 많은 양의 물의 기원에 대한 중요한 정보를 얻을 수 있다. 이를 위해 극 지역에서 물과 휘발성 성분이 존재한다고 생각되는 지점에서 이들 성분의 분포 영역(수평·수직)·양·분포 상태를 조사한다. 이때 수 km마다 차량으로 이동하면서 드릴링 작업으로 샘플을 채취하는데, 표층에서 지하 수m 정도까지의 샘플링을 수행한다.

(5) 중요 충돌구 연대 측정

- 태양계 연대의 표준시계인 달 충돌구 연대를 분석하기 위하여, 중요 충돌구에서 충돌 후 용융된 샘플을 채취하여 지구로 가져와 방사선 연대를 측정한다. 이를 통해 태양계 진화 역사, 천체충돌 역사와 소행성 감소 과정을 알 수 있을 것이다. 주요 탐사대상은 아리스틸루스Aristillus, 넥타리스 바다Mare Nectaris, 남극지역-아이트켄 충돌구 분지South Pole-Aitken Basin, SPA basin이며, 계획된 한 지점에서 수km 범위를 이동하면서 샘플을 채취한다.

달에서 이루어지는 연구가 이것만은 아니다. 달 표면의 우주관측소에서는 지구 관측도 하는데, 달의 앞면은 영구히 지구를 바라보기 때문에 이곳에 광학 망원경과 조합된 높은 해상도를 가진 분광계와 자외선-가시광-적외선 스펙트럼 고분광 분광계를 설치하면 지구 전체를 열역학적 관점에서 관측할 수 있어 지구를 태양 및 우주와 복사 에너지를 교환하는 개방형 시스템으로 관찰할 수 있는 독특한 기회가 생긴다. 이것은 기후 및 지구과학에 매우 유용한 데이터를 제공할 것이다. 지구 기후를 전체적으로 조망하기 위해서는 안정적이고 높은 시공간 해상도를 가진 지구 전체 에너지 입출입 관측 데이터가 필요한데 이러한 데이터를 달에서 지구를 관측하면 손쉽게 얻을 수 있는 것이다.

또 다른 이점은 모든 저궤도 위성 데이터에 통일된 단일 보정 데이터를 제공하여 모든 지구 관측 위성을 단일 지구관측 시스템으로 통합할 수 있다는 것이다. 달에서의 지구 분광 관측은 구름, 에어로솔aerosol, 수증기 및 기타 대기 성분과 기후변수에 대한 총합적이고 연속적 데이터를 제공할 수 있다. 예를 들어 지구 온도를 보여주는 중적외선 데이터를 분석하면 지상과 인공위성의 국부적인 관측으로는 파악하기 어려운 엘니뇨-라니냐 변환과 같은 장기 기후변화와 시간에 따른 지구 구름의 전체 알베도 albedo(반사도)를 파악할 수 있다.

최근 행성 지구에 대한 위협 요인으로 떠오르는 충돌위험 소행성과 대형 운석에 대한 최적의 모니터링 장소 역시 달 표면이다. 지구에서는 빛과 전파의 간섭으로 소행성과 운석이 지구에 충돌하는 시간을 불과 며칠 전에서야 알 수 있지만 24시간 지구 근처를 광학 및 레이다 장비로 관측할 수 있는 달기지에서의 관찰은 수개월에서 수년 전에 알 수 있어 미래 지구를 지키는 파수꾼과 경비병 역할을 할 수 있을 것으로 기대된다.

달의 우주관측소에서 지구만 관찰하는 것은 아니다. 태양과 지구 주변 역시 관측 대상이 되는데, 달 표면에서 저주파 안테나 배열Very Low

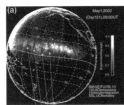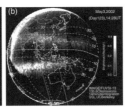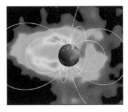

✦ 그림 5_7. 인공위성에서 관측된 지구 이온층 산소 발광(좌, 중)과
지구 자기권 중성 원자 발광

Frequency Array, VLFA을 이용하여 태양 홍염으로부터 방출되는 빠른 전자
와 충격파에 의해 가속되는 고온 열전자를 관측할 수 있다. 1MHz의 저
주파에서 1 아크도 정도의 높은 해상도로 태양 주변의 플라즈마 분포를
파악할 수 있고, 지구 주변 자기권의 플라즈마 역시 높은 시간과 공간 해
상도로 관측할 수 있다. 이는 지구 궤도상 위성에서는 관측할 수 없는 지
구 이온층과 자기권(플라즈마권)의 전류흐름에 대한 글로벌한 이미지를
얻을 수 있어 우주기상 연구와 예보에 큰 도움이 될 것이다. 또, 달 표면
에 설치한 자외선 카메라는 지구 플라즈마권 수소 이온에서 방출하는 자
외선을 관측하여 지구 플라즈마권의 이미지를 얻을 수 있어 전기장과 자
기장의 상호작용 역학도 파악할 수 있다. 지구 저위도 전리층 산소 원자
에서 방출되는 자외선을 관측하여 이온층 전기장의 변화를 파악할 수도
있다. 이렇게 달에서 관측한 이온층 영상은 지구 이온층과 자기권에 대한
새로운 관점을 제공할 것이다.

물론 달 표면에서의 우주관측은 많은 장점이 있지만 단점도 없는 것
은 아니다. 대표적인 단점으로는 지구와 같이 우주방사선을 보호해주는
자기장이 없어 두꺼운 차폐막으로 위험한 우주방사선으로부터 우주인

과 장비를 보호해야 한다는 점이다. 지구에서는 대기권에 타서 없어지는 1μm(1백만 분의 1m)에서 10μm 크기의 유성 먼지들이 달 표면에서는 비처럼 끊임없이 쏟아져 표면에 흠집을 내기 때문에 광학 거울과 같이 민감한 표면은 돔이나 덮개로 보호해야 한다.

또한 14일마다 반복되는 급격한 달의 온도 변화로 인해 망원경은 열 충격에 잘 견디고 열팽창계수가 적은 흑연-에폭시와 같은 재료를 사용하여 영향을 최소화해야 한다. 달에서 행해질 채굴과 정기적인 이착륙 역시 대량의 달 먼지를 일으켜 우주관측을 방해할 수도 있는데, 다행히 달 먼지는 달 표면에 빠르게 가라앉거나 태양풍에 휩쓸려가게 되어 채굴지역 10~100km 밖에서는 영향이 거의 없을 것으로 분석되고 있다.

참고로 이러한 달 먼지의 위험성은 아폴로 계획과 같은 초기 우주탐사에서는 무시되었으나 최근에는 그 위험성이 드러나 많은 연구가 이루어지고 있다. 예를 들어 달 먼지는 지구와 다르게 물이 아닌 우주방사선에 의해 쪼개지면서 형성되는데, 그 모양이 날카로워 인체와 장비에 해로우며 정전기까지 띠므로 우주복이나 장비 표면에서 쉽게 떨어지지 않는 성질을 지녀 매우 성가신 것을 넘어 위험한 존재로 취급되기 시작했다.

달에서 하는 과학 공부 II

아르테미스 계획의 주요 과학적 목표가 달의 지질학적 연구에 많이 할애되어 있긴 하지만 달에 우주관측소가 설치되면 이후로는 달과 지구, 태양 관측뿐 아니라 심우주 관찰에 달 우주관측소가 이용될 것이고, 다양하고 지속적인 관측은 당연히 천문학 분야의 새롭고 경이적인 발전으로 이어질 것이다. 여기서는 달의 우주관측소에서 관측하면 많은 장점을 가질 천문학 중 대표적으로 광학천문학, 전파천문학, X선과 감마선 관측, 중력파와 중성미자 탐지에 대해 이야기하고자 한다. 낯설 수 있는 천문학 관련 용어가 등장하지만, 천문학의 발전은 인류가 우주로 나아가는 데 없어서는 안 되는 학문이며, 달을 넘어 화성을 거쳐 언젠가는 다른 행성, 다른 우주로도 나아갈 인류 역사의 진취적인 발자국을 선도할 아르테미스 계획의 의미와 목표와도 밀접하기 때문에 인류 역사상 두 번째로 달에 인류를 착륙시키는 아르테미스 계획에 대해 알아보는 이 책의 여정을 마무리하기에 적당한 것 같다.

먼저 달에 우주관측소가 설치되면 광학천문학에 어떤 이점이 있는지 알아보자. 대기가 없어 초진공인 달 표면에 설치된 직경 1m 광학 망원경은 0.1아크초arcsec(1아크초는 1/3600도)의 분해능을 가져 지구상 같은 구경의 망원경보다 100배의 성능을 발휘한다. 이는 지상에 설치된 가장 큰 직경 25.4m 거대 마젤란 망원경(GMT)의 분해능 0.6~0.7아크초보다 좋아 달에서는 작은 망원경으로도 훌륭한 관측을 할 수 있다. 또한 대기가 없는 달에 설치된 망원경은 적외선과 자외선이 관측 가능하여 광범위한 세부 천문 현상을 관측할 수 있으며, 광시야 망원경을 설치하면 천체 지도를 작성하는 데 이상적이다.

이러한 망원경은 태양 활동을 정밀하게 모니터링하여 태양의 폭발이 임박한 경우 외부 작업 중인 우주인들에게 경고를 보내는 데 활용할 수 있다. 또한 직경 1m의 달 표면 광학 망원경은 변광성과 퀘이사의 밝기 변화를 관측할 수 있는데, 대기의 교란과 날씨 변화에서 해방되기 때문에 지구에 비해 1% 정도의 노출 시간만으로도 측정이 가능하며 달의 낮과 밤 관계없이 지속적인 관측이 가능하다.

우주과학자들은 달 표면에 설치할 직경 16m의 광학-적외선 망원경을 제안하고 있다. 육각형의 조각 거울로 구성되어 달에서 조립이 용이하며, 허블 우주망원경보다 40배나 더 희미한 물체를 감지할 수 있다. 망원경의 지지대에 액추에이터actuator를 설치해 지지대의 미세한 움직임을 보상하여 망원경이 정밀하게 고정되도록 한다. 이 망원경은 다른 행성 대기의 오존에서 나오는 스펙트럼을 탐지하여 외계 지구형 행성을 찾는데 기여할 것으로 기대하고 있다.

더욱 야심찬 광학 망원경 프로젝트는 달 표면에 광학간섭계Lunar Optical Ultraviolet-Infrared Synthesis Array, LOUISA를 설치하는 것이다. 허블

우주망원경도 지상 망원경에 비해 분해능이 겨우 10배 높을 뿐이지만, 직경 10km에 배치되는 LOUISA는 분해능을 무려 지구 망원경보다 10만 배나 높일 수 있다. 지구 표면에서 이러한 장거리 광학간섭계 설치는 불가능한데 대기의 교란과 지진 및 인간 활동에 의한 지각운동과 진동 때문이다. 지구저궤도 우주공간에 설치하는 경우도 지구의 울퉁불퉁한 중력 구배 때문에 10km 기준선을 미세조정하면서 광학간섭계를 설치 운용하는 것은 대단히 어렵고 비용이 천문학적으로 들게 된다. 그러나 달 표면에서는 대기가 없는 초진공 환경과 지각의 안정으로 저렴한 비용으로 설치와 운용이 가능할 것으로 예상된다.

LOUISA는 직경 1.5m 망원경 9개를 내부 직경 500m 원주 형태로 배치하고, 외부 직경 10km 원주에 24개를 배치하여 총 33개의 망원경으로 광학간섭계를 구축하게 되며 각 망원경에서 수집된 광학 정보는 중앙 스테이션으로 보내져 처리된다. 자외선(파장 0.1 마이크로미터)부터 근적외선(파장 1마이크로미터)까지 광범위한 광학 파장대를 관측할 수 있다. LOUISA는 가장 기술적으로 어려운 망원경이 될 테지만, 지구에 설치된 장비에 비해 10만 배나 해상도가 크기 때문에 많은 광학적 발견을 하게 될 것으로 기대하고 있다. 우리 태양계에서 가장 가까운 별도 무려 40조km나 떨어져 지구-태양 거리의 28만 배나 멀기에 지구상 어떤 망원경도 외계 항성을 점으로 볼 수밖에 없었지만, LOUISA를 통하면 외계 항성과 그 주위를 도는 행성의 표면을 직접 관측할 수 있을 것으로 기대하고 있다. 태양과 다른 별을 직접 비교할 수 있고 별 표면의 상세한 움직임을 알 수 있어 별의 내부 구조와 진화에 대한 정보를 알 수 있을 것이다.

또한 지구 근처 항성의 주위를 도는 지구형 행성을 탐지하여 대기와 해양 그리고 육지의 스펙트럼을 직접 분석할 수 있기에 최초로 외계 생명체가 존재할 가능성이 있는 행성들을 발견할 수 있을 것으로 기대된다. 우리 태양계 행성에 대해서도 1970~80년대 근접 비행을 하면서 보내온 목성 너머 외부 행성과 소행성에 대한 영상보다 훨씬 생생하고 자세한 영상과 정보를 보내올 수 있을 것으로 내다본다.

이외에도 천체물리학의 오랜 숙원인 블랙홀과 중성자별에 나선형으로 빨려 들어가는 물질의 원반을 직접 볼 수 있고, 이를 통해 많은 은하의 중심에 존재하는 거대 블랙홀에 의한 은하핵의 역학과 붕괴되는 은하의 구조를 조사할 수 있다. 또한 우주론cosmology 분야에서 퀘이사quasar의 고유운동을 측정하고 우주팽창의 불균일성을 정밀하게 밝힐 수 있을 것이다.

뿐만 아니라 이를 통해 생명체가 거주 가능한 외계 행성의 생체 신호를 감지할 수 있는데, 지구로부터 30광년 거리까지 약 10개의 생명체 존

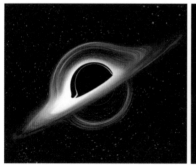

✦ 그림 5_8. 달표면 거대 광학 망원경 간섭계를 이용하여 직접 관측하고자 하는 블랙홀(좌)과 중성자별/펄사(우)의 가스 디스크

우리는 다시 달에 간다

재 가능성이 큰 행성이 있을 것이라 예상하고 있으므로 어쩌면 멀지 않은 미래에 우리는 외계 생명체의 존재를 확인할 수 있을지도 모른다. 외계 행성의 표면을 직접 관측하여 영상을 얻을 수 있고, 심지어 산의 높이까지 알 수 있을 뿐 아니라 대기, 해양, 육지의 직접적인 모습과 함께 더 정확한 분광 데이터도 얻을 수 있어 오존, 산소와 물, 다른 원소의 존재와 양을 파악할 수 있어 생명체 유무를 더 확실하게 판단할 수 있게 해주리라 예상된다.

다음으로 전파천문학의 측면에서 달에 우주관측 장비를 설치해야 하는 이유 중의 하나는 심우주로부터 방출되는 30MHz 이하의 저주파를 수신할 수 있기 때문이다. 이 영역은 지구 이온층에 차단되어 지구상에서는 관측할 수 없는 미지의 영역이다. 이를 위해 달 뒷면에 VLFA를 설치하는 것을 전파천문학자들은 고대하고 있다. 달 뒷면에 1m 길이의 다이폴 안테나 200기를 직경 20km 폭 안에 배치하여 50KHz~30MHz의 저주파를 수신하고, 중앙 관제장치에서 전자적으로 각각의 안테나에 도착하는 전파 신호들의 시간 차이를 정밀히 조정하여 안테나 배열이 우주의 특정 방향을 수신하도록 하면 저주파를 방출하는 천체의 표면 밝기와 구조를 밝힐 수 있을 것으로 기대하고 있는 것이다.

저주파 안테나 배열을 설치하는 것이 쉬운 일은 아니다. 안테나가 설치될 달의 뒷면은 달의 남극에 설치될 유인기지에서 멀리 떨어져 통신이 원활하지 않기 때문에 로봇 차량을 이용하여 원격으로 작업해야 한다. 인공지능을 탑재한 로봇 차량은 20km 폭의 다양한 지형을 횡단하면서 안테나를 최적의 위치에 설치하게 된다. 각각의 안테나에서 수신된

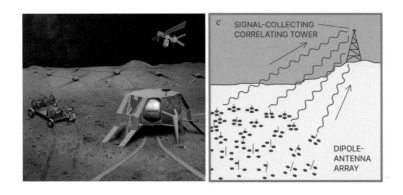

✦ 그림 5_9. 달 뒷면에 AI 로봇으로 설치하는 저주파 다이폴 안테나 배열(VLFA)

신호를 중앙처리 스테이션으로 송신하여 처리하고 안테나들을 조종하기 위해서는 정교한 다중무선 송신기 또는 레이저 송수신 장치도 개발해야 한다.

하지만 이러한 어려움을 극복하면 달 뒷면의 저주파 안테나 배열 장비는 우주과학의 황금알을 낳는 거위가 될 수 있다. 우선 태양의 플레어flare에서 고에너지 입자를 가속하는 과정을 알아낼 수 있고, 강력한 태양 폭발을 사전에 감지하여 경고하는 조기경보 시스템을 구축할 수 있다. 이때 앞서 설치된 직경 1m급 광학 망원경이 보완적인 역할을 할 것이다. 저주파 안테나 배열 장비는 이외에도 행성 자기장, 초신성 잔해, 펄사pulsar, 강력하지만 그 과정은 베일에 싸여 있는 은하계 외부 전파원 등에서 나오는 고에너지 전자 플럭스에 대한 연구, 행성 간 플라즈마 구조 및 성간 물질의 구조에 대한 탐색도 가능하게 할 것으로 보인다. 은하와 퀘이사의 역동적인 거동에 수반되는 낮은 에너지가 방출되는 자세한 과정도 엿볼 수 있게 될 것이다.

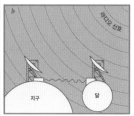

✦ 그림 5_10. 달 표면 충돌구 내에 설치되는 거대 전파망원경과 지구-달 거대 전파 간섭계

　　이처럼 고전적인 광학천문학 이외에도 달 표면에서 전파천문학을 수행하면 전파 망원경의 성능이 비약적으로 향상되어 수많은 새로운 발견이 이루어질 것이며, 달의 충돌구 내부에 직경 1,500m에 달하는 거대한 전파망원경을 건설하면 파장 21cm(~1GHz)의 중성 수소 전파 방출까지 상세히 관측할 수 있다. 또한 달 표면의 전파 망원경을 지구의 전파 망원경과 간섭계로 연결하면 40만km에 달하는 기준선을 갖는 초거대 전파 망원경이 탄생하여 10 GHz대의 전파영역에서 10만 분의 1 아크초라는 엄청난 분해능을 가질 것으로 예상되고 있다.

　　달 표면은 심우주 방사선 관측에도 유리한데, 우주과학의 큰 미스테리인 감마선 폭발과 X-선 가변성에 대하여 높은 정확도를 갖는 관측이 가능할 것이다. 감마선 폭발은 0.01초에서 80초까지 지속되는데 지구상에서의 관측은 낮은 분해능을 가져 어느 별에서 나오는 것인지를 정확히 알기가 힘들지만, 달 표면과 태양계 다른 행성에 감마선 탐지기를 설치하고 감마선 도착시간의 차이를 정밀하게 분석하면 1아크초의 정밀도로 어느 별에서 방출된 것인지를 특정할 수 있으리라 기대된다. 아울러 지구상에서는 대기 때문에 관측이 불가능한 심우주 X-선 관측용 망원경 배열을 만들면 해상도가 크게 증가하여 X-선 천체물리학에 큰 발전이 이루어질 것이다. 예를 들어 중성자별과 블랙홀 주위의 뜨거운 가스 원반에서 방출되는 것으로 생각되는 X-선의 깜박이는 방출을 관측할 수도 있다.

중력파 탐지 역시 빼놓을 수 없다. 100여 년 전 아인슈타인에 의해 예언된 시공간의 물결인 중력파는 지금까지 인류가 관측한 전자기파(빛, X-선, 감마선, 전파)와는 완전히 다른, 우주관측의 새로운 창을 제공했다. 지구상에서는 2015년 미국의 중력파 탐지기 라이고Laser Interferometer Gravitational-Wave Observatory, LIGO가 최초로 중력파를 탐지했는데, 레이저 간섭계의 길이가 4km로 주로 중성자별이나 블랙홀에서 방출되는 100~1,000Hz 대역의 중력파를 탐지할 수 있다.

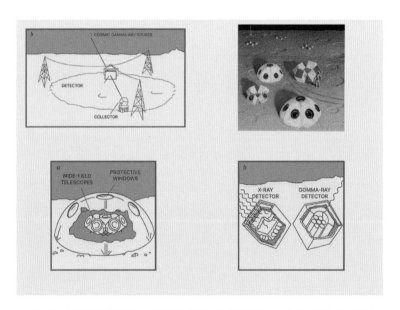

✦ 그림 5_11. 달 표면에 설치된 심우주 감마선 탐지기(좌), X선 탐지기와 광각 망원경(우)

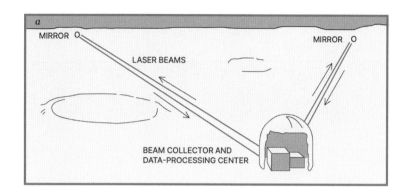

✦ 그림 5_12. 달 표면에 설치된 중력파 탐지기

그러나 태초의 빅뱅과 우주끈space string의 요동에 의한 중력파는 1Hz 이하로 1,000km에 달하는 레이저 간섭계의 길이가 필요한데 지구상에서는 만들기가 불가능하다. 지구에는 끊임없는 지진과 인간에 의한 교란과 잡음이 있고, 1,000km에 달하는 레이저 간섭계가 들어가는 초진공 파이프를 만들기 위해서는 수십조 원 이상의 천문학적인 비용이 필요할 뿐 아니라 기술적으로도 불가능하기 때문이다.

반면 달 표면은 초진공 환경에 지각이 극도로 안정되어 있어 진공파이프가 필요 없으므로 정해진 거리에 레이저 반사경만 설치하면 되기에 달 표면은 미래 중력파 천문학의 최적의 장소가 될 것으로 예상된다.

중력파와 함께 미래 천문학의 기대주로 여겨지는 것은 중성미자 Neutrino 탐지이다. 중성미자는 온 우주에 가득 차 있다. 태양의 열핵반응에서 생성된 엄청난 양의 중성미자가 날아오지만 — 매초마다 우리의 손톱크기인 $1cm^2$에 650억 개의 중성미자가 날아와 그대로 통과할 정도 — 물질과 거의 반응하지 않아 탐지가 극히 어렵고, 검출신호가 극히 미약해

연구가 매우 힘들다.

잡음 문제도 있는데 지구에서는 지각 내부에 우라늄과 같은 방사능 물질로부터 중성미자가 발생하고 대기에서는 우주방사선이 대기와 충돌하면서 중성미자가 발생하여 중성미자 잡음이 많을 수밖에 없다. 그러나 달은 지구에 비해 중성미자 잡음이 1,000분의 1밖에 안되기 때문에 표면에 중성미자 탐지기가 설치되면 잡음이 거의 없는 깨끗한 신호가 포착되어 중성미자에 대한 많은 궁금증들이 풀어질 것으로 기대하고 있다.

물론 그동안의 연구로 중성미자에 대한 성과가 없었던 것은 아니다. 질량이 없다고 여겨졌던 중성미자가 아주 작지만 질량이 있는 것으로 밝혀지는 등 큰 진전이 있었지만, 아직도 빅뱅과 별이 폭발하는 초신성 과정에서 중성미자가 어떻게 역할하는지나 최근 우주의 가장 큰 미스터리로 떠오른 암흑물질과 중성미자의 관계에 대한 궁금증은 아직 풀리지 않은 수수께끼이기에 달 표면의 중성미자 탐지기가 설치되고 나면 풀릴 수 있을 것으로 기대를 받고 있다.

VLFA나 LOUISA와 같은 야심찬 거대 장비의 달 표면 건설은 천문학, 물리학, 전자공학과 건설공학 분야에 비전을 제시하고 자극할 것이며, 이러한 분야의 긴밀한 협력을 통해 궁극적으로 인류의 우주탐사 과학기술 발전에 크게 기여할 것이다. 1960~70년대 다분히 정치적인 필요로 추진된 아폴로 프로그램도 과학기술적으로 큰 열매를 인류에게 선사한 것을 볼 때, 과학적 목적이 분명한 아르테미스 계획은 전보다 더 큰 과학기술적 결과를 인류에게 선사할 것이 분명하다. 이런 과학적 목적을 알게 되면 인류가 달에 다시 가야 하는 이유가 분명해진다. 그리고 인류는 다시 달로 향하는 아르테미스 계획을 통해 머지않아 달에서 전에는 존재하지 않던 새로운 방식으로 우주를 관찰하는 우리 스스로를 발견할 것이다.

우주과학자가 선택한, 이런 SF영화 어때? :
퍼스트 맨(First Man)

최기혁

✦ 그림 5_13. 〈퍼스트맨〉 영화 포스터

    〈퍼스트맨〉은 인류 최초로 달에 착륙한 우주인 닐 암스트롱의 달 착륙 실화
를 바탕으로 한 영화다. 닐 암스트롱은 인류 역사에 한 획을 그은 달 착륙의 주
인공이기에 세계적으로 유명하지만 의외로 그에 대해 잘 알려지지 않은 사실
들도 많은데, 그가 우주비행사이기 이전에 퍼듀 대학과 MIT에 합격한 항공우

주 엔지니어였으며, 항공우주 엔지니어로 불리우길 스스로도 희망했고, 실제로 달에 다녀온 뒤에도 대학에서 항공우주공학과 교수를 지냈고 항공우주산업체에 근무하면서 엔지니어로 일생을 바쳤다는 사실 등이다. 1990년 아내 자넷과 황혼 이혼의 아픔을 겪은 후 좌절과 상실감에 시달렸지만 1994년 캐럴과 재혼한 것도 비교적 알려지지 않았다. 그 외에도 한국전쟁에 해군 전투기 조종사로 참가했을 뿐 아니라 달 착륙 이후에는 한국을 두 번이나 방문하기도 했다는 사실을 앞서 언급하기도 했다. 그의 삶에서 달 착륙이라는 커다란 사건에 가려진 이면의 이야기는 거의 알려지지 않았다. 예를 들어 대부분의 초기 우주인들이 대부분 직업군인 출신이었던 당시 드물게 민간인 신분으로 우주인에 선발되고, 선장까지 맡게 된 닐 암스트롱의 내면 심리 상태 등은 알 도리가 없는 것이다.

영화 <퍼스트맨>은 작가 제임스 한센James Hansen이 쓴 닐 암스트롱에 대한 동명의 전기를 바탕으로 함으로써 그동안 우리가 몰랐던 이야기를 들려준다. 달 착륙과 그와 연관된 사건과 배경뿐 아니라, 닐 암스트롱의 보다 사적인 이야기와 내면의 숨겨진 이야기, 심리 상태까지 보여줌으로써 인류 최초로 달 착륙에 성공한 미국과 우주인들에 대한 찬양에 그치는 단순한 오락 영화가 아닌 눈여겨볼 작품성 있는 좋은 영화로 탄생했다.

여기에는 원작의 탄탄함과 배우들의 훌륭한 연기, 그리고 감독의 연출력이 한몫했음은 의심할 여지가 없다. 이 영화는 일찍이 배우 겸 감독으로 유명한 클린트 이스트우드Clint Eastwood가 2003년에 감독을 맡기로 하였으나 불발되었고, 세월이 한참 지난 15년 후 조시 싱어Josh Singer가 시나리오를 쓰고 <위플래쉬>와 <라라랜드>의 감독으로 이미 그 능력을 세계적으로 인정받은 데미

안 셔젤Damien Chazelle이 메가폰을 잡아 2018년 제작됐다. 그리고 주인공 닐 암스트롱 역에는 현재 한창 주가를 올리고 있는 라이언 고슬링Ryan Gosling이 열연하였고, 부인 자넷 암스트롱 역은 영국의 클레어 포이Clair Foy가 맡았다.

영화는 닐 암스트롱이 위험하고 불안정한 로켓 비행기 X-15를 천신만고 끝에 미국 서부 모하비 사막의 활주로에 착륙시키는 장면으로 시작한다. <퍼스트맨>은 감독의 연출과 배우의 연기뿐만 아니라 여러 장면에서 눈을 뗄 수 없는 뛰어난 영상을 보여주는데 영화의 시작도 그런 장면 중 하나다.

X-15 로켓 비행기는 미국 NACA(NASA의 전신)와 미 공군이 협력한 프로그램으로 음속 5배 이상의 극초음속 비행과 우주에서 대기권 재진입 연구 목적으로 개발됐다. 시험비행을 위해 미국에서 가장 뛰어난 12명의 테스트파일럿이 선발되었고, 1958년부터 1969년 사이 수많은 유인항공기 기록을 갈아치웠다. 그중 윌리엄 나이트William Knight가 달성한 마하 6.72 속도 기록은 아직도 깨지지 않고 있다.

그러나 이 비행은 파일럿에게 결코 안전하지 않았다. 가연성이 높은 암모니아와 과산화수소를 연료로 사용하는 추력 25톤의 로켓엔진을 장착했고, 음속 5배 이상으로 극초음속 비행을 하기 때문에 동체에 가해지는 공기역학적 힘이 커 작은 실수나 기체 이상은 곧바로 비행 불안정성과 폭발로 이어져 매우 위험했다. 실제로 1967년 테스트파일럿인 마이클 아담스Michael Adams가 비행 시작 후 몇 분 만에 초음속 회전상태에 빠져 회복하지 못하고 추락하면서 목숨을 잃고 말았다. 그럼에도 미국 내 최고의 파일럿들이 X-15 시험비행에 도전했는데, 이는 비행 세계 신기록 수립의 가능성과 함께 자신의 이름을 우주인으로 후세 항공우주역사에 길이 남기는 최고의 명예가 주어졌기 때문이다(미국 정부는 공식적으로 고도 80km에 도달하면 우주에 도달한 것으로 간주하여 우주인 자격을 부여한다).

암스트롱 역시 12명의 테스트파일럿에 포함되었다. 항공공학 연구에 흥미가 있어 한국전에 해군 조종사로 참전한 후 1952년 일찌감치 군대를 제대하고 퍼듀 대학에서 공부에 전념하고 있던 중에 테스트파일럿이 되었고, 1962년에 비행 기회를 얻었다. 당시에도 암스트롱의 실력에 대한 명성은 자자했다. 이미 미 공군의 신형 전투기 테스트파일럿 역할도 했었고, 200여 기의 비행기를 시험 비행한 경력을 갖추고 있었기에 암스트롱의 X-15 비행은 필연적이라고도 할 수 있다. 그리고 암스트롱은 기대에 부응하듯 1962년 비행에서 마하 5.74를 기록하여 1962년 당시 유인비행 속도 세계 신기록을 수립했다.

그러나 그 과정이 순탄하지는 않았는데 이 비행에서 시스템에 오류가 발생했고, 62km 상공에서 하강하는 중에 기체가 다시 튀어 오르는 현상이 생기는 등 비행 상태가 매우 불안정해졌다. 다시 기체를 안정시키는 데 애를 먹었지만 자칫 사고로 이어질 뻔한 상황에서 암스트롱은 천신만고 끝에 사막 활주로에 착륙할 수 있었고, 영화의 초반부는 바로 이러한 X-15 비행 장면을 보여주는 것이다.

요동치는 비행기를 조종하여 먹구름이 가득한 하늘에서 빠져나와 지상에 착륙하는 장면은 압도적인 영상뿐 아니라 앞으로 전개되는 암스트롱의 여정이 고난 가득하지만 이를 극복하고 성공할 것이라고 암시한다.

실화를 바탕으로 했고, 우주비행사에 대한 이야기로서 역사적인 아폴로 11호 새턴 5형 로켓 발사 장면 또한 영화의 백미 중 하나다. 인류 역사상 가장 큰 로켓인 새턴 5가 역시 인류 역사상 최초이자 가장 위험하고 도전적인 달 착

✦ 그림 5_14. 닐 암스트롱과 극초음속 우주비행기 X-15

륙 우주인을 태우고 발사되는 장면은 언제 보아도 가슴 뭉클한 감동이 있다. 영화에서는 실제 발사 장면과 CG가 함께 사용되었는데, 발사 당시의 감동과 흥분을 보여주는 데 부족함이 없어 보인다. 개인적으로 우리나라의 나로호, 누리호와 한국 우주인이 탑승한 러시아 소유즈 우주선 발사 장면을 여러 차례 본 경험이 있는데 볼 때마다 발사 섬광과 지축을 뒤흔드는 굉음은 감동적이었기에 영화 속 장면에서도 느끼는 바가 컸다. 참고로 2022년 6월에 발사에 성공한 국산 로켓 누리호의 추력은 아폴로 새턴 5호 로켓의 1/10보다 작은 300톤에 불과한데도 실제 발사 장면을 보면 고흥의 전 지역이 진동할 만큼 굉음을 냈다. 2,000톤의 연료와 산화제가 단 3분만에 타면서 내뿜는 추력은 3,500톤에 달하니 아폴로 새턴 로켓의 발사 당시 내뿜어진 불기둥과 연기, 굉음은 아마도 상상을 초월하는 감동과 경이로움, 그리고 한편에서는 두려움을 선사했을 것이다. 우주에 도전하는 인류의 불굴의 의지를 보여주는 대표적인 장면이라고 하겠다.

아폴로 우주선에 세 명의 우주인들이 탑승하는 장면 역시 인상적이다. 전 세계와 미국 국민의 열렬한 응원과 환호를 받으며 엘리베이터에 올라 지상 100m 높이의 아폴로 우주선 내부로 들어가는 우주인들의 심정은 어때했을까 상상해 본다. 인류 최초로 달에 발을 딛는다는 흥분과 사명감이 불탔겠지만, 과연 내가 살아 돌아올 수 있을 것인가라는 걱정, 두려움이 엄습했을 것이기에 좁은 아폴로 우주선 내부로 들어가는 것이 마냥 좋기보다는 착잡함이 더 컸을지도 모른다. 왜냐하면 불과 2년 전 아폴로 1호 지상 훈련 과정에서 화재가 발생하여 3명의 우주인이 좁은 아폴로 우주선에 갇힌 채로 참혹하게 타서 사망하는 사고가 있었기 때문이다. 영화에서 암스트롱의 친구로 나오는 에드 화이트 Edward White도 당시 사고로 목숨을 잃었다. 영화에서도 보이지만 이 사고는 당시 미국 전체에 엄청난 충격이었고 NASA 우주인들과 가족에게 깊은 트라우마로 남게 되었다.

이 영화의 하이라이트는 역시 달궤도에서 달착륙선이 분리되어 달 표면으로 하강하고 착륙하는 장면이다. 많은 영화 평론가들이 가장 칭찬한 부분이기도 하다. 영화에서처럼 달 착륙에는 여러 가지 어려움이 있었는데, 실제로 우주인들은 착륙 하강 비행 중에 착륙선이 2~3초 빨리 달 표면의 랜드마크를 통과하는 문제를 발견했고 이 때문에 목표 착륙지점을 놓치고 말았다. 착륙 유도 컴퓨터로부터 에러 메시지가 계속 떴지만 휴스턴의 관제소와 협의하여 이를 무시하고 착륙을 진행하기로 하였고, 그 결과 계획대로라면 큰 충돌구 이전에 착륙해야 하는데 충돌구를 지나쳐 전혀 예상하지 못한 지점에 착륙을 시도하게 된다. 그런데 설상가상으로 착륙 직전 연료부족 경고음까지 들려오는 상황이 발생한다.

달 착륙 목표지점은 지나쳐 버렸고, 연료부족 경고들까지 들어온 착륙선의 창문으로 보이는 달의 표면은 예상과 달리 매우 거칠고 험준해 보이기까지 하다. 이 상황에서 착륙선에 탑승한 두 우주인들의 상태는 과연 어땠을까? 초긴장 상태에 있었을 것은 분명하고, 어쩌면 죽음 이후의 모습마저 그랬을지 모른다. 영화는 이 긴장을 배경음악과 회색빛의 정밀한 달 표면 CG로 잘 보여주고 있다.

오히려 예상치 못한 모든 어려움을 극복하고 무사히 달에 착륙하여 이루어진 활동은 의외로 밋밋하게 표현한 느낌도 든다. 하지만 암스트롱이 두 살이라는 어린 나이에 뇌종양으로 세상을 뜬 딸 카렌의 팔찌를 충돌구에 던지는 모습은 가족의 사랑을 일깨우는 잔잔한 감동으로 다가왔다. 그러나 실제로는 암스트롱이 리틀 웨스트Little West라는 충돌구에는 갔지만 딸의 목걸이를 던지지는 않았다고 한다.

또한 미국 내에서는 영화에서 우주인들이 성조기에 경례하는 장면이 없다고 지적받는 일도 있었다. 특히 미국의 보수진영에 속하는 유명 정치인인 마르코 루비오Marco Rubio 플로리다 주지사와 도널드 트럼프 대통령은 영화를 보지 않을 것이라며 목소리를 높였다고 한다.

성조기에 경례하는 모습이 없는 것도 그렇지만 전반적으로 영화는 보통의 미국 블록버스터 영화에서 자주 보여주는 미국 우월주의나 미국 제일주의로 흐르지 않는다. 오히려 어떤 장면들에서는 당시 소련과의 우주경쟁에 도취된 미국과 NASA의 모습, 우주인들의 안전을 우선시하기보다는 얼마나 무모하게 우주선을 발사시키고, 그 과정이 현재로서는 상상도 할 수 없을 만큼 주먹구구식이었는지 사실적으로 드러내고 있다. 이런 모습들이 미국인에게는 달갑지 않을지 모르지만, 영화적으로는 작품성을 높였다고 생각된다.

이외에도 기억에 남는 장면들이 있었는데, 달 착륙 훈련 중 '달 착륙 연구 비행체(LLRV)'를 조종하다가 고장으로 지상 충돌 전 극적으로 탈출하는 장면과 달탐사 출발 직전 암스트롱의 아내 자넷이 묵묵히 짐을 꾸리는 암스트롱에게 화를 내면서 자신과 아이들에게 아빠가 못 돌아올 가능성을 솔직히 이야기하라고 다그치는 장면도 심금을 울린다. 암스트롱의 친구 조종사들이 사고로 죽고, 그 부인과 자녀들을 남편과 아빠를 영영 다시 못 보는 슬픔을 지켜본 경험이 있는, 항상 사고의 위험 속에 살아가는 우주비행사의 아내로서의 자넷 입장이 충분히 공감됐고 안타까웠다. 그 어려움을 암스트롱의 곁에서 이겨내며 함께 했던 암스트롱의 첫 번째 부인 자넷은 2018년 영화가 개봉되기 몇 달 전에 세상을 떠났다고 하는데 그녀가 개봉된 영화를 보았다면 영화 속의 암스트롱과 자신에 대하여 어떠한 생각을 했을까 궁금하고 아쉽기도 하다.

책을 마치며

책의 원고를 쓰는 중에도 계속 미국과 아르테미스 참여국으로부터 새로운 뉴스가 쏟아지고 있다. 아르테미스 계획에 참여하는 국가와 기업이 너무 많은 데다가 복잡하고 어려운 개발 일정이 이어지다 보니 계획 자체가 시시각각으로 변하기 때문인 것으로 생각된다. 아무래도 사공이 많으면 정리가 쉽지 않을 것이다.

이 책 역시 다수의 원고가 모여 집필된 책이다 보니 서술방식이나 글의 분량과 뉘앙스가 달라 걱정을 하였다. 다행히 출판사에서 잘 균형을 잡아주었다. 초기 원고가 너무 길어 분량을 조절하고 책의 통일성과 일관성을 유지하다 보니 아쉽게도 특정분야는 '통편집'되어 빠진 경우도 있었다. 독자의 대상을 정하는 것도 어려운 문제였다. 원고를 쓰고 모으는 과정 내내 대중과의 소통이 매우 어렵다고 뼈저리게 느꼈다. 과거, 현재와 미래에도 복잡하고 난해한 과학기술을 일반인들이 알기 쉽게 전달하는 것은 많은 과학기술인들의 어려운 숙제일 것이다.

아르테미스 유인 달탐사 계획이 범위가 넓다 보니 책 분량 안에 모든 분야를 다 포함시킬 수는 없었다. 큰 틀의 마일스톤, 구성요소, 달까지 가는 여정과 달 표면에서 우주과학과 지질탐사를 중심으로 다룰 수밖에 없었기 때문에 많은 분야가 빠지게 되었다. 예를 들어 월면차량, 달 궤도 GPS와 통신위성, 달 표면 주거모듈과 태양광 및 원자력 발전, 우주복과 생명유지장치, 행성 현지자원활용ISRU, 달에서 화성탐사 준비M2M, 우주기술 스핀오프 분야는 일부분만 다루거나 아예 빠져버린 경우도 있다. 현재 아르테미스 계획에서 논의 중인 분야로 아직 확정되지 않았기 때문이기도 하다.

우주는 많은 이들에게 흥미를 끄는 공간이다. 우주은하와 행성의 사진, 화성탐사 로버의 모습, 로켓 발사 장면, 인공위성의 개발과 시험 장면, 특히 우주에서 활동하는 우주인들의 동영상을 보면 누구나 가슴이 뛰고 흥미를 갖지 않을 수 없기 때문이다. 이 책이 가급적 청소년들에게 우주탐사와 우주과학 분야의 다양한 정보를 전달하여 흥미를 더하거나 진로를 정하는 데 조금이라도 도움이 되었으면 한다. 필자도 늦은 30세 나이에 항공기 엔진 엔지니어에서 우주과학자로 전공을 바꾸어 유학을 떠난 경험이 있었기 때문에 1980년대 우주분야 책과 정보가 있었으면 좀더 일찍 전공을 정하고 우주과학 연구를 시작하지 않았을까 생각한다.

바쁜 연구원 업무에도 시간을 쪼개어 원고를 써준 여러 연구원들, 너그럽게 도서 출판을 허락해준 한국항공우주연구원에게 감사를 드린다. 원고가 지연되는 상황에서도 MID 출판사는 참고 기다려주었고 자칫 딱딱하고 무미건조할 수 있는 책 내용을 읽기 쉽게 만들기 위해 많은 도움을 해주었다. 이에 저자들을 대표하여 감사드린다.

참고문헌

https://history.nasa.gov/animals.html

https://www.nasa.gov/press-release/as-artemis-moves-forward-nasa-picksspacex-to-land-next-americans-on-moon, Credit: SpaceX

NASA's Lunar Exploration Program Overview, National Aeronautics and Space Administration(NASA) PLAN, September 2020

Artemis program - Wikipedia, https://en.kikipedia.org>wiki>Artemis_program

Pat Troutman, "NASA's Human Missions to the Moon and Mars", M2M Architecture Senior Advisor Exploration Systems Development Mission DirectorateNASA Headquarters, Washington, D.C, 2022

Agency fact sheet: NASA's FY 2017 budget request. http://nasa.gov/sites/default/files/atoms/files/fy_2017_budget_estimates.pdf

ESA budget 2017. http://esa.int/ESA_Multimedia/images/2017/01/ESA/_budget_2017

Evaluation of FY 2017 Operating Results for JAXA. http://mext.go.jp/component/b_menu/shingi/toushin/_icsfiles/afieldfile /2019/ 01/17/ 1412601_06.pdf

GLOBAL EXPLORATION ROADMAP SUPPLEMENT AUGUST 2020

참스 페러린 지음, 박기성 감수, 김혹식 옮김, 나사, 그들만의 방식, 비즈니스맵, 2010

스즈키 가즈토 지음, 이용빈 옮김, 경쟁과 협력의 이면 우주개발과 국제정치, 한울 아카데미, 2013.

로버트 주브린 지음, 김지원 옮김, 우주산업혁명 무한한 가능성의 시대, 예문아카이브, 2021.

아파나시예브 이고르, 라브료노브 알렉산드르 지음, 카제노바 아셀 옮김, 세계우주클럽, 바타출판사, 2010.

정규수 지음, ICBM 그리고 한반도, 지성사, 2012.

정규수 지음, 로켓, 꿈을 쏘다, 갤리온, 2010.

우리는 다시
달에 간다

로켓부터 화성탐사까지, 우주 탐험의 역사와 미래

초판 1쇄 인쇄	2023년 12월 12일
초판 1쇄 발행	2023년 12월 20일

지은이	최기혁, 김대영, 김방엽, 김연규, 신재성, 이종원, 이주희, 정서영
펴낸이	최종현
기획	김동출
구성	이경선
마케팅	유정훈
디자인	박명원

펴낸곳	(주)엠아이디미디어		
주소	서울특별시 마포구 신촌로 162 1202호		
전화	(02) 704-3448	팩스	(02) 6351-3448
이메일	mid@bookmid.com	홈페이지	www.bookmid.com
등록	제2011 - 000250호		
ISBN	979-11-90116-97-8 (03440)		

NAEK 이 시리즈는 해동과학문화재단의 지원을 받아
한국공학한림원과 MID가 발간합니다.